U0891160

密码学讲义

李　超　屈龙江　编著

科学出版社

北　京

内 容 简 介

本书从数学的角度较为系统地介绍了序列密码、分组密码和公钥密码的基本理论与方法. 利用周期序列的幂级数表示、根表示和迹表示研究了线性反馈移位寄存器序列及其变种的密码学性质; 利用图论和组合数学等工具研究了非线性反馈移位寄存器序列的状态图性质, 重点介绍 M 序列的存在性、构造与计数; 介绍了五类典型分组密码算法的加解密流程、分组密码的设计原理以及一些常见的分析方法; 讨论了 RSA 体制和椭圆曲线密码体制的基本原理及其相关的数学问题.

本书可以作为密码学与信息安全专业的本科生和研究生的教学用书, 也可以作为从事密码学和信息安全研究的科技人员的参考书.

图书在版编目(CIP)数据

密码学讲义/李超, 屈龙江编著. —北京: 科学出版社, 2010
ISBN 978-7-03-026385-8
Ⅰ. ① 密… Ⅱ. ① 李… ② 屈… Ⅲ. ① 密码–理论 Ⅳ. TN918.1
中国版本图书馆 CIP 数据核字(2010) 第 007025 号

责任编辑: 赵彦超 / 责任校对: 刘小梅
责任印制: 赵 博 / 封面设计: 黄华斌

科学出版社 出版
北京东黄城根北街 16 号
邮政编码: 100717
http://www.sciencep.com
北京富资园科技发展有限公司印刷
科学出版社发行 各地新华书店经销
*
2010 年 2 月第 一 版 开本: 720 × 1000 1/16
2025 年 7 月第五次印刷 印张: 12 3/4
字数: 247 000
定价: 58.00 元

前　言

随着美国 AES 计划、欧洲 NESSIE 计划和 eSTREAM 计划的实施, 密码学的理论与方法研究遇到了前所未有的发展机遇和挑战. 如何设计安全、高效的对称密码体制和非对称密码体制, 已经成为信息安全领域中的重要问题.

序列密码是一类重要的对称密码体制, 它在加解密速度和硬件实现规模两方面具有明显优势, 非常适合在大量数据传输和资源受限的场合使用. 早期的序列密码研究主要围绕线性反馈移位寄存器序列及其扩展序列展开, 这些扩展序列包括前馈序列、非线性组合序列和钟控序列等. 由于线性问题具备一些良好的数学理论和方法作为支撑, 线性反馈移位寄存器序列及其扩展序列的密码学性质的研究取得了非常丰富的成果. 相比之下, 非线性反馈移位寄存器序列的密码学性质的研究所取得的成果就很少. 特别是 2004 年欧洲 eSTREAM 计划推出的序列密码算法, 大都采用非线性驱动和非线性迭代, 使得对这些序列密码算法的理论研究遇到了重大的挑战. 如何从理论上刻画 eSTREAM 计划获胜算法的安全性, 是国际密码学者需要解决的重要问题. 本书第一部分内容就是利用 Galois 域的基本理论与方法, 较为系统地研究 Galois 域上线性反馈移位寄存器序列及其扩展序列的密码学性质, 即本书的第 2 章和第 3 章. 然后利用图论和组合数学等数学工具研究 Galois 域上非线性反馈移位寄存器序列的一些密码学性质, 即第 4 章. 系统地掌握这些经典的序列密码设计与分析理论和方法, 对于进一步研究 eSTREAM 计划中的现代序列密码具有重要的意义.

分组密码是另一类重要的对称密码体制, 是保障信息机密性和完整性的重要技术. 由于与序列密码的实现机理不同, 分组密码的研究主要围绕分组密码的设计、分析、工作模式、快速实现和检测等方面展开. 分组密码的设计与分析是一对既相互对立又相互统一的矛盾体, 二者的互动决定了分组密码的发展. 分组密码的安全性分析为分组密码的设计提供了源源不断的新鲜思想, 而各种深思熟虑的设计又给分组密码的分析提出了严峻的挑战. 只有对分组密码分析具有深刻的理解和敏锐的感觉, 才有可能设计出安全有效的分组密码. 分组密码的工作模式是利用分组密码解决实际问题的密码方案, 直接影响分组密码在实际应用中的安全性和有效性. 分组密码的快速实现和检测是评估分组密码的重要组成部分, 为分组密码的设计、分析和应用提供重要的量化指标和技术参数. 美国 AES 计划和欧洲 NESSIE 计划的实施极大地推动了分组密码理论与方法的发展, 使得分组密码的研究从经验设计走向了理论设计的道路. 本书的第 5~7 章主要介绍分组密码的设计原理和分析方法,以及基于这些设计原理所构造的一些典型的分组密码算法, 其目的是使读者掌握分组密码设计与分析的基本理论和方法, 以便对分组密码的设计与分析展开进一步的研究.

公钥密码是不同于序列密码、分组密码的密码体制, 其主要特点是将密码体制的加密密钥与解密密钥分开, 加密密钥可以公开, 而解密密钥需要保密. 公钥密码的设计依赖于计算困难的数学问题, 这些问题包括大整数因子分解问题、离散对数问题、格中向量问题、纠错码的译码问题、多变量多项式方程组的求解等. 自从 20 世纪 70 年代末公钥密码体制提出以来, 公钥密码的研究主要集中在公钥密码体制的高效实现及其所依赖的数学问题求解两个方面. 本书最后一章将较为详细地讨论 RSA 体制和椭圆曲线密码体制的加解密原理以及与这两种密码体制安全性有关的数学问题求解, 其目的是使读者掌握 RSA 体制和椭圆曲线密码体制的基本理论与方法, 因为这两类体制目前已经成为许多国家和地区的公钥密码标准算法.

本书根据第一作者 2002 年编写的密码学讲义改编而成, 原讲义已经在国防科技大学编码密码理论及其应用方向的研究生课程教学中使用多年. 本书得以出版, 首先感谢国防科技大学各部门的支持, 特别是国防科技大学研究生院教材建设基金和理学院数学学科建设基金的资助; 其次, 科学出版社的责任编辑为本书的出版做了大量的工作, 在此表示衷心感谢.

由于作者水平有限, 时间仓促, 书中不妥之处在所难免, 恳请读者指正.

编 者

2009 年 12 月于长沙

目　　录

第 1 章　绪　　论

随着信息时代的到来, 信息的传输、变换、压缩和存储等信息处理的有效性、可靠性和安全性已经成为当今信息处理中亟待解决的重要问题. 信息安全技术是维护信息保密性、完整性和可靠性的重要手段. 密码技术是信息安全的核心技术, 涉及密码算法的设计和分析、身份认证、数字签名、密钥管理等多种安全范围. 密码学是以密码技术作为研究对象的一门学科, 密码技术的研究与应用已有四千多年的历史, 但它作为一门科学却是 20 世纪 40 年代的事. 1948 年, Shannon 发表了一篇划时代的文章 "通信中的数学理论"[1], 将信息技术建立在严格的数学理论基础之上, 创立了 "信息论". 第二年, Shannon 又发表了另一篇重要文章 "保密系统中的通信理论"[2], 为密码学的发展奠定了理论基础, 使得密码学的研究与应用步入了科学的发展轨道, 产生了 "密码学".

1.1　密码学的基本概念

密码学是研究密码技术的一门学科, 密码技术主要涉及密码体制的设计、分析和应用. 密码体制通常用来隐蔽和保护需要保密的消息, 使未授权者不能提取信息. 被隐蔽的消息称作明文, 所有明文的集合一般用 P 表示. 隐蔽后的消息称作密文, 所有密文的集合记为 C. 将明文变换成密文的过程称为加密变换, 加密变换通常是在加密密钥的控制下进行的, 全体加密密钥的集合记为 K_1, 全体加密变换的集合记为 E. 对任意的加密密钥 $k_1 \in K_1$, 都唯一确定一个加密变换 $E_{k_1} \in E$. 类似地, 由密文恢复出明文的过程称为解密变换, 解密变换是在解密密钥的控制下进行的, 全体解密密钥的集合记为 K_2, 全体解密变换的集合记为 D. 对任意的解密密钥 $k_2 \in K_2$, 都唯一确定一个解密变换 $D_{k_2} \in D$. 密码体制的一般模型如图 1.1 所示.

从数学的角度来说, 一个密码体制就是指满足以下条件的六元组 (P, C, K_1, K_2, E, D):

(1) P 表示所有可能的明文组成的有限集;

(2) C 表示所有可能的密文组成的有限集;

(3) K_1 表示所有可能的加密密钥组成的有限集, K_2 表示所有可能的解密密钥组成的有限集;

(4) 对任意的 $k_1 \in K_1$, 都存在一个加密变换 $E_{k_1} \in E$; 同样, 对任意 $k_2 \in K_2$, 都存在一个解密变换 $D_{k_2} \in D$;

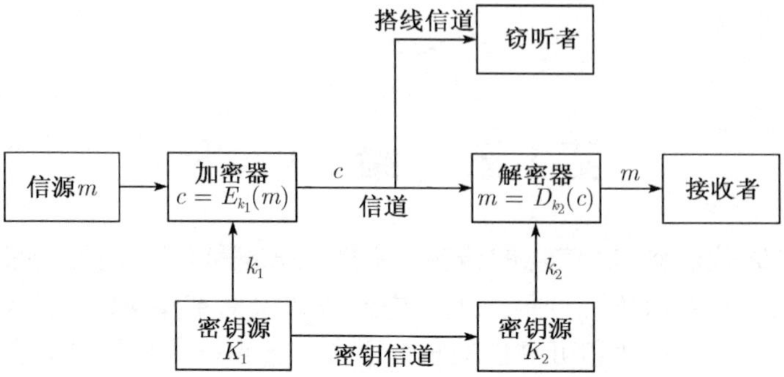

图 1.1　密码体制的一般模型

(5) 对任意的 $k_1 \in K_1$(k_1 确定一个加密变换 $E_{k_1} \in E$), 均存在唯一的 $k_2 \in K_2$(k_2 确定一个解密变换 $D_{k_2} \in D$), 使得对任意的 $m \in P$, 均有 $D_{k_2}(E_{k_1}(m)) = m$.

对一个密码体制来说, 如果加密密钥与其相应的解密密钥实质相同 (简称相同), 即加密密钥与解密密钥可以容易地相互推出, 就称该密码体制为对称密码体制或者私钥密码体制, 这里 "对称" 的意思是指加密密钥和解密密钥的地位是对称的, "私钥" 的意思是指在使用私钥密码体制的过程中加密密钥和解密密钥一定得保密, 不能让未授权者获知. 相反地, 如果加密密钥与其相应的解密密钥实质不同 (简称不同), 即由加密密钥求解密密钥或者由解密密钥求加密密钥都是十分困难的, 就称该密码体制为非对称密码体制或者公钥密码体制. 顾名思义, 在公钥密码体制中, 加密密钥和解密密钥的地位是不对称的, 加密密钥可以公开, 而解密密钥需要保密. 私钥密码体制根据加密方式的不同又可以分为序列密码体制和分组密码体制. 将明文消息按字符逐位加密者称为序列密码体制, 简称序列密码. 将明文消息分组并逐组进行加密者称为分组密码体制, 简称分组密码.

从密码学的发展历史来看, 密码学经历了四个重要的发展时期.

1949 年以前是科学密码学的前夜时期. 这一阶段主要是密码技术的简单应用, 密码的设计与分析大都是密码专家凭直觉进行的, 缺乏必要的理论支持. 以 Vigenere 密码和 Hill 密码为代表的古典密码体制现在看来都是不安全的.

1949~1975 年是密码学发展的神秘时期. 这一时期的密码学充满神秘色彩, 密码学研究大都集中在军队和国防安全部门, 密码学的成果也被禁锢在这些国家安全部门, 公开发表的密码学成果并不多见, 以移位寄存器序列为代表的序列密码在这一时期得到了较快发展.

1976~1996 年是密码学发展的关键时期. 这一时期密码学发生了几件大事, 1976 年, Diffie 和 Hellman 发表了 "密码学的新方向"[3], 提出了公钥密码的思想, 产生了公钥密码学; 1977 年, 美国国家标准局公布了数据加密标准 DES(Data Encryption Standard)[4], 揭开了密码学的神秘面纱, 推动了分组密码的发展; 1978 年,

Rivest, Shamir 和 Adleman 提出了第一个实用的公钥密码体制 ——RSA 体制 [5], 极大地促进了公钥密码的发展.

1997 年至今是密码学发展的辉煌时期. 经历了近 50 年的积累, 密码学在世纪之交步入了一个高速发展的时期. 1997 年, 美国国家标准技术研究所 (National Institute of Standard and Technology, NIST) 推出 AES(Advanced Encryption Standard) 计划 [6], 在世界范围内征集美国的高级加密标准, 以代替 DES 算法. 2000 年, NIST 推选比利时人 Daemen 和 Rijmen 设计的 Rijndael 算法 [7] 为高级加密标准. 继美国 AES 计划以后, 欧洲相继启动了 NESSIE 计划和 ECRYPT 计划 [8,9], 在世界范围内征集欧洲新世纪的各类密码标准, 包括序列密码标准、分组密码标准、公钥密码标准和数字签名标准等. 这些计划的兴起, 使得密码设计与分析从经验设计走上理论设计的道路, 密码学理论与方法得到重大发展.

从密码学的研究内容来看, 密码学包括密码编码学和密码分析学两个分支. 密码编码学主要研究密码体制的设计理论与方法, 重点解决信息的保密性问题, 即研究如何设计一个密码体制来对明文信息进行加解密处理. 密码分析学主要研究密码体制的分析理论与方法, 重点解决加密信息的破译问题, 即研究在不知道解密密钥的情况下, 如何从密文中恢复明文消息. 密码体制的安全性涉及多方面的因素, 比如所采用的密码算法的安全强度、密钥管理的安全措施、密码体制的工作模式等. 密码算法的安全强度是保证密码体制安全性的根本要素, 因此密码算法的设计一直是密码编码学研究中的主要问题. 序列密码的设计就是在密钥的控制下寻找一种生成方式, 产生具有类似随机序列特性的密钥流序列, 用来对明文信息序列进行加解密变换; 分组密码的设计就是找到一种算法, 能在密钥的控制下从一个足够大且足够好的置换子集合中简单而迅速地选出一个置换, 用来对当前的明文进行加解密变换. 目前人们在设计一个密码时, 大都基于如下的 Kerckhoff 假设: 密码体制的安全性应该不依赖于对密码算法的保密, 而只依赖于对密钥的保密. 尽管在不知道密码算法的情况下, 恢复密码的密钥是一件更加困难的事情, 但作为密码设计者来说, 不能低估密码分析者的能力, 在设计一个密码算法并对它的安全性进行评估时, 应该假定密码算法是公开的.

另一方面, 作为密码分析者来说, 其任务就是在不知道密钥的情况下对密码体制进行攻击, 试图获取密钥. 在 Kerckhoff 假设下, 可以将密码攻击分为如下四种类型:

唯密文攻击: 密码分析者拥有一个或更多用同一个密钥加密的密文, 通过对这些截获的密文进行分析得出明文或密钥.

已知明文攻击: 除待解密的密文外, 密码分析者拥有一些明文和用同一个密钥加密这些明文的密文, 通过对这些已知明文和相应密文的分析来恢复密钥.

选择明文攻击: 密码分析者可以随意选择自己想要的明文并加密, 根据选择的明文和相应的密文来恢复密钥.

选择密文攻击：密码分析者可以随意选择自己想要的密文并解密, 根据选择的密文和相应的明文来恢复密钥.

在对密码进行分析的过程中, 存在两种分析或破译的概念, 一种是 “现实破译”, 另一种是 “理论破译”. 如果一个分析算法是实际可行的, 即用它在现有的计算资源下, 可以完全恢复一个密码的明文或密钥, 就说该分析方法现实破译了该密码. 对于一个 n 比特密钥的密码来说, 如果一个分析算法可以在低于 2^n 次加密后找到正确的密钥, 则称该算法理论破译了这个密码. 从历史上看, 有很多密码都是先被理论破译, 然后在理论破译的指导下, 最终被现实破译. 另外, 从硬件实现的角度看, 如果一个 128 比特密钥的密码可以在 2^{100} 次加密运算内被理论破译, 那么, 完全可以设计出一个 100 比特密钥的密码, 其安全强度和 128 比特密钥密码相当, 也就是说, 原算法从资源上造成了一定的浪费. 由于序列密码、分组密码和公钥密码的加解密机制不同, 对这些不同密码进行安全性分析的手段也不全相同. 从理论上讲, 如果序列密码中密钥流序列是随机序列, 那么就认为它的安全性是最高的. 而在分组密码的设计中, 如果它使用的置换是一个随机置换, 那么该置换的安全强度是最高的. 然而, 在实际设计序列密码或者分组密码时, 很难构造出一条随机序列或者一个随机置换, 现实生活中的序列密码算法都不是随机序列生成器, 分组密码算法也不是随机置换, 所以分析这些私钥密码算法的实质可以归纳为以下两个问题：

(1) 如何寻找密码算法有效的区分器, 使得该区分器可以将密钥流序列与随机序列区分开, 或者将分组密码所用的置换与随机置换区分开.

(2) 密码算法的有效区分器通常是一些与密钥有关的方程, 如何列出这些方程并求解.

一般而言, 对于给定的私钥密码算法, 如果能够找到该密码算法的一个有效的区分器, 则通过代数或者统计的方法求解这些区分器, 可以得到该密码的部分或全部密钥. 因此, 寻找有效的区分器是私钥密码算法分析中的一个主要问题. 如差分密码分析和线性密码分析等都是寻找某些密码算法好的区分器, 可以实现对该密码算法的破译. 公钥密码算法的安全性主要依赖于某个困难的数学问题, 对公钥密码算法的分析相对来说比较单一, 通常就是寻找求解困难问题的有效算法.

当比较不同攻击算法的优劣时, 最主要的指标是数据复杂度、时间复杂度和空间复杂度. 数据复杂度是指为了实现一个特定的攻击所需要的数据总和. 时间复杂度是指密码分析者为了恢复密钥, 对采集到的数据进行分析和处理所消耗的时间. 在具体计算时, 通常将时间复杂度折合成加密的次数. 空间复杂度是指为得到密钥所需要的存储空间. 攻击一个密码算法, 有两个最基本的方法：一是穷尽搜索, 二是字典攻击. 所谓穷尽搜索, 就是在已知一个明密文对 (m, c) 的情况下, 用所有可能的密钥对该明文加密, 若所得密文与 c 相同, 则认为该密钥是正确密钥, 否则淘汰;

所谓字典攻击，就是攻击者将所有可能的明密文对 (m, c) 存储下来，当攻击者看到密文 c 时，直接通过查表的方式得到 m. 假设一个密码算法的密钥长度为 k, 明文长度为 n, 那么穷尽搜索的数据复杂度、时间复杂度和空间复杂度分别为 1, 2^k 和 1; 对字典攻击而言，数据复杂度、时间复杂度和空间复杂度分别为 2^n, 1 和 2^n.

从密码学的应用来看，在公钥密码体制出现以前，密码学的主要应用就是进行数据的加解密处理，以达到保护秘密信息的目的. 密码技术作为保护秘密信息的一种主要手段，最早运用于军事和政治斗争，但是随着计算机出现，特别是计算机和通信设备的广泛应用以及计算机网络的飞速发展，工业、商业、金融、私营部门，乃至个人都有很多机密或敏感数据需要存储和交换，而在存储和传输的过程中，这些机密或敏感数据却正在受到日益严重的安全威胁，采用密码技术对这些数据进行加密保护和实现保密通信已经被公认为是迄今唯一最有效的手段. 因此，密码技术和保密通信迅速从官方走向民间，并得到前所未有的发展和应用. 随着公钥密码体制的提出，密码学的应用范围正在不断扩大. 公钥密码技术除了提供信息的加解密外，还具有对信息来源进行鉴别、保证信息的完整性和不可否认性等安全功能，这些安全功能都是通过数字签名实现. 数字签名的作用有两点：一是因为自己的签名难以否认，从而确认了文件已签署这一事实；二是因为签名不易仿冒，从而确认了文件的完整性. 数字签名的原理是将要传送的明文通过一种函数运算 (通常指 Hash 函数) 转换成报文摘要，报文摘要经签名后与明文一起传送给接收方，接收方将接收的明文产生新的报文摘要与发送方发来的报文摘要比较，比较结果一致表示明文未被改动，如果不一致表示明文已被篡改. 公钥密码技术另一个重要应用就是数字证书，数字证书是指网络通信中标志通信各方身份信息的一系列数据，是网络正常运行所必须的“电子身份证”. 数字证书一般采用交互式询问回答，在询问和回答过程中采用密码算法进行加解密处理. 目前采用密码技术的带 CPU 的智能卡在网络安全通信中应用非常广泛. 除此之外，私钥密码算法和公钥密码算法相结合的混合密码体制在 SSL(安全套接字层)、SET(安全电子交易)、S/MIME(安全电子邮件) 等安全通信标准和 IPsec 安全协议等诸多网络安全协议中得到重要应用. 所谓混合密码体制，就是指利用公钥密码算法来传递私钥密码算法的会话密钥，而采用私钥密码算法来加解密大数据量的明文信息. 采用混合密码体制进行保密通信，是因为公钥密码算法加解密速度慢，不适合大数据量的信息加解密，而私钥密码体制虽然加解密速度快，但需要事先通过安全信道传送会话密钥.

1.2 序列密码概述

序列密码是一类重要的私钥密码体制，它的产生源于 1917 年 Gilbert Vernam 提出的“一次一密”密码体制. 该密码体制是指满足如下条件的密码模型：设 $n \geqslant 1$

是正整数, $P = C = K = F_2^n$, 对于任意给定的明文 $m \in P$, 随机选取密钥 $k \in K$, 定义加密变换为: $c = E_k(m) = m \oplus k$, 相应的解密变换为: $m = D_k(c) = c \oplus k$. "一次一密" 的意思就是要求密钥空间 K 中的密钥都是按随机方式使用的, 每一个密钥被使用的概率为 $\frac{1}{2^n}$, 并且对任意 $m \in P$ 和 $c \in C$, 一定存在密钥 $k \in K$, 使得 $E_k(m) = c$, 也就是说, 一次一密密码体制具有完善保密性, 或者无条件安全性. 序列密码的基本思想是: 利用种子密钥 k 通过密钥流产生器 f 生成一个密钥流序列 $z = z_0z_1z_2\cdots$, 并使用如下的规则对明文序列 $x = x_0x_1x_2\cdots$ 加密:

$$y = y_0y_1y_2\cdots = E_{z_0}(x_0)E_{z_1}(x_1)E_{z_2}(x_2)\cdots.$$

密钥流由密钥流产生器 f 按如下方式产生: $z_i = f(k, \sigma_i)$, 这里 σ_i 是密钥流生成器中的记忆元件在时刻 i 的状态, 即 f 是依赖于密钥 k 和状态 σ_i 的函数. 根据状态 σ_i 是否依赖于明文序列, 将序列密码分为同步和自同步两种形式. 自同步序列密码要求密钥流产生器依赖于明文序列, 因而较难从理论上分析其安全性. 目前实际使用的序列密码主要是同步序列密码, 即密钥流产生器与明文序列无关. 由于理论上已经证明了一次一密的密码体制是无条件安全的, 我们当然希望按照一定规则生成的密钥流序列能够具有随机序列类似的特性. 于是, 周期、线性复杂度、相关函数、元素分布和统计特性就成为衡量序列密码安全性的重要参数. 从 20 世纪 60 年代开始, 人们设计了多种形式的序列密码, 但主流依然是线性反馈移位寄存器序列 (Linear Feedback Shift Register, LFSR) 及其扩展序列, 包括前馈序列、非线性组合序列和钟控序列等. Galois 理论与方法在序列密码的研究中起着十分重要的作用. 比如, 利用 Galois 域上的母函数理论和方法可以完整地刻画线性移位寄存器序列的周期分布和线性复杂度分布; 利用 Galois 域上序列的根表示理论和方法可以有效地控制前馈序列的周期和线性复杂度; 利用 Galois 域上序列的迹表示理论和方法可以确定某些非线性组合序列的周期和线性复杂度. 20 世纪 80 年代后, 一方面, 人们利用 Galois 域上的迹函数理论和方法构造了多种序列密码: Bent 序列、GMW 序列、No 序列、Kasami 序列和 Kumar-Moreno 序列等, 这些序列的共同特点是: 周期大, 线性复杂度高, 相关性能好. 相对于移位寄存器序列及其变种序列而言, 这些迹函数生成序列的相关函数是可计算的. 相关函数的计算和元素统计特性的刻画一直是序列密码研究中的难点问题, 即使是在保密通信、扩频通信和 CDMA 通信系统中广泛使用的 m 序列, 它们的互相关特性到目前为止也没有得到完整的描述. 另一方面, 人们对于 Galois 环上的本原序列及其权位序列的密码特性研究给予了极大的关注, 在本原序列及其权位序列的周期特性、线性复杂度特征、元素分布和综合算法等方面得到了很多深刻的结果, 这些结果的取得离不开 Galois 环的理论与方法.

eSTREAM 计划是 2004 年欧洲启动的一项密码计划, 目的是在世界范围内征集欧洲新世纪序列密码标准算法. 在提交的候选序列密码算法中, 产生了许多序列密码新的设计思想. 比如, 在 eSTREAM 计划进入第 3 轮竞赛的候选算法当中, 面向硬件的算法有 DECIM, Edon80, F-FCSR, Grain, Mickey, Moustique, Pomaranch 和 Trivium; 面向软件的算法有 CryptMT, Dragon, HC, LEX, NLS, Rabbit, Salsa20 和 SOSEMANUK. 通过对这些序列密码算法的分析, 我们注意到这样一个事实: 面向硬件的序列密码算法 DECIM, F-FCSR, Grain, Mickey 和 Trivium 主要采用线性反馈移位寄存器 (LFSR)、非线性反馈移位寄存器 (NFSR) 和带进位的反馈移位寄存器 (FCSR) 为主要密码组件. 比如, 瑞典 Hell 等提交的 Grain 算法采用一个 80 级 LFSR、一个 80 级 NFSR 和一个 5 个变量的非线性滤波函数构成; 英国 Babbage 等提交的 Mickey-128 算法利用一个 80 级的 LFSR 来控制另一个 80 级的 NFSR 的状态更新; 法国 Arnault 等提交的 F-FCSR 算法则采用一个简单的线性滤波函数对 FCSR 生成的序列进行过滤来生成密钥流; 比利时 Canniere 等提交的 Trivium 算法采用三个相互关联相互影响的 NFSR. 而面向软件的序列密码算法 Dragon, HC, LEX, Salsa20 和 SOSEMANUK 主要采用新的设计思想和新的设计理念. 有的序列密码算法融入了分组密码的设计思想, 比如, 比利时 Biryukov 提交的 LEX 算法的基本思想就是从分组密码中提出一部分内部状态作为流密码的密钥流, 该方案对每个分组密码都通用, 但需要具体分析哪些内部状态可以提取; 澳大利亚 Dawson 等提交的 Dragon 算法可以看作是分组密码的输出反馈模式 (OFB) 构成的流密码, 该方案包含了一个 1024 比特的 NFSR 和一个状态更新函数; 美国 Bernsterin 提交的 Salsa20 算法在总体结构上借鉴了 AES 的设计风格, 采用了行变换和列变换的方式来提高系统的安全性; 法国 Berbain 等提出的 SOSEMANUK 则巧妙地将流密码 SNOW 2.0 和分组密码 SERPENT 结合起来. 有的序列密码算法融入了著名序列密码算法 RC4 的设计理念, 比如, 新加坡 Hongjun Wu 提交的 HC-256 算法借鉴 RC4 的设计理念, 采用两个 1024 比特的内部状态, 类似于 RC4 中的 SWAP 函数. 有的序列密码算法与 Hash 函数有关, 比如, Salsa20 算法的主要组件就是基于 Hash 函数设计的, 尽管后来密码分析学者指出 Salsa20 采用的主要组件作为 Hash 函数来说是不安全的, 但 Salsa20 算法作为序列密码算法来说是最受大家欢迎的. 目前对这些序列密码算法的实现 (软件实现和硬件实现) 性能分析较为详尽, 但关于这些算法的安全性分析, 很少有较为详尽的令人信服的密码分析. 主要原因是对于那些面向硬件的序列密码算法, 大都采用非线性反馈移位寄存器 (NFSR) 作为主要的密码组件, 同时为了提高系统的实现速度, 面向字的非线性逻辑往往采用字加法、异或和循环移位等三种基本运算, 并且通常含有分组密码的某些基本组件 (S 盒、T 函数和 P 置换), 使得理论分析难度加大. 对于那些面向软件的序列密码算法, 由于采用了一些新的设计思想和理念, 使得那些分析经典序列密码的工具难以分析这些新型的序列密码.

本书第一部分内容就是利用 Galois 域的基本理论与方法, 较为系统地研究 Galois 域上线性移位寄存器序列及其扩展序列的密码学性质, 即本书的第 2 章和第 3 章. 然后利用图论和组合数学等代数工具研究 Galois 域上非线性移位寄存器序列的一些密码学性质, 即本书的第 4 章. 系统地掌握这些经典序列密码设计和分析的理论与方法, 对于进一步研究 eSTREAM 计划中的现代序列密码的特性具有十分重要的意义.

1.3　分组密码概述

分组密码是指将明文消息经过编码表示后的二进制序列 $x_1, x_2, \cdots, x_i, \cdots$ 划分成固定长度为 n 比特的组:

$$X_i = (x_{(i-1)n+1}, x_{(i-1)n+2}, \cdots, x_{(i-1)n+n}), \quad i = 1, 2, 3, \cdots,$$

各组在密钥 $k = (k_1, k_2, \cdots, k_r)$ 的控制下变换成长度为 n 的二进制序列:

$$Y_i = (y_{(i-1)n+1}, y_{(i-1)n+2}, \cdots, y_{(i-1)n+n}), \quad i = 1, 2, 3, \cdots,$$

所以分组密码具有以下严格的数学定义:

定义 1.1　记 F_2^n 和 F_2^r 分别为 F_2 上 n 维和 r 维向量空间, $S_K \subseteq F_2^r$, 则数据长度为 n 的分组密码定义为满足下列条件的映射 $E : F_2^n \times S_K \to F_2^n$: 对每个 $k \in S_K$, $E(\cdot, k)$ 是一个从 F_2^n 到 F_2^n 的置换.

通常情况下, 称 $E(\cdot, k)$ 为密钥 k 时的加密函数, $E(\cdot, k)$ 的逆置换 $D(\cdot, k)$ 为密钥 k 时的解密函数. $t = \log_2 |S_K|$ 称为分组密码的密钥长度或者密钥规模, 它是度量分组密码安全性的重要指标. 一般情况下, 通常取 $S_K = F_2^r$, 这时 r 就是分组密码的密钥长度. 从上述定义可以看出, 分组密码本质上是由密钥所控制的从明文空间到密文空间的置换, 它与序列密码的区别在于:

(1) 序列密码具有记忆功能, 分组密码却没有. 序列密码的密钥流 $z = z_0 z_1 z_2 \cdots$ 在 i 时刻的密钥 z_i 由密钥 k 和当前状态所确定, 而输入的明文可能影响寄存器中内部记忆元件的存储状态.

(2) 序列密码将明文序列按一定的长度分组 (通常是一个字符), 然后各组用相关但不同的密钥进行加密, 产生相应的密文, 相同的明文分组会因在明文序列中的位置不同对应不同的密文分组. 而分组密码将明文序列分组后, 每一组用相同的密钥进行加密, 产生相应的密文, 相同的明文分组不管处在明文序列的什么位置, 总是对应相同的密文分组.

分组密码是对称密码学中一个重要分支, 分组密码的研究始于 20 世纪 70 年代, 研究的主要内容包括两个方面: 分组密码的设计和分组密码的分析. 分组密码的设计与分析是既相互对立又相互依存的两个方面. 从分组密码的发展来看, 正是由于这种相互对立, 才促进了分组密码的飞速发展. 分组密码早期研究主要围绕美国数据加密标准 DES 进行, 推出了许多类似于 DES 的分组密码, 比如, LOKI 密码、FEAL 密码和 GOST 密码等. 1977~1990 年间, 由于对 DES 密码的攻击没有取得突破性进展, 分组密码的设计与分析发展较为缓慢. 20 世纪 90 年代以后, 由于针对 DES 算法的差分密码攻击和线性密码攻击的提出, 人们不得不研究新的密码结构. 由 Xuejia Lai 和 Massey 设计的国际数据加密算法 IDEA[10] (International Date Encryption Algorithm) 打破了 DES 类密码的垄断局面, 其设计思想主要是混合使用来自不同群中运算. 随后出现的 Square 密码、Shark 密码和 Safer-64 密码都采用了结构非常清晰的代替–置换网络, 这类密码的特点是算法每一轮由较为明确的混淆层 (S 盒) 和扩散层 (P 置换) 组成, SPN 结构的最大优点是能够从理论上证明一个密码算法能否抵抗差分密码攻击和线性密码攻击. 1997 年, NIST 为了履行其法定职责, 发起了一场推选用于保护敏感的联邦信息的对称密码算法的活动, 在世界范围内征集美国的高级加密标准 AES, 以取代 DES 算法. 1998 年, NIST 宣布接收 15 个候选分组密码算法并提请全世界密码学者协助分析这些候选算法, 包括对每个算法的安全性和效率特性进行初步检验. NIST 考察了这些初步的研究结果, 选定 MARS, RC6, Rijndael, Serpent 和 Twofish 等五个分组密码算法作为参加决赛的算法, 经公众对决赛算法进行进一步的分析和评论, 2000 年, NIST 决定推荐比利时人 Daemen 和 Rijmen 设计的 Rijndael 密码作为 AES 算法. 继美国推出 AES 计划以后, 欧洲于 2000 年启动了新欧洲签名、完整性和加密计划 (New European Schemes for Signatures, Integrity and Encryption, NESSIE), 以适应 21 世纪信息安全发展的全面需求. 该计划为期三年, 主要目的就是通过公开征集和进行公开透明的测试、评估, 提出一套高效的密码标准, 以保持欧洲工业界在密码学研究领域的领先地位. 2003 年, NESSIE 工作组公布了包括分组密码、公钥密码、认证码、杂凑函数和数字签名等在内的 17 个标准算法, 其中 MISTY1, Camellia, SHACAL 三个分组密码算法连同 AES 算法一起作为欧洲新世纪的分组密码标准算法. 这些计划的兴起, 使得分组密码研究从经验设计走向理论设计的道路, 分组密码理论得到飞速发展, 同时, 分组密码理论的发展也带动了密码学其他分支的发展. 2004 年, 在欧洲 eSTREAM 计划的序列密码标准算法的征集活动中, 涌现了一大批基于分组密码的工作模式构造的新的序列密码算法, 如 Salsa20, LEX 等都是基于这种模式设计的. 随着 MD 系列 Hash 函数碰撞攻击的成功, 人们越来越关注基于分组密码所构造的 Hash 函数类, 比如 Tiger 算法、Whirlpool 算法和 Grindahl 算法等. 尽管在当前密码学领域已有很多公认的安全强度高的分组密码算法, 人们仍力求设计新的安全高效的算法, 如最近设计的 FOX 算法和 CLEFIA 算法等, 这些算法继承了 AES 算法的优点, 同时也有自己独特的设计技巧, 对这些新算法的安全性进行分析大大充实了现有的分组密码的设计与分析理论.

本书的第 5~7 章主要介绍分组密码的设计原理和分析方法, 以及基于这些设计原理所构造的一些典型分组密码算法, 其目的是使读者掌握分组密码的基本理论和方法, 以便进一步对分组密码的设计与分析方法展开研究.

1.4　公钥密码概述

序列密码和分组密码由于具有加解密速度快、容易实现等诸多优点, 被广泛应用于现代通信系统中的数据加密. 由于序列密码和分组密码均为私钥密码体制, 其加密密钥与解密密钥是一致的. 在应用这些私钥密码体制之前, 通信双方必须通过安全信道协商密钥, 这一点在实际通信时是很难做到的. 比如假定通信双方相距很远, 他们希望通过电子邮件来进行保密通信, 在这种情况下, 通信双方可能没有一个合理的安全信道. 另外, 假设一个通信系统中有 n 个用户采用私钥密码体制进行保密通信, 他们中任意两人之间都必须拥有一个保密的密钥, 这样就需要 C_n^2 个密钥, 当 n 比较大时, 如何安全管理这 C_n^2 个密钥就是一个非常棘手的问题.

1976 年, Diffie 和 Hellman 为解决私钥密码体制中的密钥管理问题, 创造性地提出了一种密钥交换协议, 允许在不安全的信道上通过通信双方交换信息, 安全地达成一致的密钥, 这就是著名的 Diffie-Hellman 交换协议. Diffie-Hellman 交换协议作为公钥密码的起源利用了如下事实：在一个高阶有限群中, 已知元素 a 和正整数 n, 计算 $a^n = b$ 是一件容易的事, 但反过来, 已知元素 a 和 $b = a^n$, 计算 n 是一件十分困难的事. 所谓一个问题是困难的或者说难解的, 直观上讲, 就是不存在一个计算该问题的有效算法. 换句话说, 按照目前的计算能力, 计算一个难解的问题所需要的时间是非常长的, 譬如 100 年甚至更长. 理论上来说, 对于某个问题而言, 如果存在一个算法, 使得求解该问题所需要的时间是输入数据长度的多项式函数, 就称该算法是一个有效算法, 相应的问题就称为易解问题, 否则就称该问题是难解的. 一般而言, 计算一个难解的问题所需要的时间通常是输入数据长度的一个指数函数. 因此, 对于一个难解的问题, 随着输入数据长度的增大, 进行计算所需要的时间将会急剧增加. 到目前为止, 还没有人能够严格证明哪一个问题是难解问题. 对于某些问题, 比如大整数分解问题、离散对数的求解问题等, 经过多年的努力仍然没有找到进行计算的有效算法, 使得人们认为这些问题是难解的.

公钥密码体制的提出与难解问题有关, 其理论基础就是所谓的陷门单向函数：设 $y = f(x)$ 是一个函数, t 是一个与 f 有关的参数. 如果对于任意给定的 x, 计算 $y = f(x)$ 是容易的; 并且对任意给定的 y, 当不知道参数 t 时, 计算 x 使得 $f(x) = y$

是难解的, 而当知道参数 t 时, 计算 x 使得 $f(x)=y$ 是容易的, 就称 f 是一个陷门单向函数. 陷门单向函数的一个很直观的例子就是大街上的邮箱, 任何人都能很容易地把邮件放进邮箱, 只要打开邮箱的口子投进去就行了, 这是一件公开的事情. 对于一般的人来说, 打开邮箱取出邮件却是很困难的事情, 但如果拥有邮箱的钥匙, 就很容易打开邮箱取出邮件. 公钥密码体制就是基于数学上的陷门单向函数, 使得加密是一件很容易的事, 因为加密密钥对任何人是公开的, 但解密却是一件十分困难的事情, 除非知道密码体制所使用的陷门. 1978 年, 美国麻省理工学院的 Rivest, Shamir 和 Adlemam 三位教授基于大整数的分解困难性构造了第一个公钥密码体制 ——RSA 体制. 大整数的分解困难性是指: 给定两个大的素数 p 和 q, 计算它们的乘积 $n=pq$ 是一件容易的事; 反过来, 给定 $n=pq$, 但不知道 p 和 q, 分解 n 是一件很困难的事情. RSA 体制所使用的陷门单向函数是: 当不知道 n 的分解式时, 由加密密钥计算解密密钥是一件十分困难的事情, 而当知道 n 的分解式时, 由加密密钥计算解密密钥就变得非常容易. RSA 体制的提出极大地促进了公钥密码学的发展, 在随后的几年时间内, 人们相继提出了各种各样的公钥密码体制, 比如, 基于背包问题求解困难性的公钥密码体制、基于有限域上离散对数问题求解困难性的公钥密码体制、基于一般线性码译码困难性的公钥密码体制、基于椭圆曲线的离散对数问题求解困难性的公钥密码体制, 等等. 经过近 30 年的应用和实践, RSA 体制和椭圆曲线密码体制是目前最受推崇的两种公钥密码体制, 它们已经成为许多国家和地区的公钥密码标准算法. 本书第 8 章将较为详细地讨论这两类公钥密码体制的加解密原理以及与它们安全性有关的数学问题.

第 2 章　线性反馈移位寄存器序列

2.1　序列的母函数表示

设 F_q 为 q 元有限域, 这里 $q=p^m$, p 是素数, m 是正整数, $F_q[x]$ 表示 F_q 上一元多项式环. 我们知道, $F_q[x]$ 是一个欧氏环, 从而也是主理想整环和唯一分解整环. 作为一元多项式的推广形式, 形式幂级数的定义如下:

定义 2.1　F_q 上的一个形式幂级数定义为

$$A(x)=a_0+a_1x+a_2x^2+\cdots+a_nx^n+\cdots=\sum_{n=0}^{\infty}a_nx^n,\quad a_i\in F_q.$$

如果形式幂级数 $A(x)$ 从某项之后的系数均为 0, 它便成为一个多项式, 因此形式幂级数可以看作一元多项式的推广. 一般情况下, 用 $A(x),B(x),\cdots$ 表示形式幂级数, 而用 $f(x),g(x),\cdots$ 表示一元多项式.

记 $F_q[[x]]$ 为 F_q 上全体形式幂级数的集合, 在 $F_q[[x]]$ 中定义如下的加法与乘法: 对任意 $A(x)=\sum\limits_{n=0}^{\infty}a_nx^n, B(x)=\sum\limits_{n=0}^{\infty}b_nx^n\in F_q[[x]]$, 令

$$\begin{aligned}A(x)+B(x)&=(a_0+b_0)+(a_1+b_1)x+(a_2+b_2)x^2+\cdots+(a_n+b_n)x^n+\cdots\\&=\sum_{n=0}^{\infty}(a_n+b_n)x^n,\\A(x)B(x)&=a_0b_0+(a_0b_1+a_1b_0)x+\cdots+(a_0b_n+a_1b_{n-1}+\cdots+a_nb_0)x^n+\cdots\\&=\sum_{n=0}^{\infty}c_nx^n,\end{aligned}$$

这里 $c_n=\sum\limits_{i=0}^{n}a_ib_{n-i}$.

容易验证, $F_q[[x]]$ 关于上述加法和乘法构成一个交换环, 称为 F_q 上的形式幂级数环. 显然, 多项式环 $F_q[x]$ 可以作为形式幂级数环 $F_q[[x]]$ 的一个子环. $F_q[x]$ 中可逆元只有 F_q^*, 但 $F_q[[x]]$ 中的可逆元却要丰富得多.

定理 2.1　形式幂级数 $A(x)=\sum\limits_{n=0}^{\infty}a_nx^n$ 为 $F_q[[x]]$ 中可逆元当且仅当 $a_0\neq 0$.

证明 假设 $A(x)=\sum_{n=0}^{\infty}a_nx^n$ 是 $F_q[[x]]$ 中可逆元, 则存在 $B(x)=\sum_{n=0}^{\infty}b_nx^n\in F_q[[x]]$, 使得

$$A(x)B(x)=a_0b_0+(a_0b_1+a_1b_0)x+\cdots+(a_0b_n+a_1b_{n-1}+\cdots+a_nb_0)x^n+\cdots=1\ .$$

比较等式两边系数得

$$\begin{aligned}&a_0b_0=1,\\&a_0b_1+a_1b_0=0,\\&a_0b_2+a_1b_1+a_2b_0=0,\\&\qquad\cdots\cdots\cdots\\&a_0b_n+a_1b_{n-1}+\cdots+a_nb_0=0,\\&\qquad\cdots\cdots\cdots\end{aligned}$$

由 $a_0b_0=1$ 得 $a_0\neq0$.

另一方面, 如果 $a_0\neq0$, 则取

$$\begin{aligned}&b_0=a_0^{-1},\\&b_1=-a_0^{-1}(a_1b_0),\\&b_2=-a_0^{-1}(a_1b_1+a_2b_0),\\&\qquad\cdots\cdots\cdots\\&b_n=-a_0^{-1}(a_1b_{n-1}+a_2b_{n-2}+\cdots+a_nb_0),\\&\qquad\cdots\cdots\cdots\end{aligned}$$

从而求得 $B(x)=b_0+b_1x+b_2x^2+\cdots+b_nx^n+\cdots$, 使得 $A(x)B(x)=1$, $A(x)$ 是可逆元. □

若形式幂级数 $A(x)$ 可逆, 则其逆元一定是唯一的, 表示成 $A(x)^{-1}$ 或 $\dfrac{1}{A(x)}$. 比如

$$(1-x)^{-1}=1+x+x^2+\cdots+x^n+\cdots=\frac{1}{1-x},$$

记 $V(F_q)$ 为 F_q 上全体序列构成的集合, 即

$$V(F_q)=\{a_0a_1a_2\cdots|a_n\in F_q,n=0,1,2,\cdots\},$$

对于任意 $\underline{a}=a_0a_1a_2\cdots,\underline{b}=b_0b_1b_2\cdots\in V(F_q)$ 和 $k\in F_q$, 定义如下序列的运算:

$$\underline{a}+\underline{b}=(a_0+b_0)(a_1+b_1)(a_2+b_2)\cdots,$$

$$k\underline{a}=(ka_0)(ka_1)(ka_2)\cdots,$$

则 $V(F_q)$ 关于上面的加法和数量乘法构成 F_q 上线性空间, 称为无穷序列空间.

对任意 $\underline{a}=a_0a_1a_2\cdots\in V(F_q)$, 令

$$A(x)=a_0+a_1x+a_2x^2+\cdots+a_nx^n+\cdots=\sum_{n=0}^{\infty}a_nx^n,$$

称形式幂级数 $A(x)$ 为序列 $\underline{a}$ 的母函数. 容易验证: 两条 q 元序列之和的母函数等于它们相应的母函数之和; 两条 q 元序列卷积的母函数等于它们相应的母函数之积, 这里, 序列 $\underline{a}=a_0a_1a_2\cdots$ 和 $\underline{b}=b_0b_1b_2\cdots$ 的卷积定义为

$$\underline{a}*\underline{b}=c_0c_1c_2\cdots,$$

其中 $c_n=\sum\limits_{i=0}^{n}a_ib_{n-i}$.

定义 2.2　设 $\underline{a}=a_0a_1a_2\cdots\in V(F_q)$, 若存在正整数 T, 使得对任意 $i\geqslant 0$, 均有 $a_{T+i}=a_i$, 则称 $\underline{a}$ 为 F_q 上的周期序列, 满足条件 $a_{T+i}=a_i(i\geqslant 0)$ 的正整数 T 称为序列 $\underline{a}$ 的周期.

若 T 是序列 $\underline{a}$ 的周期, 则对任意正整数 k, kT 仍然是序列 $\underline{a}$ 的周期. 记 $p(\underline{a})$ 是满足条件 $a_{T+i}=a_i(i\geqslant 0)$ 的最小正整数 T, 称 $p(\underline{a})$ 为序列 $\underline{a}$ 的最小周期. 最小周期 $p(\underline{a})$ 一定是任意周期 T 的因子, 这是因为: 如果 $p(\underline{a})$ 不整除 T, 由整数的带余除法, 存在正整数 k 和 $r(1\leqslant r<p(\underline{a}))$ 使得 $T=k\cdot p(\underline{a})+r$, 于是 $a_i=a_{T+i}=a_{k\cdot p(\underline{a})+r+i}=a_{r+i}$ 对任意 $i\geqslant 0$ 成立, 即 r 也是序列 $\underline{a}$ 的周期, 这与 $p(\underline{a})$ 是最小周期矛盾! 以后如果没有特殊指明, 序列的周期通常是指序列的最小周期.

由有限域上多项式理论, 若 $f(x)\in F_q[x]$ 并且 $f(0)\neq 0$, 则它的周期 $p(f(x))$ 定义为使得 $x^T\equiv 1 \bmod f(x)$ 成立的最小正整数. 同样可以证明, T 是使得 $x^T\equiv 1 \bmod f(x)$ 成立的正整数的充分必要条件是 $p(f(x))$ 为 T 的因子.

定理 2.2　F_q 上每条周期序列的母函数可以表示成既约真分式 $\dfrac{g(x)}{f(x)}$ 的形式, 这里 $f(0)\neq 0$. 反过来, F_q 上每一个既约真分式 $\dfrac{g(x)}{f(x)}(f(0)\neq 0)$ 也都是 F_q 上某条周期序列的母函数.

证明　若 $\underline{a}\in V(F_q)$, 并且 $\underline{a}$ 为周期序列, 不妨设 $p(\underline{a})=p$, 即

$$\underline{a}=a_0a_1a_2\cdots a_{p-1}\ a_0a_1a_2\cdots a_{p-1}\cdots,$$

则

$$\begin{aligned}A(x)=&\,a_0+a_1x+a_2x^2+\cdots+a_{p-1}x^{p-1}+a_0x^p+a_1x^{p+1}\\&+a_2x^{p+2}+\cdots+a_{p-1}x^{2p-1}+\cdots\end{aligned}$$

$$
\begin{aligned}
&= (a_0 + a_1x + a_2x^2 + \cdots + a_{p-1}x^{p-1}) \\
&\quad + x^p(a_0 + a_1x + a_2x^2 + \cdots + a_{p-1}x^{p-1}) + \cdots \\
&= (a_0 + a_1x + a_2x^2 + \cdots + a_{p-1}x^{p-1})(1 + x^p + x^{2p} + \cdots) \\
&= \frac{a_0 + a_1x + a_2x^2 + \cdots + a_{p-1}x^{p-1}}{1 - x^p}.
\end{aligned}
$$

由此可知, 周期为 p 的 q 元序列的母函数是一个以 $1 - x^p$ 为分母的真分式. 进一步设

$$(a_0 + a_1x + a_2x^2 + \cdots + a_{p-1}x^{p-1}, 1 - x^p) = h(x),$$

$$a_0 + a_1x + a_2x^2 + \cdots + a_{p-1}x^{p-1} = g(x)h(x),$$

$$1 - x^p = f(x)h(x),$$

则

$$(f(x), g(x)) = 1, \quad \deg g(x) < \deg f(x), \quad f(0) \neq 0,$$

并且

$$A(x) = \frac{g(x)}{f(x)}.$$

反之, 如果 $A(x) = \dfrac{g(x)}{f(x)}$ 为既约多项式, 即 $\deg g(x) < \deg f(x)$, $(f(x), g(x)) = 1$. 由于 $f(0) \neq 0$, 故存在正整数 T, 使得 $f(x)|(1 - x^T)$, 于是有 $h(x) \in F_q[x]$ 满足 $1 - x^T = f(x)h(x)$, 从而

$$
\begin{aligned}
A(x) &= \frac{g(x)}{f(x)} = \frac{g(x)h(x)}{f(x)h(x)} = \frac{g(x)h(x)}{1 - x^T} = \frac{a_0 + a_1x + a_2x^2 + \cdots + a_{T-1}x^{T-1}}{1 - x^T} \\
&= a_0 + a_1x + a_2x^2 + \cdots + a_{T-1}x^{T-1} + a_0x^T + a_1x^{T+1} \\
&\quad + a_2x^{T+2} + \cdots + a_{T-1}x^{2T-1} + \cdots,
\end{aligned}
$$

即 $A(x)$ 是周期序列 $\underline{a} = a_0a_1a_2 \cdots a_{T-1}a_0a_1a_2 \cdots a_{T-1} \cdots$ 的母函数. □

定理 2.3 设 F_q 上的周期序列 $\underline{a}$ 的母函数是既约真分式 $A(x) = \dfrac{g(x)}{f(x)}$, 则序列 $\underline{a}$ 的周期等于 $f(x)$ 的周期.

证明 由定理 2.2 的证明过程易知本定理成立. □

2.2 LFSR 序列的数学描述

F_q 上 n 级反馈移位寄存器的一般示意图如图 2.1.

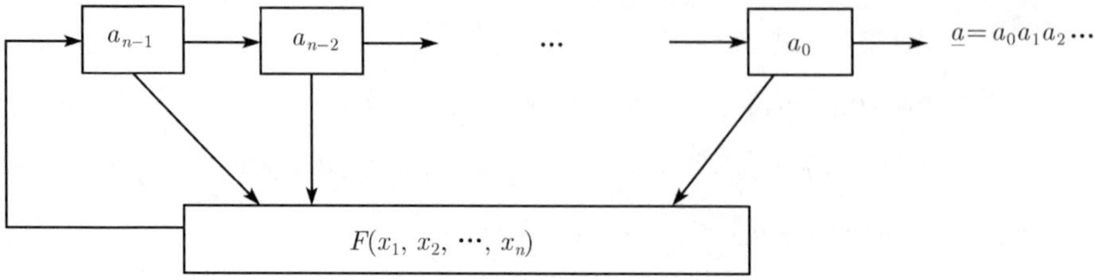

图 2.1 n 级反馈移位寄存器模型

这里 $a_{i+n} = F(a_i, a_{i+1}, \cdots, a_{i+n-1}), a_i \in F_q, i \geqslant 0$. 称序列 $\underline{a} = a_0a_1a_2\cdots$ 为反馈移位寄存器序列, $F(x_1, x_2, \cdots, x_n)$ 为反馈函数 (或反馈逻辑), 状态 $(a_0, a_1, \cdots, a_{n-1})$ 为初态. 容易看出, 序列 $\underline{a} = a_0a_1a_2\cdots$ 是由初态 $(a_0, a_1, \cdots, a_{n-1})$ 和反馈函数 $F(x_1, x_2, \cdots, x_n)$ 唯一确定的. 若反馈函数 $F(x_1, x_2, \cdots, x_n)$ 为线性函数, 则相应的反馈移位寄存器称为线性反馈移位寄存器 (LFSR), 相应的序列称为线性反馈移位寄存器序列; 否则, 称为非线性反馈移位寄存器 (NFSR) 和非线性反馈移位寄存器序列.

F_q 上 n 级线性反馈移位寄存器的一般示意图如图 2.2.

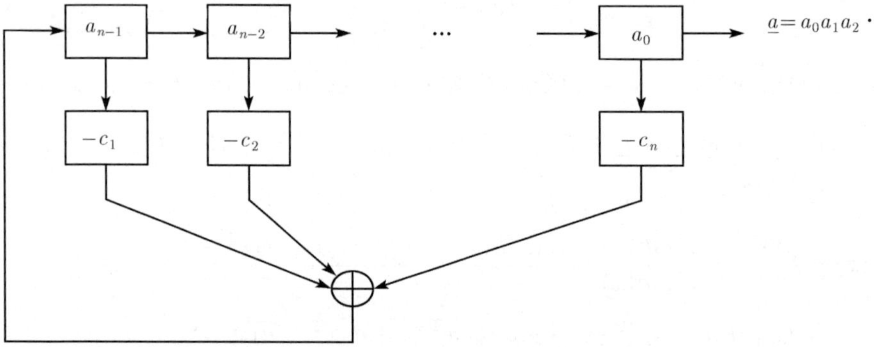

图 2.2 n 级线性反馈移位寄存器模型

图中的反馈函数为 $f(x_1, \cdots, x_n) = -(c_1x_n + c_2x_{n-1} + \cdots + c_nx_1), c_i \in F_q$. 若 $c_n = 0$, 则称线性反馈移位寄存器是退化的, 即输出序列可以认为与最后一级寄存器没有关系, 这时线性反馈移位寄存器至多是 $n-1$ 级的. 以下总假定线性反馈移位寄存器是非退化的.

例 2.1 已知二元域上 4 级线性反馈移位寄存器如图 2.3, 反馈函数为 $f(x_1, x_2, x_3, x_4) = x_1 + x_2$, 若初态为 (0011), 即 $(x_1, x_2, x_3, x_4) = (0, 0, 1, 1)$, 则输出序列为 $\underline{a} = 001101011110001, \cdots$; 若初态为 (1010), 即 $(x_1, x_2, x_3, x_4) = (1, 0, 1, 0)$, 则输出序列为 $\underline{a} = 101011110001001, \cdots$.

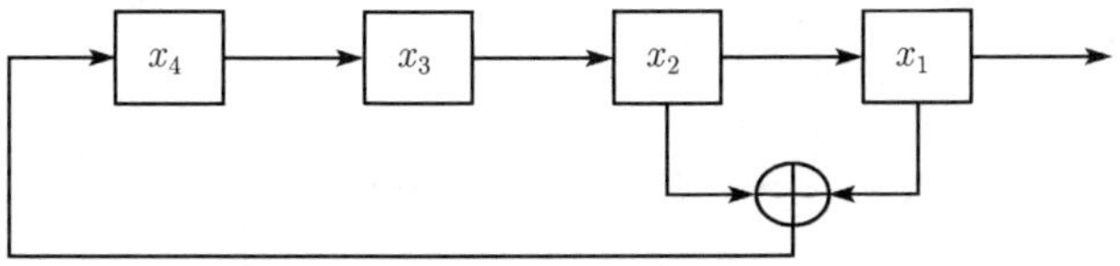

图 2.3 二元域上的 4 级 LFSR 示例

定义 2.3 设线性反馈移位寄存器的反馈函数为

$$f(x_1, x_2, \cdots, x_n) = -\sum_{i=1}^{n} c_i x_{n-i+1},$$

$\alpha^i = (x_1, x_2, \cdots, x_n)$ 为时刻 i 的状态, 令

$$\overline{A}\alpha^i = \overline{A}(x_1, x_2, \cdots, x_n) = (x_2, x_3, \cdots, x_n, f(x_1, x_2, \cdots, x_n)),$$

称 $\overline{A}$ 为线性反馈移位寄存器的状态转移变换.

由于 $f(x_1, x_2, \cdots, x_n)$ 是线性函数, 从而 $\overline{A}$ 是从 F_q^n 到自身的线性变换. 在 F_q^n 中取定一组基 $\varepsilon_1, \varepsilon_2, \cdots, \varepsilon_n$, 则 $\overline{A}$ 在基 $\varepsilon_1, \varepsilon_2, \cdots, \varepsilon_n$ 下的矩阵 A 称为状态转移矩阵.

例 2.2 对于例 2.1 中的线性反馈移位寄存器, 其状态转移变换为

$$\overline{A} : (x_1, x_2, x_3, x_4) \to (x_2, x_3, x_4, x_1 + x_2),$$

在 F_2^4 中取基: $\varepsilon_1 = (1,0,0,0)$, $\varepsilon_2 = (0,1,0,0)$, $\varepsilon_3 = (0,0,1,0)$, $\varepsilon_4 = (0,0,0,1)$, 则 $\overline{A}$ 在基 $\varepsilon_1, \varepsilon_2, \varepsilon_3, \varepsilon_4$ 下的像为

$$\overline{A}\varepsilon_1 = (0,0,0,1), \quad \overline{A}\varepsilon_2 = (1,0,0,1), \quad \overline{A}\varepsilon_3 = (0,1,0,0), \quad \overline{A}\varepsilon_4 = (0,0,1,0),$$

从而 $\overline{A}$ 在基 $\varepsilon_1, \varepsilon_2, \varepsilon_3, \varepsilon_4$ 下的矩阵为

$$A = \begin{pmatrix} \overline{A}\varepsilon_1 \\ \overline{A}\varepsilon_2 \\ \overline{A}\varepsilon_3 \\ \overline{A}\varepsilon_4 \end{pmatrix} \begin{pmatrix} \varepsilon_1 \\ \varepsilon_2 \\ \varepsilon_3 \\ \varepsilon_4 \end{pmatrix}^{-1} = \begin{pmatrix} 0 & 0 & 0 & 1 \\ 1 & 0 & 0 & 1 \\ 0 & 1 & 0 & 0 \\ 0 & 0 & 1 & 0 \end{pmatrix}.$$

一般地, 若在 F_q^n 中取定如下的标准基:

$$\varepsilon_1 = (1,0,0,\cdots,0), \varepsilon_2 = (0,1,0,\cdots,0), \varepsilon_3 = (0,0,1,\cdots,0), \cdots, \varepsilon_n = (0,0,0,\cdots,1),$$

则 n 级线性反馈移位寄存器的状态转移矩阵为

$$A=\begin{pmatrix} 0 & 0 & \cdots & 0 & -c_n \\ 1 & 0 & \cdots & 0 & -c_{n-1} \\ 0 & 1 & \cdots & 0 & -c_{n-2} \\ \vdots & \vdots & & \vdots & \vdots \\ 0 & 0 & \cdots & 1 & -c_1 \end{pmatrix},$$

这里 $f(x_1,x_2,\cdots,x_n)=-(c_1x_n+c_2x_{n-1}+\cdots+c_{n-1}x_2+c_nx_1)$ 为反馈函数.

定义 2.4　设线性反馈移位寄存器的状态转移矩阵为 A, 则称多项式 $f(x)=|xE-A|$ 为反馈移位寄存器的特征多项式.

注意到, 同一个线性变换在不同基下的矩阵是相似的, 即不同基下的状态转移矩阵是相似的, 从而线性反馈移位寄存器的特征多项式与 F_q^n 中基的选取无关. 一般情况下, 取状态转移矩阵

$$A=\begin{pmatrix} 0 & 0 & \cdots & 0 & -c_n \\ 1 & 0 & \cdots & 0 & -c_{n-1} \\ 0 & 1 & \cdots & 0 & -c_{n-2} \\ \vdots & \vdots & & \vdots & \vdots \\ 0 & 0 & \cdots & 1 & -c_1 \end{pmatrix},$$

则特征多项式为

$$\begin{aligned} f(x)=|xE-A|&=\begin{vmatrix} x & 0 & \cdots & 0 & c_n \\ -1 & x & \cdots & 0 & c_{n-1} \\ 0 & -1 & \cdots & 0 & c_{n-2} \\ \vdots & \vdots & & \vdots & \vdots \\ 0 & 0 & \cdots & -1 & x+c_1 \end{vmatrix} \\ &=x^n+c_1x^{n-1}+c_2x^{n-2}+\cdots+c_{n-1}x+c_n. \end{aligned}$$

而特征多项式的互反多项式

$$\overline{f}(x)=x^nf\left(\frac{1}{x}\right)=c_nx^n+c_{n-1}x^{n-1}+c_{n-2}x^{n-2}+\cdots+c_1x+1$$

称为线性反馈移位寄存器的联接多项式.

容易看出, 线性反馈移位寄存器的特征多项式、联接多项式和反馈函数相互唯一决定. 以后常用特征多项式来刻画线性反馈移位寄存器的特性.

例 2.3　求图 2.4 所示的线性反馈移位寄存器的特征多项式与联接多项式.

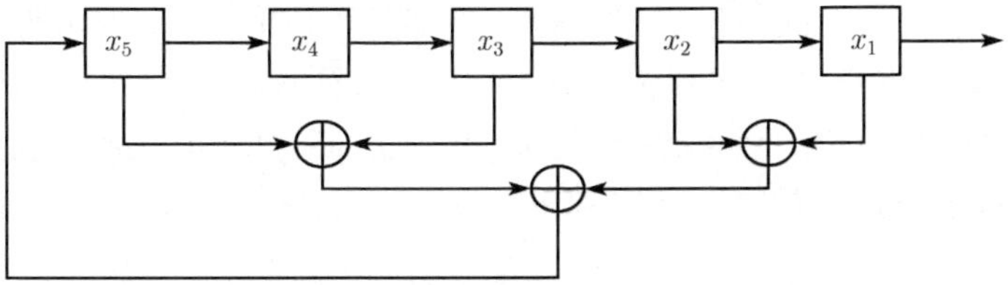

图 2.4 二元域上的 5 级 LFSR 示例

解 由于该线性反馈移位寄存器的反馈函数为

$$f(x_1, x_2, x_3, x_4, x_5) = x_1 + x_2 + x_3 + x_5,$$

故 $c_1 = c_3 = c_4 = c_5 = 1, c_2 = 0$, 从而 LFSR 的特征多项式为 $f(x) = x^5 + x^4 + x^2 + x + 1$, 联接多项式为 $\overline{f}(x) = x^5 + x^4 + x^3 + x + 1$.

设 $f(x)$ 是 F_q 上首一多项式, 即首项系数为 1 的多项式, 记 $G(f(x))$ 是以 $f(x)$ 为特征多项式的线性反馈移位寄存器所产生的 q 元序列的全体, 则 $G(f(x))$ 中的每一条序列由线性反馈移位寄存器的初态唯一确定. 若 $\deg f(x) = n$, 则由初态有 q^n 种选取方式知, $G(f(x))$ 中共有 q^n 条不同的序列. 为了刻画 $G(f(x))$ 中序列的特点, 引进下列左移变换的概念:

定义 2.5 $V(F_q)$ 上的线性变换:

$$\begin{aligned} &L : V(F_q) \to V(F_q), \\ &(a_0, a_1, a_2, \cdots) \to (a_1, a_2, a_3, \cdots) \end{aligned}$$

称为 $V(F_q)$ 上的左移变换.

对任意非负整数 n, 令 $L^0(\underline{a}) = \underline{a}$, $L^n\underline{a} = L(L^{n-1}\underline{a})(n \geqslant 1)$, 则对于任意多项式 $f(x) \in F_q[x]$, $f(L)$ 仍然是 $V(F_q)$ 上的线性变换.

定理 2.4 设 $f(x) = x^n + c_1x^{n-1} + c_2x^{n-2} + \cdots + c_{n-1}x + c_n \in F_q[x]$, L 为 $V(F_q)$ 上左移变换, 则对任意 $\underline{a} \in V(F_q)$, $\underline{a} \in G(f(x))$ 当且仅当 $f(L)\underline{a} = \underline{0}$, 这里 $\underline{0}$ 表示 $V(F_q)$ 中的全零序列.

证明 设 $\underline{a} = a_0a_1a_2\cdots \in G(f(x))$, 则序列 $\underline{a}$ 满足下列递归关系:

$$a_{n+i} = -c_1a_{n+i-1} - c_2a_{n+i-2} - \cdots - c_{n-1}a_{i+1} - c_na_i, \quad i = 0, 1, 2, \cdots,$$

即

$$a_{n+i} + c_1a_{n+i-1} + c_2a_{n+i-2} + \cdots + c_{n-1}a_{i+1} + c_na_i = 0, \quad i = 0, 1, 2, \cdots,$$

从而

$$L^n\underline{a} + c_1L^{n-1}\underline{a} + \cdots + c_{n-1}L\underline{a} + c_nL^0\underline{a} = \underline{0},$$

于是 $f(L)\underline{a}=\underline{0}$. 由于上面的推导过程每一步都是可逆的, 从而充分性也成立. □

对于一个给定的线性反馈移位寄存器, 设其特征多项式为 $f(x)$, 根据定理 2.4, $G(f(x))$ 构成 $V(F_q)$ 上的一个线性子空间. 又由于 $|G(f(x))|=q^n$, 从而 $G(f(x))$ 是 F_q 上的 n 维线性空间. 对每一条序列 $\underline{a}\in G(f(x))$, 令

$$U=\{g(x)|g(x)\in F_q[x],g(L)\underline{a}=\underline{0}\},$$

则可以验证 U 为 $F_q[x]$ 中的理想, 注意到 $F_q[x]$ 是主理想整环, 从而 U 为 $F_q[x]$ 中的主理想, 即存在次数最低的首一多项式 $m(x)$, 使得 $U=\langle m(x)\rangle$.

定义 2.6 产生序列 $\underline{a}$ 的次数最低的首一多项式 $m(x)$ 称为序列 $\underline{a}$ 的极小多项式, 极小多项式的次数称为序列 $\underline{a}$ 的线性复杂度, 记为 $LC(\underline{a})$.

根据多项式的带余除法, 序列 $\underline{a}$ 的极小多项式是唯一的, 并且一定是特征多项式的因式.

例 2.4 设二元周期序列 $\underline{a}=1110010,\cdots$, 则它可以用 3 级线性反馈移位寄存器 LFSR_1 产生, 也可以用 5 级线性反馈移位寄存器 LFSR_2 产生 (如图 2.5).

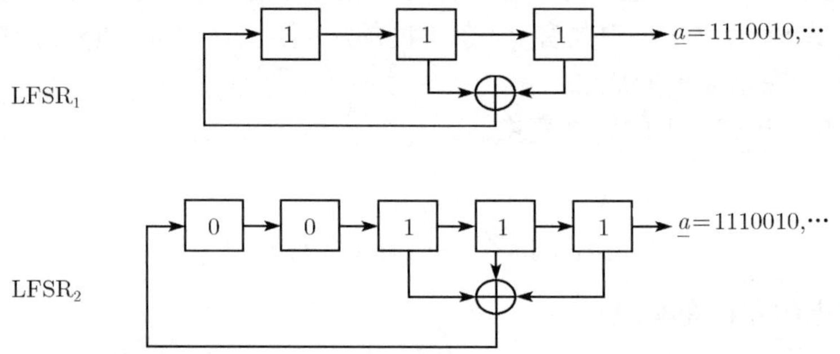

图 2.5 产生二元周期序列 $\underline{a}=1110010,\cdots$ 的两个 LFSR

LFSR_1 的特征多项式为 $f_1(x)=x^3+x+1$, 而 LFSR_2 的特征多项式为 $f_2(x)=x^5+x^2+x+1$. 注意到 $f_2(x)=x^5+x^2+x+1=(x^3+x+1)(x^2+1)$, 因此 $f_1(x)|f_2(x)$. 事实上, LFSR_1 是产生序列 $\underline{a}$ 的最短的线性反馈移位寄存器, 从而序列 $\underline{a}=1110010,\cdots$ 的线性复杂度为 3.

下面考虑线性反馈移位寄存器序列的母函数特点.

定理 2.5 设 n 级线性反馈移位寄存器的特征多项式为

$$f(x)=x^n+c_1x^{n-1}+c_2x^{n-2}+\cdots+c_{n-1}x+c_n\in F_q[x],\quad c_n\neq 0,$$

则该线性反馈移位寄存器以$(a_0,a_1,\cdots,a_{n-1})$ 为初态所产生的 q 元序列 $\underline{a}=a_0a_1a_2\cdots$ 的母函数为 $A(x)=\dfrac{g(x)}{\overline{f}(x)}$, 这里 $\overline{f}(x)$ 为线性反馈移位寄存器相应的联

接多项式, $g(x)=b_0+b_1x+b_2x^2+\cdots+b_{n-1}x^{n-1}$ 是由初始状态 $(a_0,a_1,\cdots,a_{n-1})$ 和反馈系数 $c_1,c_2,\cdots,c_n$ 给出的.

证明 由于序列 $\underline{a}=a_0a_1a_2\cdots$ 满足下列递推关系:

$$a_{n+i}=-c_1a_{n+i-1}-c_2a_{n+i-2}-\cdots-c_na_i,\quad i=0,1,2,\cdots,$$

则

$$\begin{aligned}&\overline{f}(x)A(x)\\ =\,&(1+c_1x+c_2x^2+\cdots+c_{n-1}x^{n-1}+c_nx^n)(a_0+a_1x+a_2x^2+\cdots)\\ =\,&a_0+(a_1+c_1a_0)x+(a_2+c_1a_1+c_2a_0)x^2+\cdots+(a_{n-1}+c_1a_{n-2}\\ &+\cdots+c_{n-1}a_0)x^{n-1}+(a_n+c_1a_{n-1}+c_2a_{n-2}+\cdots+c_na_0)x^n\\ &+(a_{n+1}+c_1a_n+c_2a_{n+1}+\cdots+c_na_1)x^{n+1}+\cdots.\end{aligned}$$

由递推关系可知, 等式右边从 x^n 项起系数全为 0, 故

$$\overline{f}(x)A(x)=b_0+b_1x+b_2x^2+\cdots+b_{n-1}x^{n-1},$$

这里

$$\begin{cases}b_0=a_0,\\ b_1=a_1+c_1a_0,\\ b_2=a_2+c_1a_1+c_2a_0,\\ \qquad\cdots\cdots\cdots\\ b_{n-1}=a_{n-1}+c_1a_{n-2}+\cdots+c_{n-1}a_0.\end{cases}$$

令 $g(x)=b_0+b_1x+b_2x^2+\cdots+b_{n-1}x^{n-1}$, 则 $A(x)=\dfrac{g(x)}{\overline{f}(x)}$, 并且 $g(x)$ 是由初始状态 $(a_0,a_1,\cdots,a_{n-1})$ 和反馈系数 $c_1,c_2,\cdots,c_n$ 唯一给出. □

推论 2.1 设 $f(x)=x^n+c_1x^{n-1}+c_2x^{n-2}+\cdots+c_{n-1}x+c_n\in F_q[x],c_n\neq 0$, 则以 $f(x)$ 为特征多项式的 n 级线性反馈移位寄存器所产生的 q^n 条 q 元序列的母函数恰好对应于以 $\overline{f}(x)$ 为分母的 q^n 个有理真分式.

推论 2.2 设 $f(x)=x^n+c_1x^{n-1}+c_2x^{n-2}+\cdots+c_{n-1}x+c_n\in F_q[x],c_n\neq 0$, 则以 $f(x)$ 为特征多项式的 n 级线性反馈移位寄存器所产生的 q^n 条 q 元序列均为周期序列.

定理 2.6 设 q 元周期序列 $\underline{a}$ 的母函数是既约真分式 $\dfrac{g(x)}{f(x)}$, 则序列 $\underline{a}$ 的极小多项式为 $f(x)$ 的互反多项式 $\overline{f}(x)$, 从而序列 $\underline{a}$ 的周期为 $p(f(x))$, 线性复杂度为 $\deg f(x)$.

证明 根据定理 2.5 的证明过程, 以 $\overline{f}(x)$ 为特征多项式的线性反馈移位寄存器可以生成序列 $\underline{a}$. 其次, 若以 $u(x)$ 为特征多项式的线性反馈移位寄存器可以生

成序列 $\underline{a}$, 令 $\overline{u}(x)$ 为 $u(x)$ 的互反多项式, 则由定理 2.5, $\underline{a}$ 的母函数可以表示为 $A(x)=\dfrac{v(x)}{\overline{u}(x)}$, 从而 $\dfrac{v(x)}{\overline{u}(x)}=\dfrac{g(x)}{f(x)}$. 于是 $f(x)|g(x)\overline{u}(x)$, 注意到 $(f(x),g(x))=1$, 故 $f(x)|\overline{u}(x)$, 进而 $\overline{f}(x)|u(x)$, 即 $\overline{f}(x)$ 为任意生成 $\underline{a}$ 的线性反馈移位寄存器的特征多项式的因式, 故 $\overline{f}(x)$ 为 $\underline{a}$ 的极小多项式. 由定理 2.3, 序列 $\underline{a}$ 的周期为 $p(f(x))$, 由定义 2.6, 序列 $\underline{a}$ 的线性复杂度为 $\deg f(x)$. □

例 2.5　求图 2.6 所示线性反馈移位寄存器所生成二元序列 $\underline{a}$ 的周期和线性复杂度.

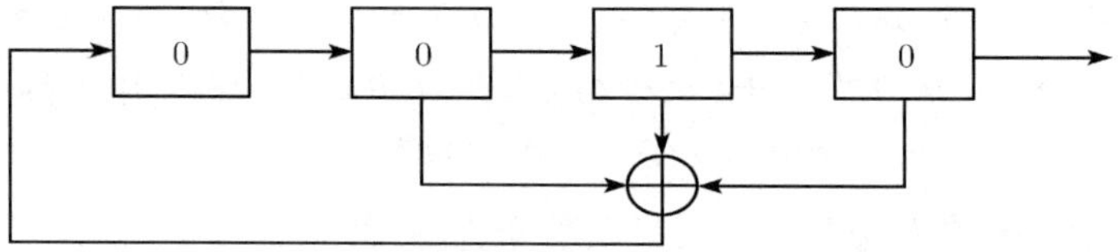

图 2.6　二元域上的 4 级 LFSR 示例

解　根据图示, 该线性反馈移位寄存器的特征多项式为 $f(x)=x^4+x^2+x+1$, 初态为 $(0,1,0,0)$, 反馈系数为 $c_1=0,c_2=c_3=c_4=1$. 设序列 $\underline{a}$ 的母函数为 $A(x)$, 则

$$A(x)=\frac{g(x)}{\overline{f}(x)}=\frac{x^3+x}{x^4+x^3+x^2+1},$$

其中 $g(x)=x^3+x$ 由初态 $(0,1,0,0)$ 和反馈系数 c_1,c_2,c_3,c_4 确定. 从而

$$A(x)=\frac{x^3+x}{x^4+x^3+x^2+1}=\frac{x+x^2}{x^3+x+1}.$$

易知 $\dfrac{x+x^2}{x^3+x+1}$ 为既约真分式, 故 x^3+x^2+1 为序列 $\underline{a}$ 的极小多项式, 其周期为 7, 次数为 3, 从而根据定理 2.6, 序列 $\underline{a}$ 的周期为 7, 线性复杂度为 3.

2.3　LFSR 序列的周期分布

假定一个 n 级 LFSR 的特征多项式为

$$f(x)=x^n+c_1x^{n-1}+c_2x^{n-2}+\cdots+c_{n-1}x+c_n\in F_q[x],\quad c_n\neq 0,$$

则由该线性反馈移位寄存器产生的 q^n 条序列均为周期序列. 本节考虑这些序列的周期分布情况, 即有多少种不同的周期, 每种周期又含有多少条不同的序列.

定义 2.7　对任意 $\underline{a},\underline{b}\in G(f(x))$, 若存在非负整数 s, 使得 $\underline{a}=L^s\underline{b}$, 则称 $\underline{a}$ 与 $\underline{b}$ 平移等价, 记为 $\underline{a}\sim\underline{b}$.

$G(f(x))$ 中序列的平移等价具有如下基本性质:

自反性: 任何序列与其自身平移等价;

对称性: 若序列 $\underline{a}$ 与 $\underline{b}$ 平移等价, 则 $\underline{b}$ 与 $\underline{a}$ 平移等价;

传递性: 若序列 $\underline{a}$ 与 $\underline{b}$ 平移等价, $\underline{b}$ 与 $\underline{c}$ 平移等价, 则 $\underline{a}$ 与 $\underline{c}$ 平移等价.

由上可知, 平移等价是集合 $G(f(x))$ 中的一个等价关系, 它将 $G(f(x))$ 中的全体序列分成若干类, 每一类中的序列相互平移等价, 不同类中的序列一定不等价, 以后称这些不同的序列类为平移等价类. 平移等价的序列具有相同的密码学性质, 它们不仅具有相同的周期和线性复杂度, 还具有相同的统计特性. 为方便起见, 在考虑序列的密码学性质时, 平移等价的序列通常被认为是同一条序列.

引理 2.1 设序列 $\underline{a},\underline{b}$ 的极小多项式分别为 $f(x),g(x)$, 若 $(f(x),g(x))=1$, 则序列 $\underline{a}+\underline{b}$ 的极小多项式为 $f(x)g(x)$.

证明 设 L 为左移变换, 由于 $\underline{a}\in G(f(x)), \underline{b}\in G(g(x))$, 根据定理 2.4, $f(L)\underline{a}=\underline{0}$, $g(L)\underline{b}=\underline{0}$, 于是

$$f(L)g(L)\underline{a}=g(L)f(L)\underline{a}=g(L)\underline{0}=\underline{0},\quad f(L)g(L)\underline{b}=f(L)\underline{0}=\underline{0}.$$

故

$$f(L)g(L)(\underline{a}+\underline{b})= f(L)g(L)\underline{a}+f(L)g(L)\underline{b}=\underline{0}.$$

从而 $f(x)g(x)$ 为 $\underline{a}+\underline{b}$ 的特征多项式.

另一方面, 若存在 $h(x)\in F_q[x]$, 使得 $h(L)(\underline{a}+\underline{b})=\underline{0}$, 则 $f(L)h(L)(\underline{a}+\underline{b})=\underline{0}$, 因此 $f(L)h(L)\underline{b}=\underline{0}$. 由极小多项式性质, $g(x)|f(x)h(x)$, 又 $(f(x),g(x))=1$, 故 $g(x)|h(x)$. 同理可证 $f(x)|h(x)$, 再由 $(f(x),g(x))=1$, 得到 $f(x)g(x)|h(x)$, 故 $f(x)g(x)$ 为序列 $\underline{a}+\underline{b}$ 的极小多项式. □

推论 2.3 若序列 $\underline{a},\underline{b}$ 的极小多项式分别为 $f(x),g(x)$, 且 $(f(x),g(x))=1$, 则

(1) $\underline{a}+\underline{b}$ 的周期等于 $\underline{a}$ 与 $\underline{b}$ 的周期的最小公倍数, 即

$$p(\underline{a}+\underline{b})=[p(\underline{a}),p(\underline{b})];$$

(2) $\underline{a}+\underline{b}$ 的线性复杂度等于 $\underline{a}$ 与 $\underline{b}$ 的线性复杂度的和, 即

$$LC(\underline{a}+\underline{b})=LC(\underline{a})+LC(\underline{b}).$$

例 2.6 已知二元序列 $\underline{a}$ 的极小多项式为 x^2+x+1, 序列 $\underline{b}$ 的极小多项式为 x^3+x+1, 则 $\underline{a}+\underline{b}$ 的极小多项式为 $(x^2+x+1)(x^3+x+1)=x^5+x^4+1$.

引理 2.2[11] 设 $f(x)=\varphi_1^{l_1}(x)\varphi_2^{l_2}(x)\cdots\varphi_s^{l_s}(x), f(0)\neq 0$, 其中 $\varphi_i(x)(1\leqslant i\leqslant s)$ 为 F_q 上两两互素的不可约多项式, 则 $f(x)$ 的周期为

$$p(f(x))=p^t\cdot[p(\varphi_1(x)),p(\varphi_2(x)),\cdots,p(\varphi_s(x))],$$

这里 p 为 F_q 的特征, t 是使得 $p^t \geqslant \max\{l_1, l_2, \cdots, l_s\}$ 成立的最小非负整数, $p(\varphi_i(x))$ 表示 $\varphi_i(x)$ 的周期.

由引理 2.2, 多项式 $f(x) \in F_q[x], f(0) \neq 0$ 的周期的计算归结为其不可约因式的周期的计算. 假定 $\varphi(x) \in F_q[x], \varphi(0) \neq 0$ 是 m 次不可约多项式, 则根据多项式周期的定义, $p(\varphi(x))$ 一定为 $q^m - 1$ 的因子, 所以不可约多项式 $\varphi(x)$ 的周期可以根据下面的方法求得.

步骤 1. 分解 $q^m - 1 = \prod\limits_{j=1}^{v} p_j^{r_j}$;

步骤 2. 对每一个 $j(1 \leqslant j \leqslant v)$ 做如下工作: 计算 $x^{\frac{q^m-1}{p_j}} \bmod \varphi(x)$, 若 $x^{\frac{q^m-1}{p_j}} \not\equiv 1 \bmod \varphi(x)$, 则 $p(\varphi(x))$ 必为 $p_j^{r_j}$ 的倍数; 若 $x^{\frac{q^m-1}{p_j}} \equiv 1 \bmod \varphi(x)$, 则 $p(\varphi(x))$ 一定不是 $p_j^{r_j}$ 的倍数, 这时, 再通过计算 $x^{\frac{q^m-1}{p_j^2}} \bmod \varphi(x)$, $x^{\frac{q^m-1}{p_j^3}} \bmod \varphi(x)$, $\cdots, x^{\frac{q^m-1}{p_j^{r_j}}} \bmod \varphi(x)$, 判定 $p(\varphi(x))$ 是否是 $p_j^{r_j-1}, p_j^{r_j-2}, \cdots, p_j$ 的倍数;

步骤 3. 对每一个 $j(1 \leqslant j \leqslant v)$, 如果 $p_j^{u_j} | p(\varphi(x))$, 但是 $p_j^{u_j+1}$ 不是 $p(\varphi(x))$ 的因子, 那么 $p(\varphi(x)) = \prod\limits_{j=1}^{v} p_j^{u_j}$.

例 2.7　计算 $f(x) = x^{10} + x^9 + x^3 + x^2 + 1 \in F_2[x]$ 的周期.

解　$f(x)$ 的标准分解式是 $f(x) = (x^2 + x + 1)^3(x^4 + x + 1)$. 根据上面的算法计算可得

$$p(x^2 + x + 1) = 3, \quad p(x^4 + x + 1) = 15,$$

于是由引理 2.2, $p(f(x)) = 2^2 \cdot [3, 15] = 60$.

为研究 LFSR 序列的周期分布, 还需引进 LFSR 的状态图的概念. 用平面上 q^n 个点代表 LFSR 的 q^n 个状态, 如果状态 α^i 的下一个状态为 α^{i+1}, 即 $\alpha^{i+1} = \alpha^i A$, 这里 A 为 LFSR 的状态转移矩阵, 那么就从点 α^i 画一个箭头到点 α^{i+1}, 依次可将 LFSR 所有状态的连接关系用图形表示出来, 这样的图就称为以 $f(x)$ 为特征多项式的 LFSR 的状态图, 记为 Σ_f.

例 2.8　二元域上一个 3 级 LFSR 如图 2.7.

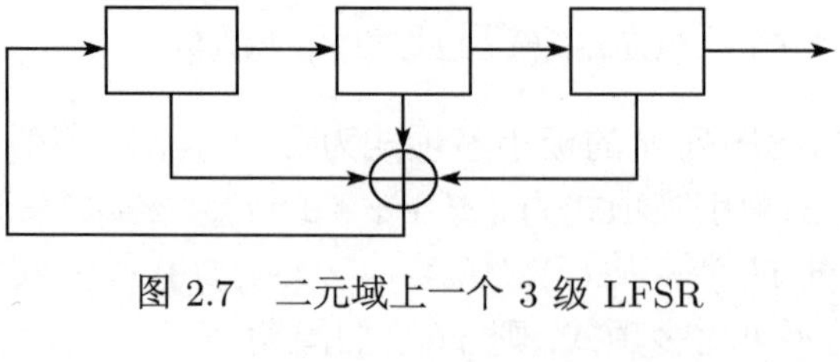

图 2.7　二元域上一个 3 级 LFSR

其中特征多项式为 $x^3 + x^2 + x + 1$, 则 LFSR 的状态图 Σ_f 如图 2.8.

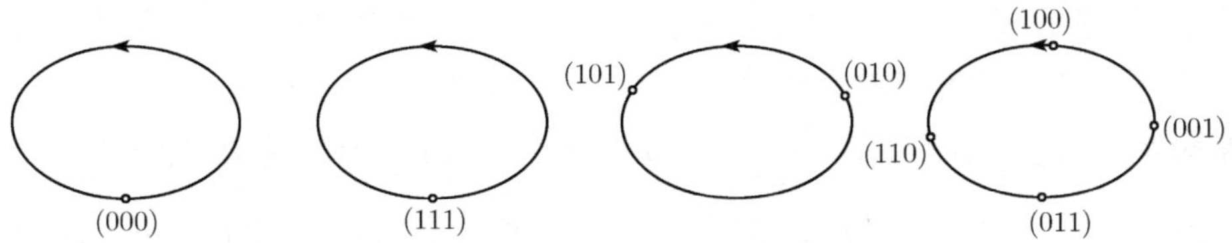

图 2.8 图 2.7 中 LFSR 的状态图

对于以 $f(x)$ 为特征多项式的 LFSR 而言, 若状态图 Σ_f 中长度为 $p_i(1 \leqslant i \leqslant s)$ 的圈共有 m_i 个, 则称状态图 Σ_f 的圈元为

$$m_1\{p_1\} + m_2\{p_2\} + \cdots + m_s\{p_s\}.$$

根据平移等价的定义, 一个长度为 p_i 的圈代表 p_i 条平移等价的序列, 这些序列具有相同的周期. 反过来, 平移等价的序列一定在状态图 Σ_f 的同一个圈上. 根据这样的对应关系, 只要确定了以 $f(x)$ 为特征多项式的 LFSR 的状态图 Σ_f 的圈元, 就意味着决定了该 LFSR 产生的所有序列的周期分布. 比如, 例 2.8 中 Σ_f 的圈元为 $2\{1\}+1\{2\}+1\{4\}$, 从而该 LFSR 产生的所有序列的周期分布: 周期为 1 的序列 2 条, 周期为 2 的序列 2 条, 周期为 4 的序列 4 条.

引理 2.3 设 $f(x) = f_1(x)f_2(x)$, $(f_1(x), f_2(x)) = 1$, 若 $f_1(x)$ 和 $f_2(x)$ 的状态图的圈元分别为 $\Sigma_{f_1} = \sum_{i=1}^{s} m_i\{p_i\}$ 和 $\Sigma_{f_2} = \sum_{j=1}^{t} n_j\{q_j\}$, 则 $f(x)$ 的状态图的圈元为 $\Sigma_f = \Sigma_{f_1} * \Sigma_{f_2}$, 这里圈乘法 $*$ 定义如下:

$$\begin{aligned}\Sigma_f &= \left(\sum_{i=1}^{s} m_i\{p_i\}\right) * \left(\sum_{j=1}^{t} n_j\{q_j\}\right) = \sum_{i=1}^{s}\sum_{j=1}^{t} m_i n_j \{p_i\} * \{q_j\} \\ &= \sum_{i=1}^{s}\sum_{j=1}^{t} m_i n_j (p_i, q_j)\{[p_i, q_j]\}.\end{aligned}$$

证明 若 $\underline{a}_1 \in G(f_1(x))$, $\underline{a}_2 \in G(f_2(x))$, 则 $\underline{a} = \underline{a}_1 + \underline{a}_2 \in G(f(x))$.

另一方面, 若 $\underline{a} \in G(f(x))$, 则 $\underline{a}$ 的母函数为

$$\frac{g(x)}{\overline{f}(x)} = \frac{g(x)}{\overline{f}_1(x)\overline{f}_2(x)} = \frac{g_1(x)}{\overline{f}_1(x)} + \frac{g_2(x)}{\overline{f}_2(x)},$$

其中

$$\deg g_1(x) < \deg \overline{f}_1(x), \quad \deg g_2(x) < \deg \overline{f}_2(x).$$

于是 $\underline{a}$ 可以分解为 $\underline{a} = \underline{a}_1 + \underline{a}_2$, 其中 $\underline{a}_1 \in G(f_1(x))$, $\underline{a}_2 \in G(f_2(x))$. 从而得到

$$G(f(x)) = G(f_1(x)) + G(f_2(x)).$$

在 Σ_{f_1} 中任取一个长度为 p_1 的圈, 则它对应到 p_1 条周期为 p_1 的互相平移等价序列, 在 Σ_{f_2} 中任取一个长度为 p_2 的圈, 则对应到 p_2 条周期为 p_2 的互相平移

等价序列. 前者任意一条序列与后者任意一条序列相加便得到一条周期为 $[p_1, p_2]$ 的序列, 并且两个不同序列相加得到的序列是不相同的, 故共有 p_1p_2 条序列, 它们周期均为 $[p_1, p_2]$, 从而组成 $\dfrac{p_1p_2}{[p_1, p_2]} = (p_1, p_2)$ 个不同的平移等价类, 即对于 Σ_{f_1} 中长度为 p_1 的圈和 Σ_{f_2} 中长度为 p_2 的圈, 在 Σ_f 中便有 (p_1, p_2) 个长为 $[p_1, p_2]$ 的圈与之相对应, 从而结论成立. □

定理 2.7 设 $f(x) = x^n + c_1x^{n-1} + c_2x^{n-2} + \cdots + c_{n-1}x + c_n \in F_q[x], c_n \neq 0$, 则以 $f(x)$ 为特征多项式的 LFSR 的状态图 Σ_f 的圈元具有如下性质:

(1) 若 $f(x)$ 是 n 次不可约多项式, 则

$$\Sigma_f = 1 \cdot \{1\} + \frac{q^n - 1}{p(f)}\{p(f)\},$$

其中 $p(f)$ 为 $f(x)$ 的周期. 特别地, 若 $f(x)$ 是 n 次本原多项式, 则

$$\Sigma_f = 1 \cdot \{1\} + 1 \cdot \{q^n - 1\}.$$

(2) 若 $f(x)$ 是某个不可约多项式的方幂, 即设 $f(x) = \varphi(x)^l, l \geqslant 2, \deg\varphi(x) = m, \varphi(x)$ 不可约, 则

$$\begin{aligned}\Sigma_f = 1 \cdot \{1\} &+ \frac{q^m - 1}{p(\varphi)}\{p(\varphi)\} + \frac{q^{pm} - q^m}{p \cdot p(\varphi)}\{p \cdot p(\varphi)\} + \frac{q^{p^2m} - q^{pm}}{p^2 \cdot p(\varphi)}\{p^2 \cdot p(\varphi)\} + \cdots \\ &+ \frac{q^{p^{r-1}m} - q^{p^{r-2}m}}{p^{r-1} \cdot p(\varphi)}\{p^{r-1} \cdot p(\varphi)\} + \frac{q^{lm} - q^{p^{r-1}m}}{p^r \cdot p(\varphi)}\{p^r \cdot p(\varphi)\},\end{aligned}$$

其中 p 为有限域 F_q 的特征, r 为满足条件 $p^{r-1} < l \leqslant p^r$ 的正整数.

(3) 若 $f(x)$ 的标准分解式为 $f(x) = \varphi_1^{l_1}(x)\varphi_2^{l_2}(x)\cdots\varphi_s^{l_s}(x)$, 这里 $\varphi_i(x)(1 \leqslant i \leqslant s)$ 为两两互素的不可约多项式, 则 Σ_f 按下列方法得到:

步骤 1. 按 (1) 和 (2) 的方法分别计算 $\varphi_1^{l_1}(x), \varphi_2^{l_2}(x), \cdots, \varphi_s^{l_s}(x)$ 的状态图 $\Sigma_{\varphi_i^{l_i}(x)}$ 的圈元:

$$\Sigma_{\varphi_1^{l_1}(x)} = m_{11}\{p_{11}\} + m_{12}\{p_{12}\} + \cdots + m_{1t_1}\{p_{1t_1}\},$$

$$\Sigma_{\varphi_2^{l_2}(x)} = m_{21}\{p_{21}\} + m_{22}\{p_{22}\} + \cdots + m_{2t_2}\{p_{2t_2}\},$$

$$\cdots\cdots\cdots$$

$$\Sigma_{\varphi_s^{l_s}(x)} = m_{s1}\{p_{s1}\} + m_{s2}\{p_{s2}\} + \cdots + m_{st_s}\{p_{st_s}\}.$$

步骤 2. 将步骤 1 中 s 个状态图的圈元 $\Sigma_{\varphi_1^{l_1}}, \Sigma_{\varphi_2^{l_2}}, \cdots, \Sigma_{\varphi_s^{l_s}}$ 按如下圈乘运算相乘, 就得到 $f(x)$ 的状态图的圈元 Σ_f, 即 $\Sigma_f = \Sigma_{\varphi_1^{l_1}} * \Sigma_{\varphi_2^{l_2}} * \cdots * \Sigma_{\varphi_s^{l_s}}$.

证明 (1) $G(f(x))$ 中的全 0 序列 $\underline{0}=000\cdots$ 的周期为 1, 对应于 Σ_f 中的一个长度为 1 的圈; 另外, 根据定理 2.5, $G(f(x))$ 中每条非零序列的母函数均为 $\dfrac{g(x)}{\overline{f}(x)}$ 的形式, 其中 $g(x)\neq 0$, 由于 $f(x)$ 不可约, 故 $\overline{f}(x)$ 不可约, 从而 $\dfrac{g(x)}{\overline{f}(x)}$ 为既约真分式. 根据定理 2.6, $G(f(x))$ 中每条非 0 序列的极小多项式均为 $f(x)$, 从而每条非零序列的周期均为 $p(f)$. 所以, $G(f(x))$ 中 q^n-1 条非零序列被分成 $\dfrac{q^n-1}{p(f)}$ 个不同的平移等价类, 每一类都有 $p(f)$ 条平移等价的序列, 因此, Σ_f 中有 $\dfrac{q^n-1}{p(f)}$ 个长度为 $p(f)$ 的圈, 故

$$\Sigma_f=1\cdot\{1\}+\frac{q^n-1}{p(f)}\{p(f)\},$$

特别地, 若 $f(x)$ 是本原多项式, 则 $p(f)=q^n-1$, 从而

$$\Sigma_f=1\cdot\{1\}+1\cdot\{q^n-1\}.$$

(2) 由于 $G(f(x))$ 中每条非零序列的母函数均为 $\dfrac{g(x)}{\overline{f}(x)}$ 的形式, 并且 $f(x)=\varphi(x)^l$, 则 $\overline{f}(x)=\overline{\varphi}(x)^l$, 从而每条非零序列的极小多项式必为 $\varphi^{l'}(x)(l'\leqslant l)$, 这时序列的周期等于 $\varphi^{l'}(x)$ 的周期 $p^ip(\varphi)$, 这里 p 是 F_q 的特征, i 满足 $p^{i-1}<l'\leqslant p^i$. 又由于以 $\varphi^{l'}(x)$ 为极小多项式的序列的母函数为 $\dfrac{g(x)}{\overline{\varphi}^{l'}(x)}$, 这里 $\deg g(x)<\deg\overline{\varphi}^{l'}(x)=l'm$, 并且 $(g(x),\overline{\varphi}^{l'}(x))=1$. 而满足上述条件的 $g(x)$ 共有 $q^{l'm}-q^{(l'-1)m}$ 个, 从而以 $\varphi^{l'}(x)$ 为极小多项式的序列共有 $q^{l'm}-q^{(l'-1)m}$ 条, 于是 $G(f(x))$ 中周期为 1 的序列有一条 (即全 0 序列), $G(f(x))$ 中周期为 $p(\varphi)$ 的序列有 q^m-1 条, $G(f(x))$ 中周期为 $p\cdot p(\varphi)$ 的序列有 $q^{pm}-q^m$ 条, $\cdots$, 一般地, 当 $1\leqslant i<r$ 时, $G(f(x))$ 中周期为 $p^i\cdot p(\varphi)$ 的序列条数为

$$\sum_{l'=p^{i-1}+1}^{p^i}(q^{l'm}-q^{(l'-1)m})=q^{p^im}-q^{p^{i-1}m}.$$

最后, $G(f(x))$ 中周期为 $p^r\cdot p(\varphi)$ 的序列共有

$$\sum_{l'=p^{r-1}+1}^{l}(q^{l'm}-q^{(l'-1)m})=q^{lm}-q^{p^{r-1}m},$$

从而

$$\Sigma_f = 1 \cdot \{1\} + \frac{q^m - 1}{p(\varphi)}\{p(\varphi)\} + \frac{q^{pm} - q^m}{p \cdot p(\varphi)}\{p \cdot p(\varphi)\} + \frac{q^{p^2 m} - q^{pm}}{p^2 \cdot p(\varphi)}\{p^2 \cdot p(\varphi)\} + \cdots$$
$$+ \frac{q^{p^{r-1}m} - q^{p^{r-2}m}}{p^{r-1} \cdot p(\varphi)}\{p^{r-1} \cdot p(\varphi)\} + \frac{q^{lm} - q^{p^{r-1}m}}{p^r \cdot p(\varphi)}\{p^r \cdot p(\varphi)\}.$$

(3) 由引理 2.3 易知. □

2.4 LFSR 序列的线性复杂度分布

序列的线性复杂度是指产生该序列的最短线性反馈移位寄存器的级数, 也是指该序列的极小多项式的次数, 通常规定全零序列的线性复杂度为 0.

假定一个 n 级线性反馈移位寄存器的特征多项式为

$$f(x) = x^n + c_1 x^{n-1} + c_2 x^{n-2} + \cdots + c_{n-1}x + c_n \in F_q[x], \quad c_n \neq 0,$$

则由该线性反馈移位寄存器产生的 q^n 条序列均为周期序列. 本节考虑这些序列的线性复杂度分布情况, 即有多少种不同的线性复杂度, 每种线性复杂度又含有多少条不同的序列.

记 A_i 为 $G(f(x))$ 中线性复杂度为 i 的序列的条数, 则 $G(f(x))$ 中线性复杂度分布可记为

$$A_n[n] + A_{n-1}[n-1] + \cdots + A_0[0].$$

引理 2.4 设 $\varphi_1(x), \varphi_2(x)$ 分别为 $F_q[x]$ 中 m_1 和 m_2 次不可约多项式, 并且 $(\varphi_1(x), \varphi_2(x)) = 1$, r, s 为两个正整数. 若 $f(x) = \varphi_1^r(x)\varphi_2^s(x)$, 则 $G(f(x))$ 的线性复杂度分布为

$$1[0] + \sum_{i=1}^{r} q^{(i-1)m_1}(q^{m_1} - 1)[im_1] + \sum_{j=1}^{s} q^{(j-1)m_2}(q^{m_2} - 1)[jm_2]$$
$$+ \sum_{\substack{1 \leqslant i \leqslant r \\ 1 \leqslant j \leqslant s}} q^{(i-1)m_1} q^{(j-1)m_2}(q^{m_1} - 1)(q^{m_2} - 1)[im_1 + jm_2].$$

证明 对任意 $\underline{a} \in G(f(x)), \underline{a} \neq \underline{0}$, $\underline{a}$ 的母函数具有 $\dfrac{g(x)}{\overline{f}(x)} = \dfrac{g(x)}{\overline{\varphi}_1(x)^r \overline{\varphi}_2(x)^s}$ 的形式, 这里 $g(x) \in F_q[x], \deg g(x) < m_1 r + m_2 s$, 从而 $\underline{a}$ 的极小多项式为 $\varphi_1^i(x)\varphi_2^j(x), 0 \leqslant i \leqslant r, 0 \leqslant j \leqslant s$, 相应母函数为既约真分式 $\dfrac{h(x)}{\overline{\varphi}_1(x)^i \overline{\varphi}_2(x)^j}$, 这里 $h(x) \in F_q[x], \deg h(x) < \deg \overline{\varphi}_1^i \overline{\varphi}_2^j = im_1 + jm_2$, 并且 $(h(x), \varphi_1(x)) = (h(x), \varphi_2(x)) = 1$, 故序列 $\underline{a}$ 的线性

复杂度为 im_1+jm_2, 并且线性复杂度为 im_1+jm_2 的序列个数取决于上述 $h(x)$ 的个数, 记为 $A_{im_1+jm_2}$, 则有

$$A_{im_1+jm_2}=\begin{cases}1, & 若(i,j)=(0,0);\\ q^{jm_2}-q^{(j-1)m_2}, & 若i=0,j>0;\\ q^{im_1}-q^{(i-1)m_1}, & 若i>0,j=0;\\ q^{(i-1)m_1}q^{(j-1)m_2}(q^{m_1}-1)(q^{m_2}-1), & 若i>0,j>0.\end{cases}$$

最后一个等式是因为当 $i>0,j>0$ 时, 有

$$\begin{aligned}A_{im_1+jm_2}&=q^{im_1+jm_2}-q^{(i-1)m_1+jm_2}-q^{im_1+(j-1)m_2}+q^{(i-1)m_1+(j-1)m_2}\\&=q^{(i-1)m_1}q^{(j-1)m_2}(q^{m_1}-1)(q^{m_2}-1).\end{aligned}$$

于是 $G(f(x))$ 的线性复杂度分布为

$$\begin{aligned}&\sum_{\substack{0\leqslant i\leqslant r\\0\leqslant j\leqslant s}}A_{im_1+jm_2}[im_1+jm_2]\\&=1[0]+\sum_{i=1}^{r}q^{(i-1)m_1}(q^{m_1}-1)[im_1]+\sum_{j=1}^{s}q^{(j-1)m_2}(q^{m_2}-1)[jm_2]\\&\quad+\sum_{\substack{1\leqslant i\leqslant r\\1\leqslant j\leqslant s}}q^{(i-1)m_1}q^{(j-1)m_2}(q^{m_1}-1)(q^{m_2}-1)[im_1+jm_2].\end{aligned}$$ □

定理 2.8 设 $f(x)=x^n+c_1x^{n-1}+c_2x^{n-2}+\cdots+c_{n-1}x+c_n\in F_q[x],c_n\neq 0$, 则 $G(f(x))$ 中线性复杂度分布具有如下性质:

(1) 若 $f(x)$ 是 n 次不可约多项式, 则 $G(f(x))$ 的线性复杂度分布为

$$1[0]+(q^n-1)[n].$$

(2) 若 $f(x)$ 是某个不可约多项式 $\varphi(x)$ 的方幂, 即 $f(x)=\varphi^l(x)$, 这里 $l\geqslant 1,\deg\varphi(x)=m$, 则 $G(f(x))$ 的线性复杂度分布为

$$1[0]+(q^m-1)[m]+q^m(q^m-1)[2m]+\cdots+q^{m(l-1)}(q^m-1)[lm].$$

(3) 设 $f(x)=\prod_{i=1}^{k}\varphi_i^{r_i}(x)$, 其中 $\varphi_1(x),\cdots,\varphi_k(x)$ 为 $F_q[x]$ 中两两互素的首一不可约多项式, 并且 $\deg\varphi_i(x)=m_i$, 则 $G(f(x))$ 的线性复杂度分布为

$$1[0]+\sum_{s=1}^{k}\sum A_{L_1m_{i_1}+\cdots+L_sm_{i_s}}[L_1m_{i_1}+\cdots+L_sm_{i_s}],$$

其中第二个“$\sum$”求和范围为 $\{i_1, i_2, \cdots, i_s\} \subseteq \{1, 2, \cdots, k\}, 1 \leqslant L_j \leqslant r_{i_j}, j = 1, 2, \cdots, s$, 并且对一般形式项 $A_{L_1 m_{i_1} + \cdots + L_s m_{i_s}}$, 有

$$A_{L_1 m_{i_1} + \cdots + L_s m_{i_s}} = \prod_{j=1}^{s} q^{(L_j - 1) m_{ij}} (q^{m_{ij}} - 1).$$

证明　(1) 对任意 $\underline{a} \in G(f(x)), \underline{a} \neq \underline{0}, \underline{a}$ 的母函数具有 $\dfrac{g(x)}{\overline{f}(x)}$ 的形式. 由于 $f(x)$ 是不可约多项式, 故 $\dfrac{g(x)}{\overline{f}(x)}$ 是既约真分式, 于是 $\underline{a}$ 的极小多项式为 $\overline{f}(x)$, 即 $\underline{a}$ 的线性复杂度为 n. 从而 $G(f(x))$ 中除全 0 序列外, 其余序列的线性复杂度均为 n, 故其线性复杂度分布为

$$1[0] + (q^n - 1)[n].$$

(2) 当 $f(x) = \varphi^l(x), l \geqslant 1, \varphi(x)$ 为 m 次不可约多项式时, 对任意 $\underline{a} \in G(f(x)), \underline{a} \neq 0$, $\underline{a}$ 的母函数具有 $\dfrac{g(x)}{\overline{f}(x)}$ 的形式, 这里 $\deg g(x) < \deg \overline{f}(x) = ml$, 于是 $\dfrac{g(x)}{\overline{f}(x)}$ 的既约真分式形如 $\dfrac{h(x)}{\overline{\varphi}(x)^i}$, 这时 $\underline{a}$ 的线性复杂度为 im. 由于 $(h(x), \overline{\varphi}(x)) = 1$, 这时 $h(x)$ 共有 $q^{im} - q^{(i-1)m}$ 种不同的选取方法, 而每一种选取均对应到 $G(f(x))$ 中一条线性复杂度为 im 的序列, 从而 $G(f(x))$ 的线性复杂度分布为

$$1[0] + (q^m - 1)[m] + q^m(q^m - 1)[2m] + \cdots + q^{m(l-1)}(q^m - 1)[lm].$$

(3) 由引理 2.4 易证.　□

2.5　序列的采样特性

定义 2.8　设 $\underline{a} = a_0 a_1 a_2 \cdots$ 是一条 q 元序列, l 为正整数, 称 $\underline{a}^{(l)} = a_0 a_l a_{2l} \cdots$ 为序列 $\underline{a}$ 的 l 采样.

定理 2.9　如果 $\underline{a} = a_0 a_1 a_2 \cdots$ 为周期序列, 则 $\underline{a}^{(l)} = a_0 a_l a_{2l} \cdots$ 也是周期序列. 特别地, 记 $p(\underline{a}), p(\underline{a}^{(l)})$ 分别表示序列 $\underline{a}$ 和 $\underline{a}^{(l)}$ 的周期, 则 $p(\underline{a}^{(l)}) \,\Big|\, \dfrac{p(\underline{a})}{(l, p(\underline{a}))}$.

证明　令 $s = \dfrac{p(\underline{a})}{(l, p(\underline{a}))}$, 则 $sl = \dfrac{p(\underline{a}) \cdot l}{(l, p(\underline{a}))} = [l, p(\underline{a})]$, 于是 sl 为 $p(\underline{a})$ 的倍数, 从而对任意 $t \geqslant 0$, 得到 $a_{(s+t)l} = a_{sl+tl} = a_{tl}$, 即 s 为序列 $\underline{a}^{(l)}$ 的一个周期, 从而 $\underline{a}^{(l)}$ 为周期序列, 并且 $p(\underline{a}^{(l)}) \,\Big|\, \dfrac{p(\underline{a})}{(l, p(\underline{a}))}$.　□

上面的定理给出了采样序列的周期与原序列的周期之间的一个关系, 下面讨论采样序列 $\underline{a}^{(l)}$ 的极小多项式与原序列 $\underline{a}$ 的极小多项式之间的关系, 从而分析采样序列 $\underline{a}^{(l)}$ 的线性复杂度与原序列 $\underline{a}$ 的线性复杂度之间的关系. 方便起见, 先考虑一种简单情况 —— 序列 $\underline{a}$ 的极小多项式为不可约多项式.

设 $f(x) \in F_q[x]$ 为不可约多项式, $\deg f(x) = n, \underline{a} \in G(f(x))$, 则序列 $\underline{a}$ 的母函数可以表示为

$$A(x) = \frac{g(x)}{\overline{f}(x)}, \quad 这里 g(x) \in F_q[x], \deg g(x) < \deg f(x).$$

设 α 为 $f(x)$ 在 F_{q^n} 中一个根, 则 $f(x)$ 的全部根为 $\alpha, \alpha^q, \alpha^{q^2}, \cdots, \alpha^{q^{n-1}}$, 从而 $\overline{f}(x) = (1-\alpha x)(1-\alpha^q x)\cdots(1-\alpha^{q^{n-1}}x)$. 故

$$\begin{aligned} A(x) &= \frac{g(x)}{\overline{f}(x)} = \frac{g(x)}{(1-\alpha x)(1-\alpha^q x)\cdots(1-\alpha^{q^{n-1}}x)} \\ &= \frac{\beta_0}{1-\alpha x} + \frac{\beta_1}{1-\alpha^q x} + \cdots + \frac{\beta_{n-1}}{1-\alpha^{q^{n-1}}x}, \quad \beta_i \in F_{q^n}. \end{aligned}$$

将上式两边同时取 q 次幂, 并注意到 $g(x), \overline{f}(x) \in F_q[x]$, 则

$$\begin{aligned} A(x^q) &= \frac{g(x^q)}{\overline{f}(x^q)} = \frac{\beta_0^q}{1-\alpha^q x^q} + \frac{\beta_1^q}{1-\alpha^{q^2}x^q} + \cdots + \frac{\beta_{n-1}^q}{1-\alpha^{q^n}x^q} \\ &= \frac{\beta_0^q}{1-\alpha^q x^q} + \frac{\beta_1^q}{1-\alpha^{q^2}x^q} + \cdots + \frac{\beta_{n-1}^q}{1-\alpha x^q}. \end{aligned}$$

将上式中 x^q 换成 x, 得

$$A(x) = \frac{g(x)}{\overline{f}(x)} = \frac{\beta_{n-1}^q}{1-\alpha x} + \frac{\beta_0^q}{1-\alpha^q x} + \cdots + \frac{\beta_{n-2}^q}{1-\alpha^{q^{n-1}}x}.$$

由有理真分式部分分式展开的唯一性,

$$\beta_1 = \beta_0^q, \beta_2 = \beta_0^{q^2}, \cdots, \beta_{n-1} = \beta_0^{q^{n-1}},$$

故

$$\begin{aligned} A(x) &= \sum_{i=0}^{n-1} \frac{\beta_0^{q^i}}{1-\alpha^{q^i}x} = \sum_{i=0}^{n-1}\sum_{t=0}^{\infty} \beta_0^{q^i}\alpha^{tq^i}x^t = \sum_{t=0}^{\infty}\left(\sum_{i=0}^{n-1}\beta_0^{q^i}\alpha^{tq^i}\right)x^t \\ &= \sum_{t=0}^{\infty} \mathrm{tr}_{F_{q^n}/F_q}(\beta_0\alpha^t)x^t, \end{aligned}$$

其中 $\mathrm{tr}_{F_{q^n}/F_q}(x) = x + x^q + \cdots + x^{q^{n-1}} = \sum_{i=0}^{n-1} x^{q^i}$ 为从 F_{q^n} 到 F_q 的迹函数, 在域扩张明确的情况下, 也可以简记为 $\mathrm{tr}(x)$. 从而 $\underline{a}$ 可以表示为

$$\underline{a} = \mathrm{tr}(\beta_0)\mathrm{tr}(\beta_0\alpha)\cdots\mathrm{tr}(\beta_0\alpha^t)\cdots.$$

上式叫做序列 $\underline{a}$ 的迹表示. 于是得到如下定理:

定理 2.10 设 $f(x)$ 是 F_q 上 n 次不可约多项式, $\alpha \in F_{q^n}$ 是 $f(x)$ 的一个根, 则

(1) $G(f(x))$ 中每条序列都有如下的迹表示:

$$\underline{a} = \mathrm{tr}(\beta)\mathrm{tr}(\beta\alpha)\cdots\mathrm{tr}(\beta\alpha^t)\cdots, \quad 其中\beta \in F_{q^n};$$

(2) 对于 F_{q^n} 中每个元素 β, 序列 $\underline{a} = \mathrm{tr}(\beta)\mathrm{tr}(\beta\alpha)\cdots\mathrm{tr}(\beta\alpha^t)\cdots \in G(f(x))$;

(3) $G(f(x))$ 中每条序列的迹表达式是唯一的.

证明 (1) 的证明上面已给出, 并且由于推导的每一步都是可逆的, 故 (2) 成立. 注意到 $G(f(x))$ 中有 q^n 条不同的序列, 为说明 (3) 成立, 只需证明对 F_{q^n} 中不同元素 β_1, β_2, 由 β_1, β_2 确定的序列 $\underline{a}_1 = \mathrm{tr}(\beta_1)\mathrm{tr}(\beta_1\alpha)\cdots\mathrm{tr}(\beta_1\alpha^t)\cdots$ 和 $\underline{a}_2 = \mathrm{tr}(\beta_2)\mathrm{tr}(\beta_2\alpha)\cdots\mathrm{tr}(\beta_2\alpha^t)\cdots$ 不同. 事实上, 若 $\underline{a}_1 = \underline{a}_2$, 则 $\mathrm{tr}(\beta_1\alpha^t) = \mathrm{tr}(\beta_2\alpha^t)$ 对任意 $t \geqslant 0$ 成立, 注意到 $1, \alpha, \alpha^2, \cdots, \alpha^{n-1}$ 是 F_{q^n} 在 F_q 上的一组基, 并且迹函数是线性函数, 从而对任意元素 $x \in F_{q^n}$, 均有 $\mathrm{tr}(\beta_1 x) = \mathrm{tr}(\beta_2 x)$, 故 $\beta_1 = \beta_2$, 矛盾! □

引理 2.5 设 $f(x)$ 是 F_q 上的不可约多项式, α 是 $f(x)$ 在 F_q 的扩域中的一个根, α 的阶为 d, l 为任意正整数, $f^{(l)}(x)$ 表示元素 α^l 的极小多项式, 则

(1) $f(x)$ 的周期 $p(f)$ 等于 α 的阶 d, 元素 α^l 的阶 $\mathrm{ord}(\alpha^l) = \dfrac{d}{(d,l)}$;

(2) $\deg(f^{(l)}(x))$ 是满足条件 $p(f)|l(q^{n_0}-1)$ 的最小自然数 n_0.

证明 (1) 根据元素阶的定义和性质易证.

(2) 设 n_0 是满足条件 $p(f)|l(q^{n_0}-1)$ 的最小自然数, 由于 $p(f)$ 等于 α 的阶 d, 从而 $\alpha^{l(q^{n_0}-1)} = 1$, 即 $\alpha^l = (\alpha^l)^{q^{n_0}}$, 并且 $\alpha^l, \alpha^{ql}, \cdots, \alpha^{q^{n_0-1}l}$ 两两相异, 它们恰好为 $f^{(l)}(x)$ 的全部根, 因此 $\deg(f^{(l)}(x)) = n_0$. □

定理 2.11(采样定理) 设 $f(x)$ 是 F_q 上 n 次不可约多项式, $f(\alpha) = 0$, l 为任意正整数, $f^{(l)}(x)$ 表示 α^l 的极小多项式, 设 n_0 是满足条件 $p(f)|l(q^{n_0}-1)$ 的最小自然数, 若 $\underline{a} \in G(f(x))$, 则当 $\underline{a}^{(l)} \neq \underline{0}$ 时, $f^{(l)}(x)$ 是 $\underline{a}^{(l)}$ 的极小多项式, 从而 $p(\underline{a}^{(l)}) = \dfrac{p(f)}{(p(f),l)}, LC(\underline{a}^{(l)}) = n_0$.

证明 (1) 设 $\underline{a} \in G(f(x))$, $\underline{a} \neq \underline{0}$, 根据定理 2.10, 存在 $\beta \in F_{q^n}, \beta \neq 0$, 使得

$$\underline{a} = \mathrm{tr}(\beta)\mathrm{tr}(\beta\alpha)\cdots\mathrm{tr}(\beta\alpha^t)\cdots,$$

从而

$$\underline{a}^{(l)} = \mathrm{tr}(\beta)\mathrm{tr}(\beta\alpha^l)\cdots\mathrm{tr}(\beta\alpha^{tl})\cdots,$$

于是序列 $\underline{a}^{(l)}$ 的母函数为

$$A^{(l)}(x) = \frac{\beta}{1-\alpha^l x} + \frac{\beta^q}{1-\alpha^{ql} x} + \cdots + \frac{\beta^{q^{n-1}}}{1-\alpha^{q^{n-1}l} x}.$$

由于 $\deg(f^{(l)}(x)) = n_0$, 故 α^l 为 $F_{q^{n_0}}$ 中的生成元. 又 $\alpha^l \in F_{q^n}$, 故 $n_0|n$, 并且 $\alpha^{q^{n_0+\lambda}\cdot l} = \alpha^{q^\lambda \cdot l}$. 于是

$$\begin{aligned}A^{(l)}(x) =& \frac{\beta + \beta^{q^{n_0}} + \beta^{q^{2n_0}} + \cdots + \beta^{q^{\left(\frac{n}{n_0}-1\right)n_0}}}{1-\alpha^l x} \\ &+ \frac{\beta^q + \beta^{q^{1+n_0}} + \beta^{q^{1+2n_0}} + \cdots + \beta^{q^{1+\left(\frac{n}{n_0}-1\right)n_0}}}{1-\alpha^{ql} x} \\ &+ \cdots + \frac{\beta^{q^{n_0-1}} + \beta^{q^{2n_0-1}} + \cdots + \beta^{q^{n-1}}}{1-\alpha^{q^{n_0-1}l} x}.\end{aligned}$$

令 $\gamma = \beta + \beta^{q^{n_0}} + \cdots + \beta^{q^{\left(\frac{n}{n_0}-1\right)n_0}}$, 则

$$A^{(l)}(x) = \frac{\gamma}{1-\alpha^l x} + \frac{\gamma^q}{1-\alpha^{ql} x} + \cdots + \frac{\gamma^{q^{n_0-1}}}{1-\alpha^{q^{n_0-1}l} x},$$

于是 $\underline{a}^{(l)}$ 的迹表示是

$$\underline{a}^{(l)} = \mathrm{tr}(\gamma)\mathrm{tr}(\gamma\alpha^l)\mathrm{tr}(\gamma\alpha^{2l})\cdots, \quad \gamma \in F_{q^{n_0}},$$

这里 $\mathrm{tr}(\gamma) = \gamma + \gamma^q + \cdots + \gamma^{q^{n_0-1}}$ 是从 $F_{q^{n_0}}$ 到 F_q 的迹函数, 从而 $\underline{a}^{(l)} \in G(f^{(l)}(x))$, 注意到 $f^{(l)}(x)$ 是不可约多项式 (元素的极小多项式总是不可约的), 故当 $\underline{a}^{(l)} \neq \underline{0}$ 时, $f^{(l)}(x)$ 是序列 $\underline{a}^{(l)}$ 的极小多项式, 进一步

$$p(\underline{a}^{(l)}) = p(f^{(l)}(x)) = \mathrm{ord}(\alpha^l) = \frac{\mathrm{ord}(\alpha)}{(l, \mathrm{ord}(\alpha))} = \frac{p(f)}{(p(f), l)},$$

$$LC(\underline{a}^{(l)}) = \deg f^{(l)}(x) = n_0. \qquad \square$$

采样定理说明, 若 $\underline{a}$ 的极小多项式是不可约多项式 $f(x)$, 则采样序列 $\underline{a}^{(l)} \in G(f^{(l)}(x))$, 但是 $f^{(l)}(x)$ 是否是 $\underline{a}^{(l)}$ 的极小多项式取决于 $\underline{a}^{(l)}$ 是否为全 0 序列.

例 2.9 序列 $\underline{a} = 010110010001111\cdots$ 的极小多项式是不可约多项式 $f(x) = x^4 + x + 1$, $\underline{a}$ 的 5 采样序列为 $\underline{a}^{(5)} = 000000\cdots$.

推论 2.4 在上述定理的假设下, 若 $(l, p(\underline{a})) = 1$, 则 $f^{(l)}(x)$ 一定为 $\underline{a}^{(l)}$ 的极小多项式, 并且 $\underline{a}^{(l)}$ 的周期等于 $\underline{a}$ 的周期, $\underline{a}^{(l)}$ 的线性复杂度等于 $\underline{a}$ 的线性复杂度.

推论 2.5 若 $f(x)$ 是 F_q 上 n 次本原多项式, α 为 $f(x)$ 的一个根, l 是一个满足 $(l, q^n - 1) = 1$ 的正整数, 则 α^l 为 n 次本原多项式 $f^{(l)}(x)$ 的根.

例 2.10 设 $f(x) = x^4 + x + 1 \in F_2[x]$ 不可约, $\underline{a} \in G(f(x)), \underline{a} \neq 0$, 求采样序列 $\underline{a}^{(6)}$ 的极小多项式, 以及它的周期与线性复杂度.

解　由于 $p(f(x))=15$, 故 $f(x)$ 为 4 次本原多项式. 设 α 为 $f(x)$ 的一个根, 则 α 的阶是 15. 令 α^6 的极小多项式为 $f^{(6)}(x)$, 则

$$p(\underline{a}^{(6)})=p(f^{(6)}(x))=\mathrm{ord}(\alpha^6)=\frac{15}{(15,6)}=5,$$

而满足 $15|6(2^{n_0}-1)$ 的最小正整数为 4, 故 $\deg f^{(6)}(x)=4$, 即 $f^{(6)}(x)$ 全部根为

$$\alpha^6,\quad (\alpha^6)^2=\alpha^{12},\quad (\alpha^6)^{2^2}=\alpha^9,\quad (\alpha^6)^{2^3}=\alpha^3,$$

从而

$$f^{(6)}(x)=(x-\alpha^6)(x-\alpha^{12})(x-\alpha^9)(x-\alpha^3)=x^4+x^3+x^2+x+1.$$

故 $LC(\underline{a}^{(6)})=4$.

上面考虑了当原序列的极小多项式是不可约多项式时采样序列的极小多项式的计算方法. 当原序列的极小多项式没有重根, 也就是说, 极小多项式可以分解成两两互不相同的不可约多项式的乘积时, 不妨设 $f(x)=f_1(x)f_2(x)\cdots f_s(x)$, 这里 $f_i(x)\in F_q[x]$ 为不可约多项式, 根据序列的母函数理论容易得到

$$G(f(x))=G(f_1(x))+G(f_2(x))+\cdots+G(f_s(x)),$$

于是 $G(f(x))$ 中的每一条序列 $\underline{a}$ 均可以分解成 $\underline{a}=\underline{a}_1+\underline{a}_2+\cdots+\underline{a}_s$, 这里 $\underline{a}_i\in G(f_i(x))$, 从而采样序列 $\underline{a}^{(l)}=\underline{a}_1^{(l)}+\underline{a}_2^{(l)}+\cdots+\underline{a}_s^{(l)}$, 这里 $\underline{a}_i^{(l)}$ 为序列 $\underline{a}_i$ 的 l 采样. 注意到 $f_i(x)$ 是 F_q 上的不可约多项式, 根据上面的方法, 可以计算 $\underline{a}_i^{(l)}$ 的极小多项式, 然后根据引理 2.1 求得 $\underline{a}^{(l)}$ 的极小多项式.

当原序列的极小多项式有重根时, 也就是一般情况下采样序列的极小多项式的计算问题变得相当复杂, 很难给出一个具体的计算方法.

2.6　m 序列

根据 LFSR 序列的周期分布性质, F_q 上一个 n 级非退化 LFSR 所产生的序列的最大周期为 q^n-1, 也就是说其状态图仅由两个圈构成, 一个是长度为 1 的圈, 对应于全零序列; 另一个是长度为 q^n-1 的圈, 对应于所有的非零序列, 这些非零序列两两相互平移等价.

定义 2.9　设 q 元序列 $\underline{a}=a_0a_1a_2\cdots$ 的极小多项式为 $f(x), \deg f(x)=n$, 若 $p(\underline{a})=q^n-1$, 则称 $\underline{a}$ 为 n 级 m 序列.

因为序列 $\underline{a}=a_0a_1a_2\cdots$ 的极小多项式为 $f(x), \deg f(x)=n$, 所以 $p(\underline{a})=p(f(x))$, 从而 $\underline{a}$ 为 n 级 m 序列当且仅当 $p(f(x))=q^n-1$, 即 $f(x)$ 是 n 次本原多项式, 从而

定理 2.12 q 元周期序列 $\underline{a} = a_0a_1a_2\cdots$ 是 n 级 m 序列当且仅当 $\underline{a}$ 的极小多项式是 n 次本原多项式.

例 2.11 $f(x) = x^3 + x + 1$ 是 $F_2[x]$ 中的 3 次本原多项式, $\underline{a} = 0010111,\cdots$ 是以 $f(x)$ 为特征多项式的 LFSR 产生的序列, 所以 $\underline{a}$ 是 3 级 m 序列.

例 2.12 $f(x) = x^4 + x^3 + x^2 + x + 1$ 不是 $F_2[x]$ 中的 4 次本原多项式, $\underline{a} = 00011,\cdots$ 是以 $f(x)$ 为特征多项式的 LFSR 产生的序列, 所以 $\underline{a}$ 不是 4 级 m 序列.

根据定理 2.12, 要找产生 n 级 m 序列的 LFSR, 相当于寻找 n 次本原多项式. 若 $f(x)$ 是一个 n 次本原多项式, 则以 $f(x)$ 为特征多项式的 LFSR 产生的所有非零序列都是 n 级 m 序列.

推论 2.6 两个 n 级 m 序列平移等价当且仅当它们的极小多项式为同一个 n 次本原多项式.

推论 2.7 在全部 n 级 m 序列中, 平移等价类的个数恰好等于 n 次本原多项式的个数 $\dfrac{\varphi(q^n-1)}{n}$, 这里 $\varphi(\cdot)$ 表示 Euler 函数.

例 2.13 F_2 上 3 级 m 序列的平移等价类有 $\varphi(2^3-1)/3 = 2$ 个, 相应的特征多项式为 x^3+x+1 和 x^3+x^2+1.

由于 n 级 m 序列的极小多项式是 n 次本原多项式, 所以 n 级 m 序列的线性复杂度是 n, 周期为 q^n-1. 下面考虑 n 级 m 序列的其他密码学性质, 比如平移可加性、三项式特性、统计特性和相关特性等.

定理 2.13 n 级 m 序列具有如下平移可加性与三项式特性:

(1) 平移可加性. 设 $\underline{a}$ 是 n 级 m 序列, 其极小多项式为 $f(x)$, 则

$$G(f(x)) = \{\underline{0},\ \ \underline{a},\ \ L\underline{a},\ \ \cdots,\ \ L^{q^n-2}\underline{a}\},$$

从而对任意 $L^i\underline{a}, L^j\underline{a} \in G(f(x))$, 都有 $L^i\underline{a} + L^j\underline{a} \in G(f(x))$. 进一步, 非零序列 $\underline{a}$ 满足平移可加性当且仅当 $\underline{a}$ 是 n 级 m 序列.

(2) 三项式特性. 设 $\underline{a}$ 是 n 级 m 序列, 其极小多项式为 $f(x)$, 则对任意 $L^i\underline{a}, L^j\underline{a} \in G(f(x))$, $L^i\underline{a} \neq -L^j\underline{a}$, 存在 $k(0 \leqslant k \leqslant q^n-2)$, 使得 $L^i\underline{a} + L^j\underline{a} = L^k\underline{a}$.

证明 (1) 因为 $\underline{a}$ 是 n 级 m 序列, 故 $\underline{a}$ 的周期是 q^n-1, 从而序列 $\underline{0}, \underline{a}, L\underline{a}, L^2\underline{a}, \cdots, L^{q^n-2}\underline{a}$ 两两不同, 注意到这些序列均属于 $G(f(x))$, 并且 $|G(f(x))| = q^n$, 于是

$$G(f(x)) = \{\underline{0},\ \ \underline{a},\ \ L\underline{a},\ \ \cdots,\ \ L^{q^n-2}\underline{a}\},$$

从而对任意 $L^i\underline{a}, L^j\underline{a} \in G(f(x))$, 都有 $L^i\underline{a} + L^j\underline{a} \in G(f(x))$.

设 $\underline{a}$ 为一条 q 元序列, 周期为 T 且满足平移可加性, 则 $\{\underline{0},\ \underline{a},\ L\underline{a},\ \cdots,\ L^{T-1}\underline{a}\}$ 构成 F_q 上的线性空间, 设其维数为 m, 于是 $T+1 = q^m$, 即有 $T = q^m - 1$. 设

$LC(\underline{a}) = n$, 则由 $p(\underline{a}) = T = q^m - 1 \leqslant q^n - 1$ 知 $n \geqslant m$; 又由 $LC(\underline{a}) = n$ 知 $\underline{a}, L\underline{a}, \cdots, L^{n-1}\underline{a}$ 线性无关, 从而 $n \leqslant m$, 于是有 $n = m$, 所以 $\underline{a}$ 为 n 级 m 序列.

(2) 由 (1) 的结论易得. □

在一条周期序列中, 把连在一起的元素“k”称为游程, 如果周期序列中有一段元素为“$*kk\cdots k*$”, 这里连在一起的 k 共有 t 个, 而 $*$ 表示不为 k 的其他任意元素, 那么就称 $*kk\cdots k*$ 是一个长度为 t 的 “k 游程”. 注意到 n 级 m 序列的状态图中只有两个圈, 一个是长度为 1 的零圈, 另一个是长度为 $q^n - 1$ 的非零圈, 在非零圈上, 每一个非零状态出现且恰好出现一次, 于是有

定理 2.14 F_q 上 n 级 m 序列具有如下的统计特性:

(1) 在 n 级 m 序列的一个周期中, F_q 中元素 0 恰好出现 $q^{n-1} - 1$ 次, 其他 $q - 1$ 个非零元素均出现 q^{n-1} 次;

(2) 在 n 级 m 序列的一个周期中, 长为 n 的 “0 游程” 不出现, 长为 $n-1$ 的 “0 游程” 恰好出现 $q - 1$ 次; 对每一个非零元素 k, 长为 n 的 “k 游程” 恰好出现 1 次, 长为 $n-1$ 的 “k 游程” 恰好出现 $q-2$ 次; 对于任意元素 k 和正整数 $t(0 < t \leqslant n-2)$, 长为 t 的“k 游程”出现 $(q-1)^2 q^{n-t-2}$ 次.

F_q 上一条周期序列称为平衡的, 如果该序列一个周期中不同元素出现的次数相差至多一个. 由定理 2.14 可知, n 级 m 序列是平衡序列. 定理 2.14(2) 实际上是随机序列所具有的性质, 我们把用规则方法产生的具有随机序列统计特性的序列称为伪随机序列, 这表明 n 级 m 序列是伪随机序列.

定义 2.10 设 $\underline{a}$ 和 $\underline{b}$ 均为周期 T 的 q 元序列, $q = p^m$, p 为素数, m 为正整数, ω 为复数域上的 p 次本原单位根, $\mathrm{tr}_{F_q/F_p}(\cdot)$ 表示从 F_q 到 F_p 的迹函数, 简记为 $\mathrm{tr}(\cdot)$, 则序列 $\underline{a}$ 和 $\underline{b}$ 的相关函数定义为

$$C_{\underline{a},\underline{b}}(\tau) = \sum_{t=0}^{T-1} \omega^{\mathrm{tr}(a_t - b_{t+\tau})},$$

当 $\underline{a}$ 与 $\underline{b}$ 平移等价时, 称 $C_{\underline{a},\underline{b}}(\tau)$ 为序列 $\underline{a}$ 的自相关函数, 记为 $C_{\underline{a}}(\tau)$, 否则, 称 $C_{\underline{a},\underline{b}}(\tau)$ 为 $\underline{a}$ 和 $\underline{b}$ 的互相关函数.

当 $\tau = 0$ 时, $C_{\underline{a}}(0) = T$ 为序列 $\underline{a}$ 的自相关主值; 当 $\tau \neq 0$ 时, $C_{\underline{a}}(\tau)$ 为序列 $\underline{a}$ 的自相关非主值, 也称为旁瓣值. $\max\left\{|C_{\underline{a}}(\tau)|\,|\tau \neq 0\right\}$ 称为序列 $\underline{a}$ 的最大自相关旁瓣值. $\max\left\{|C_{\underline{a},\underline{b}}(\tau)|\,|0 \leqslant \tau \leqslant T-1\right\}$ 称为序列 $\underline{a}$ 和 $\underline{b}$ 的最大互相关模值. 序列 $\underline{a}$ 具有良好的自相关特性是指其最大自相关旁瓣值比较小, 序列 $\underline{a}$ 和 $\underline{b}$ 具有良好的互相关特性是指其最大互相关模值比较小. 一般来说, 对于一个序列族而言, 最大自相关旁瓣值与最大互相关模值之间具有相关制约关系, 也就是说, 序列族的自相关特性和互相关特性不可能同时做到很好. 1976 年, Welch 给出了最大互相关模值

的下限为 $T\sqrt{\dfrac{M-1}{TM-1}}$, 其中 T 为序列的周期, M 为序列族中序列的条数. 这个下限称为 Welch 下限 [12]. 追求 Welch 下限是序列族设计的一个重要目标.

定理 2.15 F_q 上 n 级 m 序列 $\underline{a}$ 具有如下的自相关特性:

$$C_{\underline{a}}(\tau)=\begin{cases} q^n-1, & \tau\equiv 0 \bmod (q^n-1),\\ -1, & \tau\not\equiv 0 \bmod (q^n-1).\end{cases}$$

证明 设 n 级 m 序列 $\underline{a}$ 的迹表示为

$$\underline{a}=\mathrm{tr}_{F_{q^n}/F_q}(\beta)\mathrm{tr}_{F_{q^n}/F_q}(\beta\alpha)\mathrm{tr}_{F_{q^n}/F_q}(\beta\alpha^2),\cdots,$$

这里 α 是 F_{q^n} 中的本原元, β 是 F_{q^n} 中一个非零元. 则

$$\begin{aligned}C_{\underline{a}}(\tau)&=\sum_{t=0}^{q^n-2}\omega^{\mathrm{tr}_{F_q/F_p}(a_t-a_{t+\tau})}=\sum_{t=0}^{q^n-2}\omega^{\mathrm{tr}_{F_q/F_p}(\mathrm{tr}_{F_{q^n}/F_q}(\beta\alpha^t)-\mathrm{tr}_{F_{q^n}/F_q}(\beta\alpha^{t+\tau}))}\\&=\sum_{t=0}^{q^n-2}\omega^{\mathrm{tr}_{F_{q^n}/F_p}(\beta(\alpha^t-\alpha^{t+\tau}))}=\sum_{x\in F_{q^n}^*}\omega^{\mathrm{tr}_{F_{q^n}/F_p}(\beta(1-\alpha^\tau)x)},\end{aligned}$$

其中 ω 为 p 次本原单位根.

当 $\tau\equiv 0 \bmod (q^n-1)$ 时, $1-\alpha^\tau=0$, 于是 $C_{\underline{a}}(\tau)=\sum\limits_{x\in F_{q^n}^*}\omega^0=q^n-1$.

当 $\tau\not\equiv 0 \bmod (q^n-1)$ 时, $1-\alpha^\tau\neq 0$, 令 $\gamma=\beta(1-\alpha^\tau)$, 则 $\gamma\neq 0$, 于是

$$C_{\underline{a}}(\tau)=\sum_{x\in F_{q^n}^*}\omega^{\mathrm{tr}_{F_{q^n}/F_p}(\gamma x)}=\left(\sum_{x\in F_{q^n}}\omega^{\mathrm{tr}_{F_{q^n}/F_p}(\gamma x)}-1\right)=0-1=-1. \qquad \square$$

关于 m 序列互相关函数的计算, 到目前为止仍然没有一个完整的刻画. 但由 m 序列的采样特性, 可以将同级 m 序列互相关函数的计算归结到有限域上指数和的计算.

定理 2.16 设 $\underline{a}$ 为 F_q 上 n 级 m 序列, 若 $(s,\ q^n-1)=1$, 则采样序列 $\underline{a}^{(s)}$ 仍为 n 级 m 序列, 且任意 n 级 m 序列都平移等价于 $\underline{a}$ 的这样一个采样.

证明 设 $\underline{a}$ 的极小多项式为 $f(x)$, α 是 $f(x)$ 的一个根. 由于 $f(x)$ 为 n 次本原多项式, 则 α 是 F_{q^n} 中的本原元. 又 $(s,q^n-1)=1$, 故 α^s 也是 F_{q^n} 中的本原元, 从而 α^s 的极小多项式仍是 n 次本原多项式. 根据采样定理, $\underline{a}^{(s)}$ 的极小多项式是 n 次本原多项式, 从而 $\underline{a}^{(s)}$ 是 n 级 m 序列.

再设 $\underline{b}$ 是任意一条 q 元 n 级 m 序列, 其极小多项式为 $g(x)$, 令 β 是 $g(x)$ 的一个根, 则 β 为 F_{q^n} 中的本原元, 从而存在 $s(1\leqslant s\leqslant q^n-2,(s,q^n-1)=1)$, 使得 $\beta=\alpha^s$, 故序列 $\underline{a}^{(s)}$ 的极小多项式也是 $g(x)$, 于是 $\underline{b}$ 和 $\underline{a}^{(s)}$ 平移等价. $\square$

定理 2.17　设 $\underline{a}$ 为 F_q 上 n 级 m 序列, r, s 为正整数, 则 $\underline{a}^{(s)}$ 与 $\underline{a}^{(r)}$ 具有相同的极小多项式的充要条件是存在非负整数 i, 使得 $sq^i \equiv r \bmod (q^n-1)$.

证明　设序列 $\underline{a}$ 的极小多项式为 $f(x)$, α 是 $f(x)$ 的一个根, 则 α 是 F_{q^n} 中的本原元. 若存在非负整数 i, 使得 $sq^i \equiv r \bmod (q^n-1)$, 则 α^s 和 α^r 是 F_{q^n} 中的共轭元, 从而 α^s 和 α^r 的极小多项式相同, 根据采样定理, $\underline{a}^{(s)}$ 与 $\underline{a}^{(r)}$ 具有相同的极小多项式. 反之, 若序列 $\underline{a}^{(s)}$ 与 $\underline{a}^{(r)}$ 具有相同的极小多项式, 则元素 α^s 和 α^r 的极小多项式相同, 从而 α^s 和 α^r 是 F_{q^n} 中的共轭元, 于是存在非负整数 i, 使得 $sq^i \equiv r \bmod q^n-1$. □

根据定理 2.16, 若 $\underline{a}$ 和 $\underline{b}$ 均为 F_q 上 n 级 m 序列, 则存在正整数 $s(1 \leqslant s \leqslant q^n-2, (s, q^n-1)=1)$, 使得它们可以表示为

$$\underline{a} = \mathrm{tr}_{F_{q^n}/F_q}(\beta)\mathrm{tr}_{F_{q^n}/F_q}(\beta\alpha)\mathrm{tr}_{F_{q^n}/F_q}(\beta\alpha^2), \cdots,$$

$$\underline{b} = \mathrm{tr}_{F_{q^n}/F_q}(\beta)\mathrm{tr}_{F_{q^n}/F_q}(\beta\alpha^s)\mathrm{tr}_{F_{q^n}/F_q}(\beta\alpha^{2s}), \cdots,$$

这里 α 是 F_{q^n} 中的本原元, β 是 F_{q^n} 中一个非零元. 令 ω 是 p 次本原单位根, 则 $\underline{a}$ 和 $\underline{b}$ 的互相关函数为

$$\begin{aligned}
C_{\underline{a},\underline{b}}(\tau) &= \sum_{t=0}^{q^n-2} \omega^{\mathrm{tr}_{F_q/F_p}(a_t - b_{t+\tau})} = \sum_{t=0}^{q^n-2} \omega^{\mathrm{tr}_{F_q/F_p}(\mathrm{tr}_{F_{q^n}/F_q}(\beta\alpha^t) - \mathrm{tr}_{F_{q^n}/F_q}(\beta\alpha^{s(t+\tau)}))} \\
&= \sum_{t=0}^{q^n-2} \omega^{\mathrm{tr}_{F_{q^n}/F_p}(\beta\alpha^t - \beta\alpha^{s(t+\tau)})} = \sum_{y \in F_{q^n}^*} \omega^{\mathrm{tr}_{F_{q^n}/F_p}(y - \gamma y^s)} \\
&= -1 + \sum_{y \in F_{q^n}} \chi(y - \gamma y^s),
\end{aligned}$$

这里 $\gamma = \beta^{1-s}\alpha^{s\tau} \in F_{q^n}$, χ 为 F_{q^n} 上的标准加法特征. 由此可知, m 序列互相关函数的计算归结到有限域上指数和的计算. 对于一些特殊的 s 值, 目前已经计算出相关的指数和, 从而得到了 m 序列的互相关, 但对于一般情形, 很难计算它们的互相关函数.

2.7　Berlekamp-Massey 算法

给定一个 LFSR, 研究由它所产生的序列的密码学性质, 比如周期、线性复杂度和相关函数等, 叫做 LFSR 的分析. 所谓 LFSR 的综合, 是指从给定的序列出发来研究产生它的 LFSR 的性质. 比如, 由已知序列求出产生这个序列的级数最低的 LFSR 的反馈逻辑, 就是一类重要的综合问题. 本节主要介绍已知有限或者无限序列 $\underline{a}$, 求其极小多项式的方法 ——Berlekamp-Massey 算法.

定义 2.11 记 $\underline{a}^{(N)} = a_0a_1\cdots a_{N-1}$ 是长为 N 的有限序列, $f_N(x) = x^n + c_1x^{n-1} + c_2x^{n-2} + \cdots + c_n \in F_q[x]$, 若序列 $\underline{a}^{(N)}$ 满足

$$a_i + c_1a_{i-1} + \cdots + c_na_{i-n} = 0, \quad n \leqslant i \leqslant N-1,$$

则称多项式 $f_N(x)$ 可以生成 $\underline{a}^{(N)}$, 或称 $f_N(x)$ 是生成 $\underline{a}^{(N)}$ 的特征多项式.

例 2.14 若二元序列 $\underline{a}^{(10)} = 0001100110$, 则 $f_{10}(x) = x^4 + x^3 + x^2 + x$ 可以生成 $\underline{a}^{(10)}$.

例 2.15 若二元序列 $\underline{a}^{(63)} = 1\overbrace{00\cdots00}^{61个}1$, 则任意非退化的 62 级线性反馈移位寄存器都可生成 $\underline{a}^{(63)}$, 即形如 $f_{63}(x) = x^{62} + c_1x^{61} + c_2x^{60} + \cdots + c_{61}x + 1(c_i \in F_2)$ 均可生成 $\underline{a}^{(63)}$.

例 2.16 若 $\underline{a}^{(63)} = \overbrace{00\cdots00}^{62个}1$, 则只有 63 级的线性反馈移位寄存器才能产生 $\underline{a}^{(63)}$, 这时反馈多项式可以为任意多项式, 包括零多项式. 但生成 $\underline{a}^{(63)}$ 的特征多项式为 $f(x) = x^{63} + c_1x^{62} + c_2x^{61} + \cdots + c_{62}x + c_{63}(c_i \in F_2)$.

上述例子表明, 若 $f_N(x)$ 可以生成序列 $\underline{a}^{(N)}$, 则以 $f_N(x)$ 为特征多项式的 LFSR 可以产生 $\underline{a}^{(N)}$; 反过来, 如果以 $f_N(x)$ 为特征多项式的 LFSR 可以产生 $\underline{a}^{(N)}$, 也就意味着 $f_N(x)$ 可生成 $\underline{a}^{(N)}$, 于是把产生 $\underline{a}^{(N)}$ 的最短 LFSR 的级数 l_N 定义为有限序列 $\underline{a}^{(N)} = a_0a_1a_2\cdots a_{N-1}$ 的线性复杂度.

为描述 Berlekamp-Massey 算法, 引进如下概念与性质:

设 m 是正整数, 令

$$V^{(m)} = \left\{\underline{a} \in V(F_q) |\ \underline{a} = (\underbrace{0\cdots0}_{m}a_ma_{m+1}\cdots)\right\},$$

则 $V^{(m)}$ 具有如下性质:

(1) $V^{(m)}$ 是线性空间 $V(F_q)$ 的子空间;

(2) 若 $m_1 < m_2$, 则 $V^{(m_1)} \supseteq V^{(m_2)}$;

(3) 设 L 是序列的左移变换, 则 $LV^{(m)} = V^{(m-1)}$;

(4) 若 $g(x)$ 是 $F_q[x]$ 中的 r 次多项式, 则 $g(L)V^{(m)} = V^{(m-r)}$.

定义 2.12 设 $\underline{a}, \underline{b} \in V(F_q)$, 若 $\underline{a} - \underline{b} \in V^{(m)}$, 则称 $\underline{a}$ 与 $\underline{b}$ 模 $V^{(m)}$ 同余, 记为 $\underline{a} \equiv \underline{b} \bmod V^{(m)}$.

设 $\underline{a} = a_0a_1a_2\cdots$ 是 q 元周期序列, $f(x) = x^l + c_1x^{l-1} + c_2x^{l-2} + \cdots + c_l \in F_q[x]$, L 表示序列的左移变换, 我们知道以 $f(x)$ 为特征多项式的 LFSR 可以产生 $\underline{a}$ 的充分必要条件是 $f(L)\underline{a} = \underline{0}$, 下面的定理给出了以 $f(x)$ 为特征多项式的 LFSR 可以产生序列 $\underline{a}$ 的前 N 位的充分必要条件.

定理 2.18 设 $\underline{a} \in V(F_q)$, $f(x) = x^l + c_1x^{l-1} + c_2x^{l-2} + \cdots + c_l \in F_q[x]$, 则 $f(x)$ 可以生成 $\underline{a}$ 的前 N 位的充分必要条件是 $f(L)\underline{a} \equiv \underline{0} \bmod V^{(N-l)}$.

证明　$f(x)$ 可以生成 $\underline{a}$ 的前 N 位的充分必要条件是

$$a_{l+i}+c_1a_{l+i-1}+c_2a_{l+i-2}+\cdots+c_la_i=0,\quad i=0,1,\cdots,N-l-1,$$

也就是 $f(L)\underline{a}\equiv\underline{0}\bmod V^{(N-l)}$. □

引理 2.6　设 $\underline{a}\in V(F_q)$, $f(x)=x^l+c_1x^{l-1}+\cdots+c_l, g(x)=x^n+d_1x^{n-1}+\cdots+d_n\in F_q[x]$, 若 $f(x)$ 可以生成 $\underline{a}$ 的前 N 位, 但不能生成 $\underline{a}$ 的前 $N+1$ 位, 而 $g(x)$ 可以生成 $\underline{a}$ 的前 $N+1$ 位, 则必有 $n\geqslant N+1-l$.

证明　依题意, 下面三个式子成立:

$$f(L)\underline{a}\equiv\underline{0}\mod V^{(N-l)},\tag{2.1}$$

$$f(L)\underline{a}\not\equiv\underline{0}\mod V^{(N+1-l)},\tag{2.2}$$

$$g(L)\underline{a}\equiv\underline{0}\mod V^{(N+1-n)},\tag{2.3}$$

由 (2.1) 和 (2.2),

$$f(L)\underline{a}\equiv d\underline{l}_{N+1-l}\bmod V^{(N+1-l)},$$

这里 $\underline{l}_k$ 定义为 $\underline{l}_k=(\underbrace{0\cdots0}_{k-1}10\cdots)$, $d\in F_q^*$.

若 $n<N+1-l$, 则

$$g(L)f(L)\underline{a}=g(L)d\underline{l}_{N+1-l}=d\underline{l}_{N+1-l-n}\bmod V^{(N+1-l-n)},$$

即有

$$g(L)f(L)\underline{a}\not\equiv\underline{0}\mod V^{(N+1-l-n)},\tag{2.4}$$

但是将 $f(L)$ 作用 (2.3) 式两边得

$$f(L)g(L)\underline{a}\equiv0\bmod V^{(N+1-l-n)},\tag{2.5}$$

(2.4) 与 (2.5) 式矛盾! 故结论成立. □

引理 2.7　设 $\underline{a}\in V(F_q)$, $F_q[x]$ 中的多项式 $f_0(x),f_1(x),\cdots,f_N(x)$ 依次是生成 $\underline{a}$ 的前 0 位, 前 1 位, $\cdots$, 前 N 位的最低次多项式, 其次数分别为 $l_n(n=0,1,\cdots,N)$, 如果 $f_n(x)$ 不能生成 $\underline{a}$ 的前 $n+1$ 位, 那么 $l_{n+1}\geqslant\max\{l_n,n+1-l_n\}$.

证明　$f_{n+1}(x)$ 可以生成 $\underline{a}$ 的前 $n+1$ 位, 当然可以生成 $\underline{a}$ 的前 n 位, 而 $f_n(x)$ 是生成 $\underline{a}$ 的前 n 位的最低次多项式, 因此 $l_{n+1}\geqslant l_n$. $f_n(x)$ 可以生成 $\underline{a}$ 的前 n 位, 如果 $f_n(x)$ 不能生成 $\underline{a}$ 的前 $n+1$ 位, 根据引理 2.6, $l_{n+1}\geqslant n+1-l_n$. 从而 $l_{n+1}\geqslant\max\{l_n,n+1-l_n\}$. □

有了上面的准备工作, 就可以描述 Berlekamp-Massey 算法, 其基本原理如下: 设 $\underline{a} \in V(F_q)$, 为方便起见, 规定 $f_0(x)=1$ 是生成序列 $\underline{a}$ 的前 0 位的最低次多项式, 假定已经有了 $f_0(x), f_1(x), \cdots, f_n(x)$, 它们依次是生成 $\underline{a}$ 的前 0 位, 前 1 位, $\cdots$, 前 n 位的最低次多项式, 其次数分别为 $l_0, l_1, \cdots, l_n$, 显然 $l_0 \leqslant l_1 \leqslant \cdots \leqslant l_n$, 则按下面各种情况求生成 $\underline{a}$ 的前 $n+1$ 位的最低次多项式 $f_{n+1}(x)$.

情形 1. 如果 $f_n(x)$ 能生成 $\underline{a}$ 的前 $n+1$ 位, 那么取 $f_{n+1}(x)=f_n(x), l_{n+1}=l_n$;

情形 2. 如果 $f_n(x)$ 不能生成 $\underline{a}$ 的前 $n+1$ 位, 那么

(1) 当 $l_0=l_1=\cdots=l_n$ 时, 因为 $l_0=0$, 所以 $l_0=l_1=\cdots=l_n=0$, 这表明

$$a_0=a_1=\cdots=a_{n-1}=0.$$

又 $f_n(x)$ 不能生成 $\underline{a}$ 的前 $n+1$ 位, 故 $a_n \neq 0$, 即 $\underline{a}=a_n \underline{l}_{n+1}$, 取 $f_{n+1}(x)=x^{n+1}-1$, 由于生成序列 $\underline{l}_{n+1}$ 前 $n+1$ 位的多项式的最低次数为 $n+1$, 故 $f_{n+1}(x)$ 是产生 $\underline{a}$ 的前 $n+1$ 位的一个最低次数多项式.

(2) 若在 $l_0, l_1, \cdots, l_{n-1}$ 中存在小于 l_n 的数, 不妨假设 l_m 是其中最后一个小于 l_n 的数, 即 $l_m<l_{m+1}=\cdots=l_n$, 则 $f_m(x)$ 不能生成 $\underline{a}$ 的前 $m+1$ 位, 于是

$$f_m(L)\underline{a} \equiv d_m l_{m+1-l_m} \bmod V^{(m+1-l_m)}, \quad \text{这里 } d_m=a_m+\sum_{i=1}^{l_m} c_i a_{m-i} \in F_q^*.$$

注意到 $f_n(x)$ 不能生成 $\underline{a}$ 的前 $n+1$ 位, 则

$$f_n(L)\underline{a} \equiv d_n l_{n+1-l_n} \bmod V^{(n+1-l_n)}, \quad \text{这里 } d_n=a_n+\sum_{i=1}^{l_n} c_i' a_{n-i} \in F_q^*.$$

如果 $m-l_m \geqslant n-l_n$, 序列 $f_m(L)\underline{a}$ 左移 $(m-l_m)-(n-l_n)$ 位得

$$(f_n(L)-d_n d_m^{-1} L^{(m-l_m)-(n-l_n)} f_m(L))\underline{a} \equiv \underline{0} \bmod V^{(n+1-l_n)},$$

注意到

$$\deg(f_n(x)-d_n d_m^{-1} x^{(m-l_m)-(n-l_n)} f_m(x))=\max\{l_n,\ l_n-(n-m)\}=l_n,$$

则 $f_n(x)-d_n d_m^{-1} x^{(m-l_m)-(n-l_n)} f_m(x)$ 可生成 $\underline{a}$ 的前 $n+1$ 位, 取

$$f_{n+1}(x)=f_n(x)-d_n d_m^{-1} x^{(m-l_m)-(n-l_n)} f_m(x).$$

如果 $n-l_n>m-l_m$, 那么这时有

$$(L^{(n-l_n)-(m-l_m)} f_n(L)-d_n d_m^{-1} f_m(L))\underline{a} \equiv \underline{0} \bmod V^{(m+1-l_m)},$$

并且

$$\deg(x^{(n-l_n)-(m-l_m)}f_n(x)-d_nd_m^{-1}f_m(x))=\max\{n-m+l_m,\ l_m\}=n-m+l_m,$$

因 $m+1-l_m=(n+1)-(n-m+l_m)$, 由定理 2.18, $f_{n+1}(x)=x^{(n-l_n)-(m-l_m)}f_n(x)-d_nd_m^{-1}f_m(x)$ 可生成 $\underline{a}$ 的前 $n+1$ 位.

定理 2.19 设 $\underline{a}\in V(F_q)$, $f_n(x)$ 是按 Berlekamp-Massey 算法得到的生成 $\underline{a}$ 的前 n 位的次数为 l_n 的 $F_q[x]$ 中的多项式, $n=0,1,2,\cdots$, 则

(1) $f_n(x)$ 可以生成 $\underline{a}$ 的前 n 位, $n=0,1,\cdots$;

(2) 若 $f_n(x)$ 可以生成 $\underline{a}$ 的前 $n+1$ 位, 则

$$f_{n+1}(x)=f_n(x),\quad l_{n+1}=l_n,\quad n=0,1,\cdots;$$

(3) 若 $f_n(x)$ 不能生成 $\underline{a}$ 的前 $n+1$ 位, 则

$$l_{n+1}=\max\{l_n,\ n+1-l_n\},\quad n=0,1,\cdots;$$

(4) $f_n(x)$ 是生成 $\underline{a}$ 的前 n 位的一个次数最低的首一多项式.

证明 由 Berlekamp-Massey 算法的过程, 容易得到 (1) 和 (2), 下面证明 (3) 和 (4).

(3) 如果 $l_0=l_1=\cdots=l_n=0$, 这时 $f_{n+1}(x)=x^{n+1}-1, l_{n+1}=n+1=\max\{0,\ n+1-0\}$, 结论成立; 如果 $l_0\leqslant l_1\leqslant\cdots\leqslant l_m<l_{m+1}=\cdots=l_n$, 当 $m-l_m\geqslant n-l_n$ 时, $l_{n+1}=l_n$, 注意到, $m-l_m\geqslant n-l_n$ 意味着

$$l_n\geqslant n-m+l_m=(n+1)-(m+1-l_m),$$

由归纳假设 $l_{m+1}=\max\{l_m,\ m+1-l_m\}$, 而且 $l_m<l_{m+1}$, 故 $l_{m+1}=m+1-l_m$, 于是 $l_n\geqslant n+1-l_{m+1}=n+1-l_n$, 从而 $l_{n+1}=l_n=\max\{l_n,\ n+1-l_n\}$.

当 $m-l_m<n-l_n$ 时, $l_{n+1}=n-m+l_m$, 由于 $l_{m+1}=m+1-l_m$, 则 $l_n=m+1-l_m$, 于是

$$l_{n+1}=n-m+l_m=n-(m-l_m)=n-(l_n-1)=n-l_n+1\leqslant\max\{l_n,n-l_n+1\},$$

由引理 2.7, $l_{n+1}\geqslant\max\{l_n,n+1-l_n\}$, 从而 $l_{n+1}=\max\{l_n,n+1-l_n\}$.

(4) 由引理 2.7 知, $f_n(x)$ 次数最低. 下面用归纳法证明 $f_n(x)$ 是首一多项式.

若 $l_0=l_1=\cdots=l_n=0$, 这时 $f_{n+1}(x)=x^{n+1}-1$, 结论成立.

若 $l_0\leqslant l_1\leqslant\cdots\leqslant l_m<l_{m+1}=\cdots=l_n$, 当 $m-l_m\geqslant n-l_n$ 时,

$$f_{n+1}(x)=f_n(x)-d_nd_m^{-1}x^{(m-l_m)-(n-l_n)}f_m(x),$$

由于 $\deg f_n(x) > \deg(x^{(m-l_m)-(n-l_n)} f_m(x))$ 并且 $f_n(x)$ 为首一多项式知 $f_{n+1}(x)$ 首一. 同理可证, 若 $m - l_m < n - l_n$, 则 $f_{n+1}(x) = x^{(n-l_n)-(m-l_m)} f_n(x) - d_n d_m^{-1} f_m(x)$ 也为首一多项式. 于是得证. □

例 2.17 设 F_2 上长度为 8 的序列 $\underline{a} = 00100110$, 用 Berlekamp-Massey 算法求 $F_2[x]$ 中生成 $\underline{a}$ 的最低次多项式.

解 若 $f_n(x) = x^{l_n} + \sum_{i=1}^{l_n} c_i x^{l_n - i}$ 可以生成 $\underline{a}$ 的前 n 位, 但不能生成 $\underline{a}$ 的前 $n+1$ 位, 则 $f_n(L)\underline{a} = \Big(\underbrace{0 \cdots 0}_{n-l_n} d_n \cdots\Big)$, 这里 $d_n = a_n + \sum_{i=1}^{l_n} c_i a_{n-i}$; $n = 0, f_0(x) = 1, l_0 = 0$;

$$d_0 = a_0 = 0 \Rightarrow f_1(x) = 1, l_1 = 0;$$

$$d_1 = a_1 = 0 \Rightarrow f_2(x) = 1, l_2 = 0;$$

$$d_2 = a_2 = 1 \Rightarrow f_3(x) = x^3 - 1, l_3 = 3;$$

$$d_3 = a_3 + a_0 = 0 \Rightarrow f_4(x) = x^3 - 1, l_4 = 3;$$

$$d_4 = a_4 + a_1 = 0 \Rightarrow f_5(x) = x^3 - 1, l_5 = 3;$$

$$d_5 = a_5 + a_2 = 0 \Rightarrow f_6(x) = x^3 - 1, l_6 = 3;$$

$$d_6 = a_6 + a_3 = 1, \quad m = 2,\ l_m = 0,\ n = 6,\ l_n = 3, m - l_m = 2, n - l_n = 3,$$

$$\Rightarrow f_7(x) = x(x^3 - 1) + 1 = x^4 - x + 1,\ l_7 = 4,$$
$$d_7 = a_7 + a_4 + a_3 = 0 \Rightarrow f_8(x) = f_7(x) = x^4 - x + 1, l_8 = 4.$$

于是 $f(x) = x^4 - x + 1 = x^4 + x + 1$ 是生成序列 $\underline{a} = 00100110$ 的最低次多项式.

值得注意的是, 虽然生成一个指定序列的最低次多项式的次数是唯一的, 但多项式本身不一定是唯一的. 例如序列 $\underline{a} = 0000001$, 任意 7 次首一多项式都是生成 $\underline{a}$ 的次数最低的多项式. 下面给出次数最低的首一多项式是唯一的充分必要条件.

引理 2.8 设 $\underline{a} \in V(F_q)$, $f_N(x)$ 是生成 $\underline{a}$ 的前 N 位的一个次数最低的多项式, $\deg(f_N(x)) = l_N$, 若 $\underline{b} \in G(f_N(x))$, 并且 $\underline{b}$ 以 $\underline{a}$ 的前 l_N 位为初始状态, 则

(1) $\underline{a} \equiv \underline{b} \mod V^{(N)}$;

(2) $\underline{b}$ 的极小多项式为 $m_{\underline{b}}(x) = f_N(x)$.

证明 (1) 由定理 2.18, $f_N(L)\underline{a} \equiv \underline{0} \mod V^{(N-l_N)}$, $f_N(L)\underline{b} \equiv \underline{0} \mod V^{(N-l_N)}$, 这表明 $\underline{a}$ 与 $\underline{b}$ 的前 N 位均可以由 $f_N(x)$ 生成, 又由于 $\underline{a}$ 与 $\underline{b}$ 的初态相同, 故 $\underline{a}$ 与 $\underline{b}$ 的前 N 位完全一致, 即有 $\underline{a} \equiv \underline{b} \mod V^{(N)}$.

(2) 由于 $\underline{b} \in G(f_N(x))$, 故 $m_{\underline{b}}(x)|f_N(x)$, 若 $m_{\underline{b}}(x) \neq f_N(x)$, 则 $m_{\underline{b}}(x)$ 为 $f_N(x)$ 的真因子. 由于 $m_{\underline{b}}(x)$ 可产生 $\underline{b}$, 而 $\underline{a}$ 与 $\underline{b}$ 的前 N 位完全一致, 故 $m_{\underline{b}}(x)$ 可产生 $\underline{a}$ 的前 N 位, 于是与 $f_N(x)$ 是产生 $\underline{a}$ 的前 N 位的最低次多项式矛盾. □

定理 2.20　设 $\underline{a} \in V(F_q)$, l_N 是能够生成 $\underline{a}$ 的前 N 位的最低次多项式的次数, 则生成 $\underline{a}$ 的前 N 位的最低次首一多项式是唯一的当且仅当 $2l_N \leqslant N$.

证明　充分性. 若 $2l_N \leqslant N$, 设 $f(x)$ 和 $g(x)$ 是两个生成 $\underline{a}$ 的前 N 位的最低次首一多项式, 则

$$f(L)\underline{a} \equiv \underline{0} \mod V^{(N-l_N)},$$

$$g(L)\underline{a} \equiv \underline{0} \mod V^{(N-l_N)},$$

在 $G(f(x))$ 中取序列 $\underline{b}$, 其中 $\underline{b}$ 以 $\underline{a}$ 的前 l_N 位为初始状态, 由引理 2.8, $\underline{b}$ 与 $\underline{a}$ 的前 N 位相同, 且 $\underline{b}$ 的极小多项式为 $f(x)$, 于是 $g(L)\underline{b} \equiv \underline{0} \mod V^{(N-l_N)}$. 注意到 $\underline{b} \in G(f(x))$, 故 $g(L)\underline{b} \in G(f(x))$, 而 $g(L)\underline{b}$ 的前 $N-L_N$ 为 0, $N-L_N \geqslant L_N$, 故 $g(L)\underline{b} = \underline{0}$, 从而 $f(x)|g(x)$, 同理 $g(x)|f(x)$, 因此, $f(x)=g(x)$.

必要性. 若生成 $\underline{a}$ 的前 N 位的最低次首一多项式是唯一的, 假设此时有 $2l_N > N$, 取两个前 N 位完全相同, 但第 $N+1$ 位不同的序列 $\underline{a}$ 与 $\underline{a}+\underline{l}_{N+1}$, 这时产生 $\underline{a}$ 与 $\underline{a}+\underline{l}_{N+1}$ 前 N 位的最低次数多项式的次数均为 l_N, 又由于 $2l_N > N$, 则

$$l_{N+1} = \max\{l_N,\ N+1-l_N\} = l_N.$$

故生成它们的前 $N+1$ 位的最低次多项式的次数都是 l_N. 注意到, 生成 $\underline{a}$ 的前 $N+1$ 位的最低次多项式与生成 $\underline{a}+\underline{l}_{N+1}$ 的前 $N+1$ 位的最低次多项式不可能相同, 但这两个 l_N 次多项式均可产生 $\underline{a}$ 的前 N 位, 与生成 $\underline{a}$ 的前 N 位的最低次首一多项式唯一矛盾! 因此 $2l_N \leqslant N$. □

定理 2.21　设序列 $\underline{a} = a_0a_1\cdots a_{p-1}\cdots$ 是周期为 p 的非零序列, 则用 Berlekamp-Massey 算法求得的 $< f_{2p}(x),\ l_{2p} >$ 就是产生序列 $\underline{a}$ 唯一的最短 LFSR 的特征多项式和长度, 即 $m_{\underline{a}}(x) = f_{2p}(x)$.

证明　当 $f(x) = x^p - 1$ 时, 以 $f(x)$ 为特征多项式的 LFSR 可以产生整条序列 $\underline{a}$, 从而也可以生成 $\underline{a}$ 的前 $2p$ 位, 于是生成 $\underline{a}$ 的前 $2p$ 位的最低次多项式的次数不超过 p, 根据定理 2.20, 生成 $\underline{a}$ 的前 $2p$ 位的最低次多项式是唯一的, 即 $< f_{2p}(x), l_{2p} >$ 是唯一确定的. 注意到序列 $\underline{a}$ 的周期为 p, 而 $l_{2p} \leqslant p$, 故 $f_{2p}(x)$ 可以生成整条序列, 从而 $< f_{2p}(x), l_{2p} >$ 就是产生序列 $\underline{a}$ 唯一的最短 LFSR 的特征多项式和长度. □

定理 2.22　Berlekamp-Massey 算法的时间复杂性为 $O(N^2)$, 空间复杂性为 $O(N)$, 从而该算法是一个多项式时间的算法.

定理 2.22 的证明可参见文献 [13].

习 题 2

1. 试解释例 2.4 中 LFSR1 为什么是产生序列 $\underline{a}$ 的最短的线性反馈移位寄存器.

2. 求 $G(x^4+1)$ 中所有二元周期序列及其极小多项式.

3. 设 $f(x)\in F_2[x]$ 是任一首一多项式, 试证: $G(f)$ 中一定有以 $f(x)$ 为极小多项式的序列.

4. 设 $f(x)\in F_2[x]$ 是一个 n 次首一多项式, 试证: $G(f)$ 中以 $f(x)$ 为极小多项式的序列的个数为 $\varphi(f)$, 其中 $\varphi(f)$ 是 $f(x)$ 的 Euler 函数, 即次数不大于 n 且与 $f(x)$ 互素的首一多项式个数.

5. 设周期序列 $\underline{a}$ 的极小多项式是 n 次的, 则从 $\underline{a}$ 的任意连续 $2n$ 位可以唯一地确定次数为 n 的首一多项式 $f(x)$, 使得 $f(L)\underline{a}=0$.

6. 设周期序列 $\underline{a}$ 的有理真分式表示为

$$A(x)=\frac{x+x^4}{1+x+x^2+x^3+x^5+x^6},$$

求 $\underline{a}$ 和它的周期以及线性复杂度.

7. 设 $\underline{a}=(a_0,a_1,\cdots,a_{p-1},\cdots)$ 是一个周期为 p 的二元序列, 试证: 周期为 p 的序列 $\underline{b}=(a_{p-1},\cdots,a_1,a_0,\cdots)$ 的极小多项式为 $\underline{a}$ 的极小多项式的互反多项式.

8. 求 $G((x^3+x+1)(x^2+x+1)^2)$ 中各种不同长度的状态圈个数.

9. 设 $f(x)=x^6+x^3+1$, $\underline{a}\in G(f)$, 若 $\underline{a}\neq 0$, 求 $\underline{a}^{(2)},\underline{a}^{(3)},\underline{a}^{(5)},\underline{a}^{(7)}$ 的极小多项式与周期.

10. 设 $f(x)$ 是 $F_2[x]$ 中不可约多项式, 试证: 以 $f(x)$ 极小多项式的移位寄存器序列 $\underline{a}$ 的 $2^i(i=0,1,2,\cdots)$ 采样与 $\underline{a}$ 具有相同的极小多项式. 若 $f(x)$ 是可约多项式但无重根, 结论是否仍正确? 为什么?

11. 试给出定理 2.14 中 m 序列统计特性的详细证明.

12. 试证: 当 2^n-1 为素数时, 以任一 n 次不可约多项式为极小多项式的二元序列一定是 n 级 m 序列.

13. 设 $f(x)$ 是 n 次本原多项式, 则 $G(f)$ 中存在唯一的 m 序列 $\underline{a}$ 满足其 2 采样等于其自身, 即 $\underline{a}^{(2)}=\underline{a}$.

14. 用 Berlekamp-Massey 算法求产生下面序列的最短 LFSR 的特征多项式:

(1) $\underline{a}=(10101110010)$;

(2) $\underline{b}=(001011101110000011100)$;

(3) $\underline{c}=(00100111110111000101011 0)$.

第 3 章　线性反馈移位寄存器序列的扩展形式

根据上一章的知识, 在同级 LFSR 产生的所有序列中, m 序列具有较好的密码学性质：周期大, 统计特性好, 具有理想自相关. 但由于 n 级 m 序列的线性复杂度仅仅等于产生它的 LFSR 的级数 n, 由 Berlekamp-Massey 算法, 只要知道输出序列的连续 $2n$ 个比特, 就可以完全恢复 LFSR 的反馈逻辑. 这表明如果直接将 m 序列用作密钥流序列, 那么级数应当足够大, 如果这样做的话, 硬件实现的代价就太高. 在实际应用中, 通常采用 m 序列作为驱动序列, 通过滤波、组合和钟控等多种方式来产生密钥流序列. 本章主要介绍线性反馈移位寄存器序列的三种变种形式：前馈序列、非线性组合序列和钟控序列.

3.1　序列的根表示与迹表示

设 $f(x)=x^n+c_1x^{n-1}+c_2x^{n-2}+\cdots+c_n\in F_q[x]$ 无重根, $c_n\neq 0$, $\alpha_1,\alpha_2,\cdots,\alpha_n$ 是 $f(x)$ 在其分裂域中的全部根, 即 $f(x)=(x-\alpha_1)(x-\alpha_2)\cdots(x-\alpha_n)$, 则对任意序列 $\underline{a}\in G(f(x))$, $\underline{a}$ 的母函数 $A(x)=\sum\limits_{k=0}^{\infty}a_kx^k$ 可以表示为如下形式：

$$\begin{aligned}A(x)&=\frac{g(x)}{\overline{f}(x)}=\frac{g(x)}{(1-\alpha_1x)(1-\alpha_2x)\cdots(1-\alpha_nx)}\\&=\frac{\lambda_1}{1-\alpha_1x}+\frac{\lambda_2}{1-\alpha_2x}+\cdots+\frac{\lambda_n}{1-\alpha_nx}\\&=\sum_{k=0}^{\infty}\lambda_1(\alpha_1x)^k+\sum_{k=0}^{\infty}\lambda_2(\alpha_2x)^k+\cdots+\sum_{k=0}^{\infty}\lambda_n(\alpha_nx)^k\\&=\sum_{k=0}^{\infty}\left(\sum_{i=1}^{n}\lambda_i\alpha_i^k\right)x^k,\end{aligned}\tag{3.1}$$

这里 $g(x)\in F_q[x]$ 并且次数不超过 $n-1$, $\overline{f}(x)$ 表示 $f(x)$ 的互反多项式, $\lambda_i(1\leqslant i\leqslant n)$ 为 F_q 的扩域中的元素. 根据母函数表示的唯一性, $a_k=\sum\limits_{i=1}^{n}\lambda_i\alpha_i^k$, 并且 $\lambda_i=\dfrac{g(\alpha_i^{-1})}{\prod\limits_{j\neq i}(1-\alpha_j\alpha_i^{-1})}(1\leqslant i\leqslant n)$ 唯一确定. 进一步, 有下面的结论：

定理 3.1 设 $f(x)=x^n+c_1x^{n-1}+c_2x^{n-2}+\cdots+c_n\in F_q[x]$ 无重根, $\alpha_1,\alpha_2,\cdots,\alpha_n$ 是 $f(x)$ 在其分裂域中全部根, 则

(1) 设 $\underline{a}=a_0a_1a_2\cdots\in V(F_q)$, 则 $\underline{a}\in G(f(x))$ 当且仅当存在唯一的一组元素 $\lambda_1,\lambda_2,\cdots,\lambda_n\in F_q(\alpha_1,\alpha_2,\cdots,\alpha_n)$, 使得

$$a_k=\sum_{i=1}^{n}\lambda_i\alpha_i^k,\quad k=0,1,2,\cdots. \tag{3.2}$$

(2) 设 $m_{\underline{a}}(x)$ 表示序列 $\underline{a}$ 的极小多项式, 则 $m_{\underline{a}}(x)=f(x)$ 当且仅当 $\lambda_i\neq 0\ (1\leqslant i\leqslant n)$.

(3) 序列 $\underline{a}$ 的线性复杂度等于 (3.2) 式中那些不为 0 的 λ_i 的个数, 序列 $\underline{a}$ 的周期等于 (3.2) 式中那些不为 0 的 λ_i 对应的 α_i 的阶的最小公倍数.

证明 (1) 前面已经证明了必要性. 又由于 (3.1) 式的每一步都是可逆的, 故充分性也是正确的.

(2) 根据 LFSR 的母函数表示, $f(x)$ 是序列 $\underline{a}$ 的极小多项式的充分必要条件是 $(\overline{f}(x),\ g(x))=1$, 而 $(\overline{f}(x),\ g(x))=1$ 的充分必要条件是 $\lambda_i\neq 0\ (1\leqslant i\leqslant n)$, 故结论成立.

(3) 序列 $\underline{a}$ 的线性复杂度等于其极小多项式的次数, 而 $\underline{a}$ 的极小多项式等于 $\dfrac{\overline{f}(x)}{(\overline{f}(x),g(x))}$ 的互反多项式, 注意到多项式 $\dfrac{\overline{f}(x)}{(\overline{f}(x),g(x))}$ 的次数等于 (3.1) 式中那些不为 0 的 λ_i 的个数, 故 $\underline{a}$ 的线性复杂度等于 (3.2) 式中那些不为 0 的 λ_i 的个数. 再根据序列的周期等于其极小多项式的周期, 而没有重根的多项式的周期又等于其全部不同根的阶的最小公倍数, 因此, $\underline{a}$ 的周期等于 (3.2) 式中那些不为 0 的 λ_i 对应的 α_i 的阶的最小公倍数. □

例 3.1 设 $\underline{a}=a_0a_1a_2\cdots$ 是二元 n 级 m 序列, 其极小多项式为 $f(x)$, δ 是满足条件 $1\leqslant\delta\leqslant n-1$ 的整数, 构造序列 $\underline{b}=b_0b_1b_2\cdots$, 其中 $b_t=a_ta_{t+\delta}$, $t\geqslant 0$, 则 $\underline{b}$ 的线性复杂度为 $LC(\underline{b})=\dfrac{1}{2}n(n+1)$, $\underline{b}$ 的周期 $p(\underline{b})=2^n-1$.

证明 由于 m 序列的极小多项式是本原多项式, 故 $f(x)$ 的全部根可以表示为

$$\beta_1=\alpha,\ \beta_2=\alpha^2,\ \cdots,\ \beta_n=\alpha^{2^{n-1}},$$

根据定理 3.1, 序列 $\underline{a}=a_0a_1a_2\cdots$ 可以表示为

$$a_k=\sum_{i=1}^{n}\lambda_i\alpha^{2^{i-1}k},\quad \lambda_i\in F_{2^n}^*,\quad 1\leqslant i\leqslant n.$$

于是

$$a_{k+\delta}=\sum_{i=1}^{n}\lambda_i\alpha^{2^{i-1}(k+\delta)}=\sum_{i=1}^{n}\lambda_i^*\alpha^{2^{i-1}k},\quad \lambda_i^*=\lambda_i\alpha^{2^{i-1}\delta},$$

从而

$$b_k=a_ka_{k+\delta}=\sum_{i=1}^{n}\lambda_i\alpha^{2^{i-1}k}\sum_{i=1}^{n}\lambda_i^*\alpha^{2^{i-1}k}=\sum_{i=1}^{n}\sum_{j=1}^{n}\lambda_i\lambda_j^*\alpha^{(2^{i-1}+2^{j-1})k}$$

$$=\sum_{i=1}^{n}\rho_i\alpha^{2^ik}+\sum_{1\leqslant i<j\leqslant n}\rho_{ij}\alpha^{(2^{i-1}+2^{j-1})k},$$

这里 $\rho_i=\lambda_i^2\alpha^{2^{i-1}\delta}$, $\rho_{ij}=\lambda_i\lambda_j(\alpha^{2^{i-1}\delta}+\alpha^{2^{j-1}\delta})$. 由于 $\lambda_i\neq 0$ 并且 $0<\delta<n$, 则 ρ_i, ρ_{ij} 均不为 0, 于是元素 α^{2^i}, $\alpha^{2^{i-1}+2^{j-1}}(1\leqslant i\leqslant n,\ 1\leqslant i<j\leqslant n)$ 两两互异, 它们恰好构成 $\underline{b}$ 的极小多项式 $g(x)$ 的全部根. 于是, 由定理 3.1 有

$$LC(\underline{z})=\deg g(x)=C_n^1+C_n^2=\frac{1}{2}n(n+1),$$

再注意到 α^{2^i}, $\alpha^{2^{i-1}+2^{j-1}}\in F_{2^n}^*$, 并且 $\mathrm{ord}(\alpha^{2^i})=2^n-1$, 而

$$\mathrm{ord}(\alpha^{2^{i-1}+2^{j-1}})=\frac{2^n-1}{(2^n-1,2^{i-1}+2^{j-1})}$$

是 2^n-1 的因子, 故 $p(\underline{b})=p(g(x))=2^n-1$.

定理 3.2 设 $f(x)=x^n+c_1x^{n-1}+c_2x^{n-2}+\cdots+c_n\in F_q[x]$ 无重根, $c_n\neq 0$, 并且 $f(x)$ 在 $F_q[x]$ 中的标准分解式是 $f(x)=\prod\limits_{i=1}^{e}f_i(x)$, $f_i(x)$ 在 $F_q[x]$ 中不可约, $n_i=\deg f_i(x)$ $(1\leqslant i\leqslant e)$, 则

$$\underline{a}\in G(f(x))\Leftrightarrow a_k=\sum_{i=1}^{e}\mathrm{tr}_1^{n_i}(\lambda_i\alpha_i^k),\quad k=0,1,2,\cdots,$$

其中 α_i 为 $f_i(x)$ 在其分裂域 $F_{q^{n_i}}$ 中一个根, $\lambda_i\in F_{q^{n_i}}$, $\mathrm{tr}_1^{n_i}$ 表示从 $F_{q^{n_i}}$ 到 F_q 的迹函数.

证明 必要性. 如果 $\underline{a}\in G(f(x))$, 则 $\underline{a}$ 的母函数具有如下分解:

$$A(x)=\frac{g(x)}{\overline{f}(x)}=\frac{g(x)}{\prod\limits_{i=1}^{e}\overline{f}_i(x)}=\sum_{i=1}^{e}\frac{p_i(x)}{\overline{f}_i(x)}=\sum_{i=1}^{e}A_i(x),$$

其中 $A_i(x)=\dfrac{p_i(x)}{\overline{f}_i(x)}$. 由于 $\overline{f}_i(x)$ 在 $F_q[x]$ 中不可约, 则 $A_i(x)=\dfrac{p_i(x)}{\overline{f}_i(x)}$ 对应的序列 $\{a_{ik}\}_{k\geqslant 0}$ 具有迹表示:

$$a_{ik} = \mathrm{tr}_1^{n_i}(\lambda_i \alpha_i^k), \quad k = 0, 1, 2, \cdots,$$

其中 α_i 为 $f_i(x)$ 在 $F_{q^{n_i}}$ 中一个根, $\lambda_i \in F_{q^{n_i}}, \lambda_i \neq 0$. 于是

$$a_k = \sum_{i=1}^{e} \mathrm{tr}_1^{n_i}(\lambda_i \alpha_i^k), \quad k = 0, 1, 2, \cdots.$$

充分性. 由于必要性证明过程中每一步都是可逆的, 反推回去即可得到结论. □

3.2 前馈序列

1971 年, Groth 提出如图 3.1 所示的前馈序列产生器. 此产生器对一个 LFSR 的状态变量使用非线性滤波后得到输出序列 $\underline{z} = z_0z_1z_2\cdots$, 称这种序列产生器为前馈网络, $\underline{a} = a_0a_1a_2\cdots$ 称为驱动序列, $\underline{z} = z_0z_1z_2\cdots$ 称为前馈序列, 有时也称为滤波序列, $F(x_1, x_2, \cdots, x_n)$ 称为前馈函数, 有时也称为滤波函数. 由于 m 序列具有良好的伪随机特性, 并且在工程上容易实现, 通常情况下以 m 序列作为驱动序列, 即驱动部分的反馈逻辑为本原多项式. 值得注意的是, 如果滤波函数采用线性函数, 那么输出序列 $\underline{z}$ 恰好是 m 序列的不同移位的和序列, 根据 m 序列的平移等价特性, 序列 $\underline{z}$ 仍为 m 序列, 这时前馈网络没有实际意义, 所以在前馈网络中, 滤波函数应当取非线性函数.

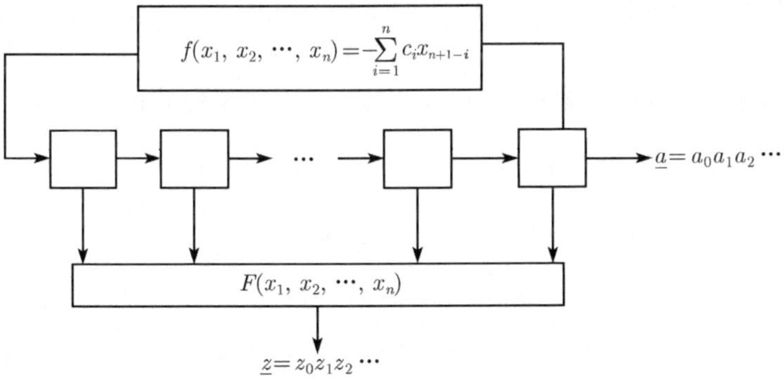

图 3.1 前馈序列产生器

与驱动序列相比, 前馈序列的周期不会超过驱动序列的周期, 但前馈网络具有一个明显的优势: 在周期保持与驱动序列一致的条件下, 可以极大地提高输出序列的线性复杂度, 并且可以控制线性复杂度的大小.

为便于逻辑分析, 本章的前馈网络只考虑二元域上的前馈网络, 并且前馈网络只由若干与门 (乘法) 和模 2 加法器生成. 事实上, 前馈网络中也可含有或门、非门等逻辑元件, 这时可以用数字方法将这种前馈网络化成与之等价的只包含与门和模 2 加法器的前馈网络来进行分析.

定义 3.1 若前馈网络中各个与门的输入端的最大值为 r, 则称该网络为 r 端与门前馈网络, 简称 r 端网络.

例 3.2 图 3.2 为一个三端与门前馈网络示例.

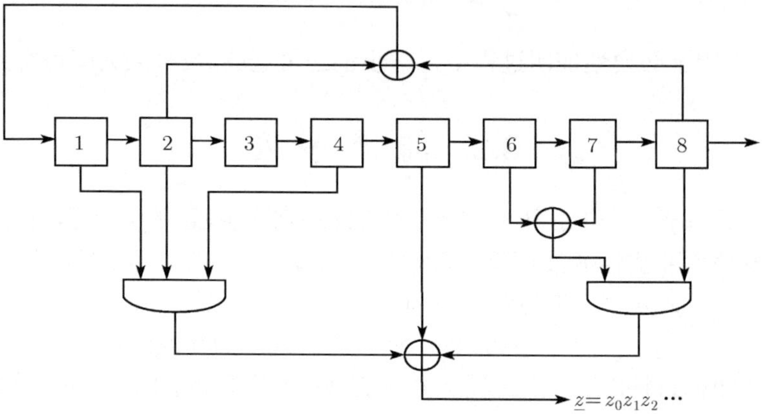

图 3.2 三端与门前馈网络

一个前馈网络称为二端单与门网络, 是指前馈网络中仅包含一个二端单与门. 一个二端与门两个输入端的位数之差称为该与门的跨度, 记为 l. 当 LFSR 的第 i 级和第 j 级的抽头分别作为二端与门的两个输入端时 $(i < j)$, 则该与门的跨度为 $l = j - i$. 当 LFSR 的第 $i_1, i_2, \cdots, i_r$ 级抽头模 2 加和第 $j_1, j_2, \cdots, j_s$ 级抽头模 2 加分别作为二端与门的两个输入端时, 记 $f(x)$ 为驱动序列的特征多项式, 若

$$x^{i_1} + x^{i_2} + \cdots + x^{i_r} \equiv x^i \bmod f(x),$$

$$x^{j_1} + x^{j_2} + \cdots + x^{j_s} \equiv x^j \bmod f(x),$$

$$0 \leqslant i, j \leqslant p(f) - 1,$$

则该与门的跨度为 $l = |j - i|$.

定义 3.2 设 α 为 $2^n - 1$ 次本原单位根, 记 $\omega(\alpha^i)$ 为 i 的二进制表示中 "1" 的个数, 称 $\omega(\alpha^i)$ 为单位根 α^i 相对于 α 的重量.

对于任意正整数 $1 \leqslant r \leqslant n$, 令

$$F_r(x) = \prod_{\substack{\omega(\alpha^i) \leqslant r \\ 1 \leqslant i \leqslant 2^n - 1}} (x - \alpha^i), \quad F'_r(x) = \prod_{\substack{\omega(\alpha^i) = r \\ 1 \leqslant i \leqslant 2^n - 1}} (x - \alpha^i),$$

容易验证下列性质成立: $F_r(x)$, $F'_r(x) \in F_2[x]$ 并满足

$$F_r(x) = \prod_{i=1}^{r} F'_i(x), \quad \deg F_r(x) = \sum_{i=1}^{r} \deg F'_i(x) = \sum_{i=1}^{r} C_n^i.$$

在 $F_2[x]$ 中, $F_r(x)$ 可以分解为一些不可约多项式的乘积, 这些不可约多项式的次数必为 n 的因子. 当同一个不可约多项式的根表示为本原元 α 的方幂时, 其中, 幂次模 2^n-1 最小者称为该多项式的首根. 记 $f_t(x)$ 为首根是 α^t 的不可约多项式, 则有

引理 3.1 $F_2(x)=f_1(x)\prod\limits_{d=1}^{\left[\frac{n}{2}\right]}f_{1+2^d}(x)$, 特别, 当 $2\nmid n$ 时, $F_2(x)$ 的分解式由 $\dfrac{n+1}{2}$ 个 n 次不可约因式组成; 当 $2\,|n$ 时, $F_2(x)$ 的分解式由 $\dfrac{n}{2}$ 个 n 次不可约因式和一个 $\dfrac{n}{2}$ 次不可约因式 $f_{1+2^{\frac{n}{2}}}(x)$ 组成.

证明 由于 $F_2(x)=F_1'(x)F_2'(x)$, 显然 $F_1'(x)=f(x)$ 为 n 次本原多项式. 设 $d\leqslant\left[\dfrac{n}{2}\right]$, 则 $\{\alpha^{(1+2^d)2^i}|0\leqslant i\leqslant n-1\}$ 构成同一个不可约多项式 $f_{1+2^d}(x)$ 的根.

当 $2\nmid n$, 或 $2|n$ 但 $d\neq\dfrac{n}{2}$ 时, $\{\alpha^{(1+2^d)2^i}|0\leqslant i\leqslant n-1\}$ 为两两不同的 n 个根, 并且首根为 α^{1+2^d}.

当 $2\,|n$, 并且 $d=\dfrac{n}{2}$ 时, 由于

$$\begin{aligned}(\alpha^{1+2^d})^{2^{i+\frac{n}{2}}}&=((\alpha^{1+2^{\frac{n}{2}}})^{2^{\frac{n}{2}}})^{2^i}=(\alpha^{2^n+2^{\frac{n}{2}}})^{2^i}\\&=(\alpha^{1+2^{\frac{n}{2}}})^{2^i}=\ (\alpha^{1+2^d})^{2^i},\quad i=1,2,\cdots,\frac{n}{2},\end{aligned}$$

故 $\{\alpha^{(1+2^d)2^i}|0\leqslant i\leqslant n-1\}$ 中只有 $\dfrac{n}{2}$ 个不同的根, 相应的不可约多项式的次数为 $\dfrac{n}{2}$, 首根为 $\alpha^{1+\frac{n}{2}}$. □

定理 3.3 设 $\underline{a}$ 为 n 级 m 序列, $f(x)$ 为 $\underline{a}$ 的极小多项式, $\alpha,\ \alpha^2,\ \cdots,\ \alpha^{2^{n-1}}$ 为 $f(x)$ 的全部根, $\underline{z}$ 是一个跨度为 l 的二端单与门前馈序列, $\underline{z}$ 的极小多项式为 $F(x)$, 则

(1) $\underline{z}\in G(F_2(x))$;

(2) $f(x)|F(x)$, 而 $f_{1+2^d}(x)|F(x)\Leftrightarrow l\not\equiv 0\mod\dfrac{2^n-1}{2^{(n,d)}-1}\left(1\leqslant d\leqslant\left[\dfrac{n}{2}\right]\right)$, 因此

$$F(x)=F_2(x)\Leftrightarrow\ l\not\equiv 0\mod\frac{2^n-1}{2^s-1}$$

对一切小于 n 且是 n 因子的正整数 s 成立.

(3) $p(\underline{z})=2^n-1$.

证明 (1) 不妨设序列 $\underline{a}=a_0a_1a_2\cdots$ 的根表示为 $a_k=\sum\limits_{i=0}^{n-1}\alpha^{2^ik}$, $k=0,1,2,\cdots$, 则

$$z_k=a_ka_{k+l}=\left(\sum_{i=0}^{n-1}\alpha^{2^ik}\right)\left(\sum_{i=0}^{n-1}\alpha^{2^i(k+l)}\right)=\sum_{i=0}^{n-1}\sum_{j=0}^{n-1}\alpha^{2^ik}\alpha^{2^j(k+l)}$$

$$= \sum_{i=0}^{n-1} \alpha^{2^{i+1}k}\alpha^{2^i l} + \sum_{0\leqslant i<j\leqslant n-1} \alpha^{(2^i+2^j)k}(\alpha^{2^i l}+\alpha^{2^j l}).$$

令 $\lambda_i = \alpha^{2^{i-1}l}$, $\lambda_{ij} = \alpha^{2^i l}+\alpha^{2^j l}$, 则

$$z_k = \sum_{i=0}^{n-1}\lambda_i\alpha^{2^i k} + \sum_{i<j}\lambda_{ij}\alpha^{(2^i+2^j)k},\quad 0\leqslant i,j\leqslant n-1,\quad k=0,\ 1,\ 2,\ \cdots.$$

从而由定理 3.1 知, $\underline{z}$ 以多项式 $\prod_{i=0}^{n-1}(x-\alpha^{2^i})\prod_{0\leqslant i<j\leqslant n-1}(x-\alpha^{2^i+2^j}) = F_2(x)$ 为特征多项式, 即 $\underline{z}\in G(F_2(x))$.

(2) 由于 $\lambda_i = \alpha^{2^{i-1}l}\neq 0$ $(0\leqslant i\leqslant n-1)$, 故 $f(x)|F(x)$. 又由于 z_k 的根表示中, 彼此共轭的重量为 2 的根的系数 λ_{ij} 亦彼此共轭. 比如 $\alpha^{(2^{i_1}+2^{j_1})k}$ 与 $\alpha^{2^t(2^{i_1}+2^{j_1})k} = \alpha^{(2^{i_1+t}+2^{j_1+t})k}$ 是共轭的, 它们相应的系数 $\lambda_{i_1j_1} = \alpha^{2^{i_1}l}+\alpha^{2^{j_1}l}$ 和 $\lambda_{i_1+t,j_1+t} = \alpha^{2^{i_1+t}l}+\alpha^{2^{j_1+t}l} = (\alpha^{2^{i_1}l}+\alpha^{2^{j_1}l})^{2^t}$ 也是共轭的. 故只需考虑首项对应的系数是否为 0. 注意到 α^{1+2^d} 对应的系数为 $\alpha^l+\alpha^{2^d l}$, 而

$$\alpha^l+\alpha^{2^d l}=0 \Leftrightarrow \alpha^{l(2^d-1)}=1 \Leftrightarrow (2^d-1)l\equiv 0 \mod 2^n-1$$
$$\Leftrightarrow l\equiv 0 \mod \frac{2^n-1}{(2^d-1,2^n-1)} \Leftrightarrow l\equiv 0 \mod \frac{2^n-1}{2^{(n,d)}-1},$$

于是 $f_{1+2^d}(x)|F(x)\Leftrightarrow l\not\equiv 0 \mod \dfrac{2^n-1}{2^{(n,d)}-1}\left(1\leqslant d\leqslant\left[\dfrac{n}{2}\right]\right)$, 从而

$$F(x)=F_2(x)\Leftrightarrow\ l\not\equiv 0 \mod \frac{2^n-1}{2^s-1}$$

对一切小于 n 且是 n 因子的正整数 s 成立.

(3) 由于 $f(x)|F(x)$, 且 $F(x)$ 其余根的阶均为 2^n-1 的因子, 故 $p(\underline{z})=p(F(x))=2^n-1$. □

例 3.3　如图 3.3 所示二端与门前馈网络, 求前馈序列的极小多项式、周期和线性复杂度.

解　驱动部分的特征多项式为本原多项式 $f(x)=x^6+x+1$, 设前馈网络中与门的两个抽头分别为 l_1 和 l_2, 由于 $x^0+x^1\equiv x^6 \mod f(x)$, 故 $L^0\underline{a}+L^1\underline{a}=L^6\underline{a}$, 从而 $l_2=6, l_1=4$, 于是跨度 $l=6-4=2$. 注意到 $n=6$ 的全部真因子为 1, 2, 3, 并且

$$\frac{2^6-1}{2^1-1}=63,\quad \frac{2^6-1}{2^2-1}=21,\quad \frac{2^6-1}{2^3-1}=9,$$

而 $l\not\equiv 0 \mod 63$, $l\not\equiv 0 \mod 21$, $l\not\equiv 0 \mod 9$, 从而前馈序列 $\underline{z}$ 的极小多项式为

$$\begin{aligned}F(x)&=f(x)f_3(x)f_5(x)f_9(x)\\&=(x^6+x+1)(x^6+x^4+x^2+x+1)(x^6+x^5+x^2+x+1)(x^3+x^2+1).\end{aligned}$$

$\underline{z}$ 的周期为 $2^n-1=63$, 线性复杂度为 21.

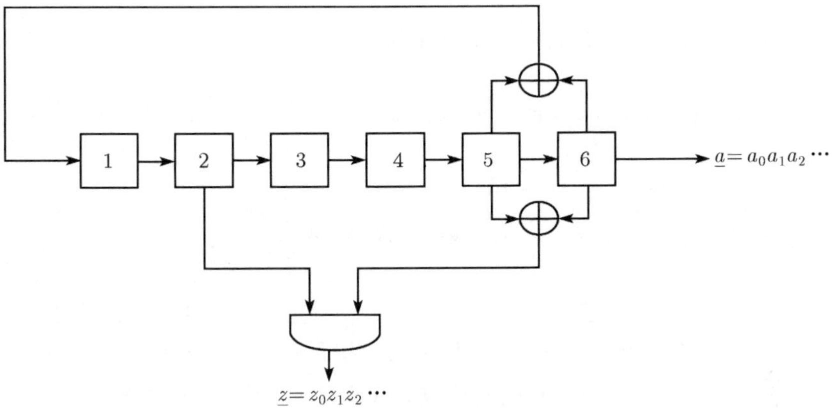

图 3.3 二端单与门网络示例

例 3.4 如图 3.4 所示二端与门前馈网络, 求前馈序列的极小多项式、周期和线性复杂度.

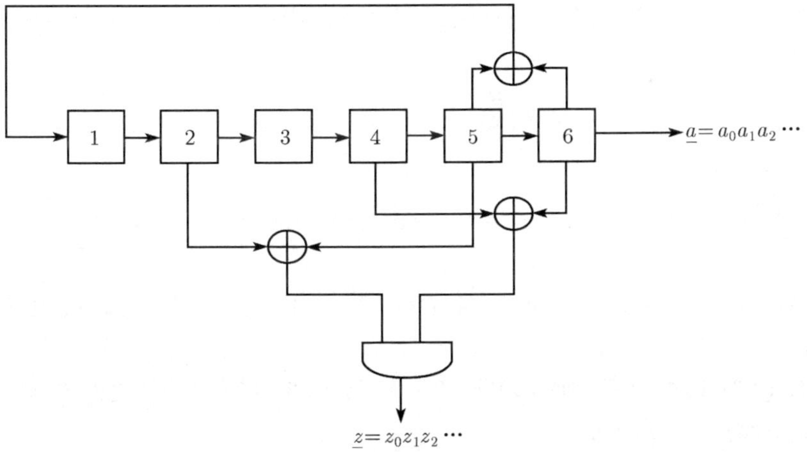

图 3.4 二端单与门网络示例

解 驱动部分的特征多项式为本原多项式 $f(x)=x^6+x+1$, 设前馈网络中的与门的两个抽头分别为 l_1 和 l_2, 由于 $x^0+x^2\equiv x^{12} \bmod f(x)$, $x+x^4\equiv x^{33} \bmod f(x)$, 故

$$L^0\underline{a}+L^2\underline{a}=L^{12}\underline{a},\quad L\underline{a}+L^4\underline{a}=L^{33}\underline{a},$$

于是 $l_1=12$, $l_2=33$, 从而跨度 $l=33-12=21$. 注意到 $n=6$ 的全部真因子为 1, 2, 3, 并且

$$\frac{2^6-1}{2^1-1}=63,\quad \frac{2^6-1}{2^2-1}=21,\quad \frac{2^6-1}{2^3-1}=9,$$

而 $l \not\equiv 0 \bmod 63$, $l \equiv 0 \bmod 21$, $l \not\equiv 0 \bmod 9$, 因此

$$F(x)=f(x)f_3(x)f_9(x)=(x^6+x+1)(x^6+x^4+x^2+x+1)(x^3+x^2+1),$$

并且 $p(\underline{z})=2^6-1=63$, $LC(\underline{z})=15$.

定义 3.3　设 $\underline{a}=a_0a_1a_2\cdots$ 为 n 级 m 序列, 令 $z_k=\sum\limits_{i=1}^{u}a_{s_i+k}a_{s_i+l_i+k}$, 则称输出序列 $\underline{z}=z_0z_1z_2\cdots$ 是参数为 $(s_1,s_2,\cdots,s_u;l_1,l_2,\cdots,l_u)$ 的二端与门前馈序列, 其中 s_i 表示第 i 个与门的第 1 个抽头位置, l_i 为第 i 个与门的跨度, $i=1,2,\cdots,n$, 若将直接送入加法器的某个抽头看成跨度为 0 的二端与门, 则允许 $l_i=0$.

定理 3.4　设 $\underline{a}$ 为 n 级 m 序列, $f(x)$ 为 $\underline{a}$ 的极小多项式, $\alpha,\alpha^2,\cdots,\alpha^{2^{n-1}}$ 为 $f(x)$ 的全部根. $\underline{z}$ 是参数为 $(s_1,s_2,\cdots,s_u;l_1,l_2,\cdots,l_u)$ 的二端与门前馈网络序列, 记 $\underline{z}$ 的极小多项式为 $F(x)$, 则下列性质成立:

(1) $\underline{z}\in G(F_2(x))$;

(2) $F(x)=F_2(x)$ 当且仅当下列两组同余式皆不成立:

$$\sum_{i=1}^{u}x^{2s_i+l_i}\equiv 0 \bmod f(x), \tag{3.3}$$

$$\sum_{i=1}^{u}x^{(1+2^d)s_i}(x^{l_i}+x^{2^dl_i})\equiv 0 \mod f(x),\quad 对\ d=1,2,\cdots,\left[\frac{n}{2}\right]. \tag{3.4}$$

(3) 若 (3.3) 式成立, 则 $F(x)$ 不含 $f(x)$, 若 (3.4) 式对某个 d 成立, 则 $F(x)$ 不含 $f_{1+2^d}(x)$.

(4) 若 (3.3) 式不成立, 则 $p(\underline{z})=2^n-1$; 若 (3.3) 式成立, 且使得 (3.4) 式不成立的 d 为 $d_1,d_2,\cdots,d_v$, 则有

$$p(\underline{z})=\left[\frac{2^n-1}{(2^n-1,1+2^{d_1})},\cdots,\frac{2^n-1}{(2^n-1,1+2^{d_v})}\right].$$

证明　(1) 前馈序列 $\underline{z}=z_0z_1z_2\cdots$ 可以表示为

$$z_k=a_{k+s_1}a_{k+s_1+l_1}+a_{k+s_2}a_{k+s_2+l_2}+\cdots+a_{k+s_u}a_{k+s_u+l_u}=z_{1k}+z_{2k}+\cdots+z_{uk},$$

其中 $z_{ik}=a_{k+s_i}a_{k+s_i+l_i}$, $k=0,1,2,\cdots$, 根据定理 3.3, $\{z_{ik}\}\in G(F_2(x))$, 故 $\underline{z}\in G(F_2(x))$.

(2) 不妨设 $\underline{a}=a_0a_1a_2\cdots$ 的根表示为 $a_k=\sum\limits_{j=0}^{n-1}\alpha^{2^jk}$, 其中 $\alpha,\alpha^2,\cdots,\alpha^{2^{n-1}}$ 为 $f(x)$ 的全部根, 则

$$\begin{aligned}a_{k+s_i}a_{k+s_i+l_i}&=\left(\sum_{j=0}^{n-1}\alpha^{2^j(k+s_i)}\right)\left(\sum_{t=0}^{n-1}\alpha^{2^t(k+s_i+l_i)}\right)\\&=\sum_{j=0}^{n-1}\alpha^{2^{j+1}k}\alpha^{2^j(2s_i+l_i)}+\sum_{j<t}\alpha^{(2^j+2^t)k}\alpha^{(2^j+2^t)s_i}(\alpha^{2^jl_i}+\alpha^{2^tl_i}),\end{aligned}$$

故

$$z_k=\sum_{j=0}^{n-1}\alpha^{2^{j+1}k}\left(\sum_{i=1}^{u}\alpha^{2^j(2s_i+l_i)}\right)+\sum_{j<t}\alpha^{(2^j+2^t)k}\left(\sum_{i=1}^{u}\alpha^{(2^j+2^t)s_i}(\alpha^{2^jl_i}+\alpha^{2^tl_i})\right),$$

式中 $\sum\limits_{j=0}^{n-1}\alpha^{2^{j+1}k}\left(\sum\limits_{i=1}^{u}\alpha^{2^j(2s_i+l_i)}\right)$ 表示 z_k 的根表示中重量为 1 的根和它们相应的系数, 特别, 当 $j=n-1$ 时, 它表示重量为 1 的首根 α, 其系数为 $\sum\limits_{i=1}^{u}\alpha^{2^{n-1}(2s_i+l_i)}$. 式中 $\sum\limits_{j<t}\alpha^{(2^j+2^t)k}\left(\sum\limits_{i=1}^{u}\alpha^{(2^j+2^t)s_i}(\alpha^{2^jl_i}+\alpha^{2^tl_i})\right)$ 表示 z_k 的根表示中重量为 2 的根及其相应的系数, 特别, 当 $j=0,t=d\left(d=1,2,\cdots,\left[\dfrac{n}{2}\right]\right)$ 时, α^{1+2^d} 为 $f_{1+2^d}(x)$ 的首根, 其系数为 $\sum\limits_{i=1}^{u}\alpha^{(1+2^d)s_i}(\alpha^{l_i}+\alpha^{2^dl_i})$, 故

$$\begin{aligned}F(x)=F_2(x)&\Leftrightarrow\sum_{i=1}^{u}\alpha^{2^{n-1}(2s_i+l_i)}\neq0\ \text{ 且 }\ \sum_{i=1}^{u}\alpha^{(1+2^d)s_i}(\alpha^{l_i}+\alpha^{2^dl_i})\neq0\\&\Leftrightarrow\sum_{i=1}^{u}x^{2^{n-1}(2s_i+l_i)}\not\equiv0\bmod f(x)\\&\quad\ \text{且 }\sum_{i=1}^{u}x^{(1+2^d)s_i}(x^{l_i}+x^{2^dl_i})\not\equiv0\bmod f(x),\quad d=1,2,\cdots,\left[\frac{n}{2}\right].\end{aligned}$$

(3) 和 (4) 由 (2) 的结论容易得出. □

例 3.5 如图 3.5 所示二端与门前馈网络, 求前馈序列的极小多项式、周期和线性复杂度.

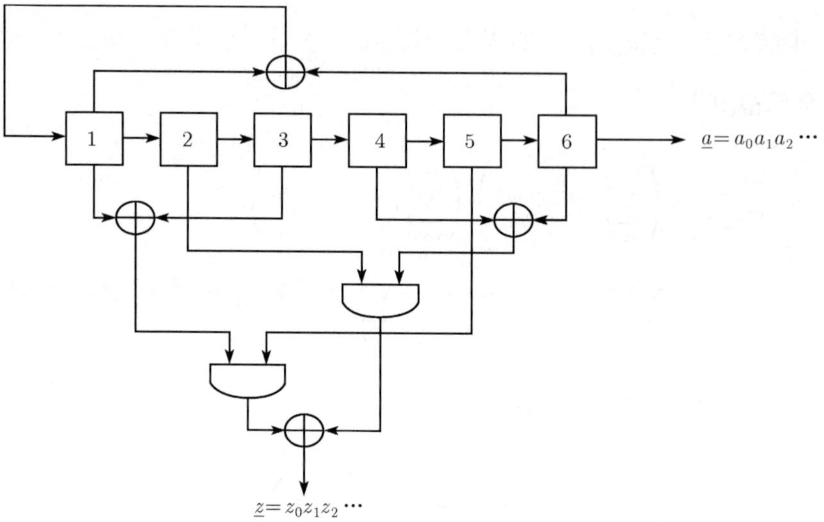

图 3.5　二端与门前馈网络

解　驱动部分的特征多项式为本原多项式 $f(x)=x^6+x^5+1$, 容易得到该前馈网络的参数为 $(s_1,s_2;l_1,l_2)=(1,4;\ 56,53)$. 由于

$$\sum_{i=1}^{2}x^{2s_i+l_i}=x^{2s_1+l_1}+x^{2s_2+l_2}=x^{58}+x^{61}\not\equiv 0 \bmod f(x),$$

故 $m_{\underline{z}}(x)$ 的极小多项式 $F(x)$ 含 $f(x)$. 又由于 $n=6$ 的真因子有 $d=1,2,3$, 并且 $u=2$, 故当 $d=1$ 时,

$$\sum_{i=1}^{2}x^{(1+2^1)s_i}(x^{l_i}+x^{2l_i})\equiv x^5+x^2\not\equiv 0 \mod f(x),$$

故 $f_3(x)=f_{1+2^1}(x)$ 为 $F(x)$ 的一个因式, 同理可验证 $f_5(x)$ 和 $f_9(x)$ 均为 $F(x)$ 的因式. 故

$$\begin{aligned}F(x)&=f(x)f_3(x)f_5(x)f_9(x)\\&=(x^6+x^5+1)(x^6+x^5+x^4+x^2+1)(x^6+x^5+x^4+x+1)(x^3+x+1),\end{aligned}$$

$$p(\underline{z})=63,\quad LC(\underline{z})=15.$$

定义 3.4　设 $\underline{a}=a_0a_1a_2\cdots$ 为 n 级 m 序列, 令 $z_k=a_{k+l_1}a_{k+l_2}a_{k+l_3}$, 则称序列 $\underline{z}=z_0z_1z_2\cdots$ 为参数是 (l_1,l_2,l_3) 的三端单与门序列.

定理 3.5　设 $\underline{a}=a_0a_1a_2\cdots$ 为 n 级 m 序列, 其极小多项式为 $f(x),\alpha,\alpha^2,\cdots,\alpha^{2^{n-1}}$ 为 $f(x)$ 的全部根. $\underline{z}=z_0z_1z_2\cdots$ 是参数为 (l_1,l_2,l_3) 的三端单与门序列, 其极小多项式为 $F(x)$, 则

(1) $\underline{z} \in G(F_3(x))$;

(2) 若 $x^{l_1}+x^{l_2}+x^{l_3} \equiv 0 \mod f(x)$, 则 $\underline{z}$ 为全 0 序列;

(3) 若 $x^{l_1}+x^{l_2}+x^{l_3} \not\equiv 0 \mod f(x)$, 则

(i) $f(x)|F(x)$;

(ii) 当 $2\nmid n$ 时, 有 $f_3(x)|F(x)$; 当 $2|n$ 时, 有

$$f_3(x)\nmid F(x) \Leftrightarrow x^{2l_1}+x^{2l_2}+x^{2l_3}+x^{l_1+l_2}+x^{l_1+l_3}+x^{l_2+l_3} \equiv 0 \mod f(x); \qquad (3.5)$$

(iii) 设 $2 \leqslant d \leqslant \left[\dfrac{n}{2}\right]$, 则

$$\begin{aligned} &f_{1+2^d}(x)\nmid F(x)\\ \Leftrightarrow\ & x^{l_1+l_2+2^{d+1}l_3}+x^{l_1+2^{d+1}l_2+l_3}+x^{2^{d+1}l_1+l_2+l_3}+x^{2^d l_1+2^d l_2+2l_3}+x^{2^d l_1+2l_2+2^d l_3}\\ &+x^{2l_1+2^d l_2+2^d l_3} \equiv 0 \bmod f(x); \end{aligned} \qquad (3.6)$$

(iv) 设 $\alpha^{1+2^{d_1}+2^{d_2}}$ 是重量为 3 的首根, 则

$$f_{1+2^{d_1}+2^{d_2}}(x)\nmid F(x) \Leftrightarrow \begin{vmatrix} x^{l_1} & x^{2^{d_1}l_1} & x^{2^{d_2}l_1}\\ x^{l_2} & x^{2^{d_1}l_2} & x^{2^{d_2}l_2}\\ x^{l_3} & x^{2^{d_1}l_3} & x^{2^{d_2}l_3} \end{vmatrix} \equiv 0 \mod f(x); \qquad (3.7)$$

(4) 若 $x^{l_1}+x^{l_2}+x^{l_3} \not\equiv 0 \mod f(x)$, 并且 (3.5)~(3.7) 均不成立, 则 $F(x)=F_3(x)$.

证明 (1) 不妨设 $\underline{a}=a_0a_1a_2\cdots$ 的根表示为 $a_k=\sum\limits_{j=0}^{n-1}\alpha^{2^j k}$, 则

$$\begin{aligned} z_k=a_{k+l_1}a_{k+l_2}a_{k+l_3}&=\sum_{i=0}^{n-1}\sum_{j=0}^{n-1}\sum_{s=0}^{n-1}\alpha^{(2^i+2^j+2^s)k}\alpha^{(2^i l_1+2^j l_2+2^s l_3)}\\ &=\sum_{\substack{u=1\\ wt(u)\leqslant 3}}^{2^n-1}\left(\sum_{\substack{i,j,s=0\\ \alpha^{2^i+2^j+2^s}=\alpha^u}}^{n-1}\alpha^{(2^i l_1+2^j l_2+2^s l_3)}\right)\alpha^{uk}. \end{aligned}$$

由根表示理论得到, $\underline{z} \in G(F_3(x))$.

(2) 由于 $x^{l_1}+x^{l_2}+x^{l_3} \equiv 0 \mod f(x)$, 故 $a_{l_1+k}+a_{l_2+k}+a_{l_3+k}=0$, $k \geqslant 0$, 于是

$$\begin{aligned} z_k=a_{l_1+k}a_{l_2+k}a_{l_3+k}&=a_{l_1+k}a_{l_2+k}(a_{l_1+k}+a_{l_2+k})\\ &=a_{l_1+k}a_{l_2+k}+a_{l_1+k}a_{l_2+k}=0, \quad k \geqslant 0. \end{aligned}$$

故 $\underline{z}=z_0z_1z_2\cdots$ 为全 0 序列.

(3) 对任意多项式 $f_t(x)$, 这里 $f_t(x)$ 为 α^t 的极小多项式, 并且以 α^t 为首根, 则 $f_t(x)$ 不整除 $F(x)$ 当且仅当 z_k 的根表示式中 α^{tk} 的系数为 0.

情形 1. z_k 的根表示式中 α^k(重为 1 的根) 的系数为

$$\sum_{\substack{i,j,s=0\\ \alpha^{2^i+2^j+2^s}=\alpha}}^{n-1} \alpha^{2^i l_1+2^j l_2+2^s l_3},$$

注意到 $\alpha^{2^i+2^j+2^s}=\alpha$ 当且仅当 i,j,s 中有两个为 $n-2$, 一个为 $n-1$, 故 α^k 的系数为

$$\alpha^{l_1 2^{n-2}+l_2 2^{n-2}+l_3 2^{n-1}}+\alpha^{l_1 2^{n-2}+l_2 2^{n-1}+l_3 2^{n-2}}+\alpha^{l_1 2^{n-1}+l_2 2^{n-2}+l_3 2^{n-2}} \triangleq \beta.$$

而

$$\beta^{2^2}=\alpha^{l_1+l_2+2l_3}+\alpha^{l_1+2l_2+l_3}+\alpha^{2l_1+l_2+l_3}=\alpha^{l_1+l_2+l_3}(\alpha^{l_1}+\alpha^{l_2}+\alpha^{l_3}),$$

由于 $x^{l_1}+x^{l_2}+x^{l_3}\not\equiv 0 \mod f(x)$, 又 $\alpha^{l_1+l_2+l_3}\neq 0$, 于是 $\beta\neq 0$, 从而 $f(x)|F(x)$.

情形 2. z_k 的根表示式中 $\alpha^{(1+2^d)k}$(重为 2 的根) 的系数为

$$\sum_{\substack{i,j,s=0\\ \alpha^{2^i+2^j+2^s}=\alpha^{1+2^d}}}^{n-1} \alpha^{2^i l_1+2^j l_2+2^s l_3},$$

当 $d=1$ 时, $\alpha^{2^i+2^j+2^s}=\alpha^{1+2^d}$ 当且仅当 i,j,s 或者同时为 0, 或者其中两个为 $n-1$, 另一个为 1. 故 α^3 的系数为

$$\alpha^{l_1 2^{n-1}+l_2 2^{n-1}+2l_3}+\alpha^{2l_1+l_2 2^{n-1}+l_3 2^{n-1}}+\alpha^{l_1 2^{n-1}+2l_2+l_3 2^{n-1}}+\alpha^{l_1+l_2+l_3}\triangleq\gamma.$$

而

$$\begin{aligned}\gamma^2&=\alpha^{l_1+l_2+4l_3}+\alpha^{4l_1+l_2+l_3}+\alpha^{l_1+4l_2+l_3}+\alpha^{2l_1+2l_2+2l_3}\\&=\alpha^{l_1+l_2+l_3}(\alpha^{3l_1}+\alpha^{3l_2}+\alpha^{3l_3}+\alpha^{l_1+l_2+l_3}),\end{aligned}$$

并且

$$\begin{aligned}&(\alpha^{l_1}+\alpha^{l_2}+\alpha^{l_3})(\alpha^{2l_1}+\alpha^{2l_2}+\alpha^{2l_3}+\alpha^{l_1+l_2}+\alpha^{l_2+l_3}+\alpha^{l_1+l_3})\\=&\alpha^{3l_1}+\alpha^{3l_2}+\alpha^{3l_3}+\alpha^{l_1+l_2+l_3},\end{aligned}$$

故

$$\begin{aligned}\gamma=0\Leftrightarrow\gamma^2=0&\Leftrightarrow\alpha^{3l_1}+\alpha^{3l_2}+\alpha^{3l_3}+\alpha^{l_1+l_2+l_3}=0\\&\Leftrightarrow x^{3l_1}+x^{3l_2}+x^{3l_3}+x^{l_1+l_2+l_3}\equiv 0 \mod f(x)\end{aligned}$$

$$\Leftrightarrow x^{2l_1}+x^{2l_2}+x^{2l_3}+x^{l_1+l_2}+x^{l_1+l_3}+x^{l_2+l_3}\equiv 0 \mod f(x).$$

从而 $f_3(x)\nmid F(x)\Leftrightarrow x^{2l_1}+x^{2l_2}+x^{2l_3}+x^{l_1+l_2}+x^{l_1+l_3}+x^{l_2+l_3}\equiv 0 \mod f(x)$. 设 ω 为 3 次本原单位根, 则

$$\begin{aligned}&x^{2l_1}+x^{2l_2}+x^{2l_3}+x^{l_1+l_2}+x^{l_1+l_3}+x^{l_2+l_3}\\=&(x^{l_1}+\omega x^{l_2}+\omega^2x^{l_3})(x^{l_1}+\omega^2x^{l_2}+\omega x^{l_3}).\end{aligned}$$

当 $2|n$ 时, $3|(2^n-1)$, 从而 $\omega\in F_2[\alpha]$, 事实上 $\omega=\alpha^{\frac{2^n-1}{3}}$. 对于任意给定的 l_2,l_3 都可以确定两个 l_1, 使得 $(x^{l_1}+\omega x^{l_2}+\omega^2x^{l_3})(x^{l_1}+\omega^2x^{l_2}+\omega x^{l_3})$ 的两个因式分别模 $f(x)$ 为 0, 故当 $2|n$ 时,

$$f_3(x)\nmid F(x)\Leftrightarrow x^{2l_1}+x^{2l_2}+x^{2l_3}+x^{l_1+l_2}+x^{l_1+l_3}+x^{l_2+l_3}\equiv 0 \mod f(x).$$

当 $2\nmid n$ 时, $\omega\notin F_2[\alpha]$, 这时 ω 在 $F_2[\alpha]$ 上极小多项式为 x^2+x+1, 从而对整数 l_1,l_2,l_3, 有

$$x^{l_1}+\omega x^{l_2}+\omega^2x^{l_3}\not\equiv 0 \mod f(x),\quad x^{l_1}+\omega^2x^{l_2}+\omega x^{l_3}\not\equiv 0 \mod f(x),$$

故当 $2\nmid n$ 时, $f_3(x)|F(x)$.

情形 3. 当 $d>1$ 时, $\alpha^{2^i+2^j+2^s}=\alpha^{1+2^d}$ 当且仅当 i,j,s 或者其中有两个为 $n-1$, 一个为 d, 或者其中有两个为 $d-1$, 一个为 0, 故 z_k 的根表示式中 $\alpha^{(1+2^d)k}$ 的系数为

$$\begin{aligned}&\alpha^{l_12^{n-1}+l_22^{n-1}+l_32^d}+\alpha^{l_12^{n-1}+l_22^d+l_32^{n-1}}+\alpha^{l_12^d+l_22^{n-1}+l_32^{n-1}}\\&+\alpha^{l_12^{d-1}+l_22^{d-1}+l_3}+\alpha^{l_12^{d-1}+l_2+l_32^{d-1}}+\alpha^{l_1+l_22^{d-1}+l_32^{d-1}}\triangleq\delta.\end{aligned}$$

注意到

$$\begin{aligned}\delta^2=&\alpha^{l_1+l_2+l_32^{d+1}}+\alpha^{l_1+l_22^{d+1}+l_3}+\alpha^{l_12^{d+1}+l_2+l_3}+\alpha^{l_12^d+l_22^d+2l_3}\\&+\alpha^{l_12^d+2l_2+l_32^d}+\alpha^{2l_1+l_22^d+l_32^d},\end{aligned}$$

故

$$\begin{aligned}f_{1+2^d}(x)\nmid F(x)&\Leftrightarrow\delta=0\Leftrightarrow\delta^2=0\\&\Leftrightarrow x^{l_1+l_2+2^{d+1}l_3}+x^{l_1+2^{d+1}l_2+l_3}+x^{2^{d+1}l_1+l_2+l_3}\\&\quad+x^{2^dl_1+2^dl_2+2l_3}+x^{2^dl_1+2l_2+2^dl_3}+x^{2l_1+2^dl_2+2^dl_3}\equiv 0\mod f(x).\end{aligned}$$

情形 4. 由于 z_k 的根表示式中 $\alpha^{(1+2^{d_1}+2^{d_2})k}$(重为 3 的根) 的系数为

$$\sum_{\substack{i,j,s=0\\ \alpha^{2^i+2^j+2^s}=\alpha^{1+2^{d_1}+2^{d_2}}}}^{n-1}\alpha^{2^il_1+2^jl_2+2^sl_3},$$

注意到 $\alpha^{2^i+2^j+2^s}=\alpha^{1+2^{d_1}+2^{d_2}}$ 当且仅当 i,j,s 取 $0,d_1,d_2$ 的全排列, 故 $\alpha^{1+2^{d_1}+2^{d_2}}$ 系数为

$$\begin{aligned}&\alpha^{l_1+2^{d_1}l_2+2^{d_2}l_3}+\alpha^{l_1+2^{d_2}l_2+2^{d_1}l_3}+\alpha^{2^{d_1}l_1+l_2+2^{d_2}l_3}\\&+\alpha^{2^{d_2}l_1+l_2+2^{d_1}l_3}+\alpha^{2^{d_1}l_1+2^{d_2}l_2+l_3}+\alpha^{2^{d_2}l_1+2^{d_1}l_2+l_3}\\=&\begin{vmatrix}\alpha^{l_1}&\alpha^{2^{d_1}l_1}&\alpha^{2^{d_2}l_1}\\\alpha^{l_2}&\alpha^{2^{d_1}l_2}&\alpha^{2^{d_2}l_2}\\\alpha^{l_3}&\alpha^{2^{d_1}l_3}&\alpha^{2^{d_2}l_3}\end{vmatrix}.\end{aligned}$$

所以

$$f_{1+2^{d_1}+2^{d_2}}(x)\nmid F(x)\Leftrightarrow\begin{vmatrix}x^{l_1}&x^{2^{d_1}l_1}&x^{2^{d_2}l_1}\\x^{l_2}&x^{2^{d_1}l_2}&x^{2^{d_2}l_2}\\x^{l_3}&x^{2^{d_1}l_3}&x^{2^{d_2}l_3}\end{vmatrix}\equiv 0 \mod f(x).$$ □

推论 3.1　参数分别为 $(2^il_1,2^il_2,2^il_3)$ 和 (l_1,l_2,l_3) 的两个三端单与门序列具有相同的极小多项式.

推论 3.2　当 l_1+l_2 和 l_1+l_3 均为偶数时, 参数为 $\left(l_1,\dfrac{l_1+l_2}{2},\dfrac{l_1+l_3}{2}\right)$ 的三端单与门序列与参数为 (l_1,l_2,l_3) 的三端单与门序列具有相同极小多项式.

定理 3.6　设 $\underline{z}$ 是参数为 $(l_1^{(i)},l_2^{(i)},l_3^{(i)})(1\leqslant i\leqslant u)$ 的 u 个三端与门组成的前馈序列, $\underline{z}$ 的极小多项式为 $F_3(x)$ 当且仅当下列四个同余式皆不成立:

(1) $\displaystyle\sum_{i=1}^{u}x^{l_1^{(i)}+l_2^{(i)}+l_3^{(i)}}(x^{l_1^{(i)}}+x^{l_2^{(i)}}+x^{l_3^{(i)}})\equiv 0 \mod f(x)$;

(2) $\displaystyle\sum_{i=1}^{u}x^{l_1^{(i)}+l_2^{(i)}+l_3^{(i)}}(x^{3l_1^{(i)}}+x^{3l_2^{(i)}}+x^{3l_3^{(i)}}+x^{l_1^{(i)}+l_2^{(i)}+l_3^{(i)}})\equiv 0 \mod f(x)$;

(3) $\displaystyle\sum_{i=1}^{u}(x^{2^{1+d}l_1^{(i)}+l_2^{(i)}+l_3^{(i)}}+x^{2^{1+d}l_2^{(i)}+l_1^{(i)}+l_3^{(i)}}+x^{2^{1+d}l_3^{(i)}+l_1^{(i)}+l_2^{(i)}}+x^{2^d(l_1^{(i)}+l_2^{(i)})+2l_3^{(i)}}$

$+\,x^{2^d(l_1^{(i)}+l_3^{(i)})+2l_2^{(i)}}+x^{2^d(l_2^{(i)}+l_3^{(i)})+2l_1^{(i)}})\equiv 0 \bmod f(x), 1\leqslant d\leqslant\left[\dfrac{n}{2}\right]$;

(4) $\displaystyle\sum_{i=1}^{u}\begin{vmatrix}x^{l_1^{(i)}}&x^{2^{d_1}l_1^{(i)}}&x^{2^{d_2}l_1^{(i)}}\\x^{l_2^{(i)}}&x^{2^{d_1}l_2^{(i)}}&x^{2^{d_2}l_2^{(i)}}\\x^{l_3^{(i)}}&x^{2^{d_1}l_3^{(i)}}&x^{2^{d_2}l_3^{(i)}}\end{vmatrix}\equiv 0 \bmod f(x)$.

上述四个同余式是否成立分别决定 $f(x)$, $f_3(x)$, $f_{1+2^d}(x)$, $f_{1+2^{d_1}+2^{d_2}}(x)$ 是否包含在 $F(x)$ 中.

类似于二端和三端与门前馈序列的分析, r 端与门前馈序列的分析仍然利用驱动序列的根表示理论, 经过 r 端与门时, 就相当于对这些根表示连续 r 次作乘法, 那么在前馈序列的根表示式中就出现了重量分别为 $1,2,\cdots,r$ 的根, 然后再分析这些根的系数和与门参数之间的关系, 搞清什么样的参数可使某些根系数为 0, 而什

么样的参数使所有根系数均不为 0, 这时前馈序列的极小多项式 $F(x)$ 达到最大, 即 $F(x)=F_r(x)$.

3.3 非线性组合序列

由上一节知识可知, F_q 上以 n 级 m 序列为驱动序列产生的前馈序列的线性复杂度比原驱动序列的线性复杂度大很多, 但是这些序列的周期只能是 q^n-1 的因子, 不能超过原驱动序列的周期. 为了拓广输出序列周期的取值, 同时提高输出序列的线性复杂度及难预测性, 人们引进了如图 3.6 所示的非线性组合序列模型, 该模型由 n 个互不平移等价的 m 序列作为驱动序列, 利用组合函数 $F(x_1,x_2,\cdots,x_n)$ 对这些驱动序列进行组合, 得到输出序列 $\underline{z}$. 与前馈序列产生器相比, 非线性组合序列产生器中组合函数 $F(x_1,x_2,\cdots,x_n)$ 的输入由一组平移等价的 LFSR 序列改成了彼此独立互不平移等价的 LFSR 序列. 以后称序列 $\underline{z}$ 为非线性组合序列, 本节讨论非线性组合序列的密码学性质, 特别是其周期和线性复杂度特性, 同时研究非线性组合序列与原驱动序列之间的相关性.

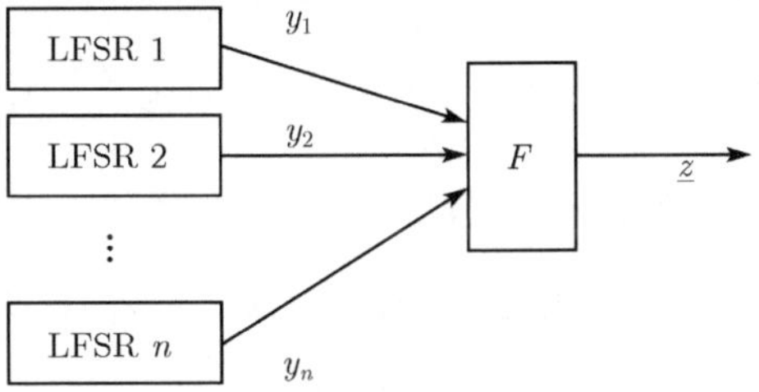

图 3.6 非线性组合序列模型

引理 3.2 设 $\alpha\in F_{q^m}$, $\beta\in F_{q^n}$, $(m,n)=1$, 则 $\mathrm{tr}_1^m(\alpha)\mathrm{tr}_1^n(\beta)=\mathrm{tr}_1^{mn}(\alpha\beta)$, 这里 $\mathrm{tr}_1^k(\cdot)$ 表示从 F_{q^k} 到 F_q 的迹函数.

证明 由于 $\alpha\in F_{q^m}\subseteq F_{q^{mn}}, \beta\in F_{q^n}\subseteq F_{q^{mn}}$, 故 $\alpha\beta\in F_{q^{mn}}$, 于是

$$\mathrm{tr}_1^{mn}(\alpha\beta)=\sum_{i=0}^{mn-1}(\alpha\beta)^{q^i}=\sum_{i=0}^{mn-1}\alpha^{q^i}\beta^{q^i}.$$

注意到 $\alpha^{q^i}=\alpha^{q^{i \bmod m}}, \beta^{q^j}=\beta^{q^{j \bmod n}}$, 而 $(m,n)=1$, 由中国剩余定理

$$\{(i \bmod m, i \bmod n):0\leqslant i\leqslant mn-1\}=\{(j,k)|0\leqslant j\leqslant m-1, 0\leqslant k\leqslant n-1\},$$

故

$$\mathrm{tr}_1^{mn}(\alpha\beta)=\sum_{i=0}^{mn-1}\alpha^{q^i}\beta^{q^i}=\sum_{j=0}^{m-1}\alpha^{q^j}\sum_{k=0}^{n-1}\beta^{q^k}=\left(\sum_{j=0}^{m-1}\alpha^{q^j}\right)\left(\sum_{k=0}^{n-1}\beta^{q^k}\right)=\mathrm{tr}_1^m(\alpha)\mathrm{tr}_1^n(\beta).$$

□

定义 3.5 设 $\alpha \in F_{q^m}$, 若序列 $\{\alpha^{q^i}\}_{i=0}^{\infty}$ 的周期为 m, 则称 α 是 F_{q^m} 中的典范元.

由定义, α 为 F_{q^m} 中典范元当且仅当 α 为 $F_q[x]$ 中某个 m 次不可约多项式的根, 这时

$$F_{q^m}=\{a_0+a_1\alpha+\cdots+a_{m-1}\alpha^{m-1}|a_i\in F_q\}.$$

引理 3.3 设 LFSR1 和 LFSR2 的特征多项式分别为 $m_1(x),m_2(x)\in F_q[x]$, $m_i(x)$ 是次数为 m_i、周期为 T_i 的不可约多项式, $\underline{y}_i\in G(m_i(x)),y_i\neq\underline{0},i=1,2$. 若整数 m_1,m_2 互素, 则

(1) 和序列 $\underline{z}=\underline{y}_1+\underline{y}_2$ 的周期为 $T=[T_1,T_2]$, 线性复杂度为 m_1+m_2;

(2) 积序列 $\underline{z}=\underline{y}_1\underline{y}_2$ 的周期为 $T=[T_1,T_2]$, 线性复杂度为 m_1m_2.

证明 (1) 由序列的分解特性, $\underline{z}=\underline{y}_1+\underline{y}_2$ 的极小多项式为 $m(x)=m_1(x)m_2(x)$, 从而

$$P(\underline{z})=p(m(x))=[p(m_1(x)),\ p(m_2(x))]=[T_1,\ T_2];$$
$$LC(\underline{z})=\deg m(x)=m_1+m_2.$$

(2) 由序列的迹表示:

$$y_{1k}=\mathrm{tr}_1^{m_1}(A\alpha^k),\quad A\in F_{q^{m_1}},A\neq0,\alpha\text{为}F_{q^{m_1}}\text{中典范元},$$

$$y_{2k}=\mathrm{tr}_1^{m_2}(B\beta^k),\quad B\in F_{q^{m_2}},B\neq0,\beta\text{为}F_{q^{m_2}}\text{中典范元},$$

由引理 3.2, $z_k=y_{1k}y_{2k}=\mathrm{tr}_1^{m_1m_2}(AB(\alpha\beta)^k),AB\in F_{q^{m_1m_2}},AB\neq0$. 下证 $\alpha\beta$ 必为 $F_{q^{m_1m_2}}$ 中典范元.

设 $\{(\alpha\beta)^{q^i}\}_{i=0}^{\infty}$ 的周期为 t, 则显然 $t|m_1m_2$. 令 $t=t_1t_2$, 其中 $t_1|m_1,t_2|m_2$. 由于 $(m_1,m_2)=1$, 则 $(t_1,t_2)=1$. 若 $t_1<m_1$ 或 $t_2<m_2$, 则 $(\alpha\beta)^{q^{t_1m_2}}=\alpha^{q^{t_1m_2}}\beta\neq\alpha\beta$ 或 $(\alpha\beta)^{q^{t_2m_1}}=\alpha\beta^{q^{m_1t_2}}\neq\alpha\beta$, 矛盾! 故 $t=m_1m_2$, 从而 $\alpha\beta$ 为 $F_{q^{m_1m_2}}$ 中典范元. 于是积序列的极小多项式必是以 $\alpha\beta$ 为根的 m_1m_2 次不可约多项式, 故积序列的线性复杂度为 m_1m_2, 积序列的周期为 $[T_1,T_2]$. □

定理 3.7 设非零 LFSR 序列 $\underline{y}_i(i=1,2)$ 的极小多项式为 $m_i(x)\in F_q[x],m_i(x)$ 无重根, 其全部根分别在 $F_{q^m}\backslash F_q$ 与 $F_{q^n}\backslash F_q$ 中, $\deg m_1(x)=d_1,\deg m_2(x)=d_2$, 并且当 $q>2$ 时, $m_i(x)$ 的相异根 r,r' 的乘积 $r^{-1}r'\notin F_q$, 则当 $(m,n)=1$ 时, 乘积序列 $\underline{z}=\underline{y}_1\underline{y}_2$ 的极小多项式 $m(x)$ 在 $F_{q^{mn}}\backslash(F_{q^m}\bigcup F_{q^n})$ 中有 d_1d_2 个单根, 从而 $\underline{z}$ 的线性复杂度为 $LC(\underline{z})=d_1d_2$.

证明 由于 $m_i(x)\ (i=1,2)$ 无重根, 则当 $\underline{y}_i\in G(m_i(x))$ 时, $\underline{y}_i$ 有如下迹表示:

$$y_{1k}=\sum_{i=1}^{e}\mathrm{tr}_1^{m_i}(A_i\alpha_i^k),\quad A_i\neq0,\ m_i>1,$$

$$y_{2k}=\sum_{j=1}^{e'}\mathrm{tr}_1^{n_j}(B_j\beta_j^k),\quad B_j\neq 0,n_j>1,$$

其中 α_i 是 F_{q^m} 的子域 $F_{q^{m_i}}$ 中典范元, $m_i|m$, 而 β_j 是 F_{q^n} 的子域 $F_{q^{n_j}}$ 中典范元, $n_j|n$. 由于 $(m,n)=1$, 则对于任意 i,j, $(m_i,\ n_j)=1$, 故 $\alpha_i\beta_j$ 为 $F_{q^{m_in_j}}$ 中典范元. 于是

$$z_k=y_{1k}y_{2k}=\left(\sum_{i=1}^{e}\mathrm{tr}_1^{m_i}(A_i\alpha_i^k)\right)\left(\sum_{j=1}^{e'}\mathrm{tr}_1^{n_j}(B_j\beta_j^k)\right)=\sum_{i=1}^{e}\sum_{j=1}^{e'}\mathrm{tr}_1^{m_in_j}(A_iB_j(\alpha_i\beta_j)^k).$$

首先 $A_iB_j\neq 0$, 这表明和式中各项向 $\underline{z}$ 的极小多项式 $m(x)$ 贡献一个以 $\alpha_i\beta_j$ 为根的 m_in_j 次不可约多项式. 下证 $\alpha_i\beta_j$ 两两互异.

事实上, 若 $\alpha_i\beta_j=\alpha_s\beta_t$, 则 $\alpha_i^{-1}\alpha_s=\beta_j\beta_t^{-1}$, 故 $\alpha_i^{-1}\alpha_s=\beta_j\beta_t^{-1}\in F_{q^m}\bigcap F_{q^n}=F_q$, 于是 $\alpha_i=\alpha_s,\beta_j=\beta_t$. 故 $m(x)$ 中有

$$\sum_{i=1}^{e}\sum_{j=1}^{e'}m_in_j=\left(\sum_{i=1}^{e}m_i\right)\left(\sum_{j=1}^{e'}n_j\right)=d_1d_2$$

个单根, 且这些根属于 $F_{q^{mn}}\backslash(F_{q^m}\bigcup F_{q^n})$, 从而乘积序列的线性复杂度为 $LC(\underline{z})=d_1d_2$. □

定理 3.7 的结果可以推广到如下更加一般的情形.

定理 3.8 设非零 LFSR 序列 $\underline{y}_i(i=1,2,\cdots,N)$ 的极小多项式为 $m_i(x)\in F_q[x],m_i(x)$ 无重根, $m_i(x)$ 的根全部在 $F_{q^{n_i}}\backslash F_q$ 中, $\deg m_i(x)=m_i$, 当 $q>2$ 时, $m_i(x)$ 相异两根 r,r' 的乘积 $r^{-1}r'\notin F_q$, 那么当 $(n_i,n_j)=1(i\neq j)$ 时, 乘积序列 $\underline{z}=\underline{y}_1\underline{y}_2\cdots\underline{y}_N$ 的极小多项式 $m_z(x)$ 在 $F_{q^{n_1n_2\cdots n_N}}\backslash\left\{\bigcup_{k=1}^{N}F_{q^{n_1\cdots n_{k-1}n_{k+1}\cdots n_N}}\right\}$ 中有 $\prod_{i=1}^{N}m_i$ 个单根, 故 $\underline{z}$ 的线性复杂度为 $\prod_{i=1}^{N}m_i$.

定理 3.9 设非零 LFSR 序列 $\underline{y}_i(i=1,2,\cdots,N)$ 的极小多项式为 $m_i(x)\in F_q[x],m_i(x)$ 无重根, $m_i(x)$ 的根全部在 $F_{q^{n_i}}\backslash F_q$ 中, $\deg m_i(x)=m_i$, 并且当 $q>2$ 时, $m_i(x)$ 相异两根 r,r' 的乘积 $r^{-1}r'\notin F_q$, $F(x_1,x_2,\cdots,x_n)=\sum a_ix_i+\sum a_{ij}x_ix_j+\cdots+a_{12\cdots N}x_1\cdots x_N$, 那么当 $(n_i,n_j)=1(i\neq j)$ 时, 组合序列 $\underline{z}=F(\underline{y}_1,\underline{y}_2,\cdots,\underline{y}_N)$ 的极小多项式 $m_{\underline{z}}(x)$ 的次数为 $M=F_1(m_1,m_2,\cdots,m_N)$. 这里 F_1 表示将 F 中全体非零系数用 1 替换后得到的函数.

证明 由定理 3.8, 若 $a_{i_1i_2\cdots i_s}\neq 0$, 则 $\underline{z}_{i_1i_2\cdots i_s}=a_{i_1i_2\cdots i_s}\underline{y}_{i_1}\underline{y}_{i_2}\cdots\underline{y}_{i_s}$ 的极小多项式 $m_{i_1i_2\cdots i_s}(x)$ 在 $F_{q^{n_{i_1}n_{i_2}\cdots n_{i_s}}}\Big\backslash\left\{\bigcup_{k=1}^{s}F_{q^{n_{i_1}\cdots n_{i_{k-1}}n_{i_{k+1}}\cdots n_{i_s}}}\right\}$ 中有 $\prod_{k=1}^{s}m_{i_k}$ 个

单根, 所以 $LC(\underline{z}_{i_1 i_2 \cdots i_s}) = \prod_{k=1}^{s} m_{i_k}$. 于是, 若 $\{i_1, i_2, \cdots, i_s\} \neq \{j_1, j_2, \cdots, j_t\}$, 则由 $(n_i, n_j) = 1(i \neq j)$ 知, $(m_{i_1 i_2 \cdots i_s}(x), m_{j_1 j_2 \cdots j_t}(x)) = 1$, 从而

$$m_{\underline{z}}(x) = \prod_{\substack{i_1 i_2 \cdots i_s \\ a_{i_1 i_2 \cdots i_s} \neq 0}} m_{i_1 i_2 \cdots i_s}(x),$$

进一步

$$LC(\underline{z}) = \deg m_{\underline{z}}(x) = F_1(m_1, m_2, \cdots, m_N).$$ □

有意思的是, 1987 年 Ruppel 和 Staffelbach 去掉了定理 3.7 中 n_i 彼此互素的条件.

定理 3.10　设 $\underline{z}$ 是 F_q 上非零 LFSR 序列的乘积序列, 即 $\underline{z} = \underline{y}_1 \underline{y}_2$, 其中 $\underline{y}_1$ 的周期为 T_1, 极小多项式 $m_1(x)$ 无重根, $\deg m_1(x) = m$, $\underline{y}_2$ 的周期为 T_2, 极小多项式 $m_2(x)$ 在 $F_q[x]$ 中不可约, $\deg m_2(x) = n$, 记 $t = T_2/(T_1, T_2)$, 若 n 是 q 模 t 的乘法阶即 $n = \min\{k \in \mathrm{N} : q^k \equiv 1 \bmod t\}$, 则序列 $\underline{z}$ 的线性复杂度为 $LC(\underline{z}) = mn$.

证明　设 $m_1(x)$ 的根为 $\alpha_1, \alpha_2, \cdots, \alpha_m$, $m_2(x)$ 的根为 $\beta_1, \beta_2, \cdots, \beta_n$, 则 $\beta_i = \beta_1^{q^{i-1}}, i = 2, \cdots, n$. 由序列的根表示理论知只需证 $\alpha_i \beta_j, 1 \leqslant i \leqslant m, 1 \leqslant j \leqslant n$ 两两不同. 设 $\alpha_i \beta_j = \alpha_u \beta_v$, 则

$$\begin{aligned}(\alpha_i \beta_j)^{T_1} = (\alpha_u \beta_v)^{T_1} &\Rightarrow \beta_j^{T_1} = \beta_v^{T_1} \Rightarrow \beta_1^{q^{j-1} T_1} = \beta_1^{q^{v-1} T_1} \\ &\Rightarrow (q^{j-1} - q^{v-1}) T_1 \equiv 0 \bmod T_2 \\ &\Rightarrow q^{j-v} \equiv 1 \bmod t \Rightarrow j \equiv v \bmod n \Rightarrow j = v \Rightarrow i = u.\end{aligned}$$

所以 $\alpha_i \beta_j, 1 \leqslant i \leqslant m, 1 \leqslant j \leqslant n$ 两两不同, 即证 $LC(\underline{z}) = mn$. □

下面分析非线性组合序列与原驱动序列之间的相关性. 如果某个驱动序列 $\underline{y}_i$ 与输出序列 $\underline{z}$ 的信号符合率等于 $\dfrac{1}{2} + \varepsilon(\varepsilon \neq 0)$, 就称 $\underline{y}_i$ 与 $\underline{z}$ 是统计相关的, 这是驱动序列 $\underline{y}_i$ 的信息在输出序列 $\underline{z}$ 中一种泄漏 (熵漏). 利用这种统计相关性对非线性组合生成器实施的攻击叫做 “相关攻击”.

Geffe 序列是一类非常重要的非线性组合序列, 但是由于 Geffe 序列与原驱动序列之间存在较大的相关性, 导致 Geffe 序列生成器对 “相关攻击” 是不免疫的. 图 3.7 是 Geffe 序列生成器模型: 三个 LFSR 分别产生三条 m 序列 $\underline{a}$, $\underline{b}$ 和 $\underline{c}$, 然后由非线性组合函数 $F(x_1, x_2, x_3) = x_1 x_2 + x_2 x_3 + x_3$ 进行组合产生输出序列 $\underline{z}$.

定理 3.11　设 $\underline{a}, \underline{b}, \underline{c}$ 分别是级数为 r, s, t 的 m 序列, 且 r, s, t 两两互素, 则 Geffe 序列的周期为 $p(\underline{z}) = (2^s - 1)(2^r - 1)(2^t - 1)$, 线性复杂度为 $L(\underline{z}) = (r + t)s + t$.

证明　由于 $z_k = a_k b_k + c_k \bar{b}_k$, 并且 r, s, t 两两互素, 由根表示理论知, Geffe 序列的周期为

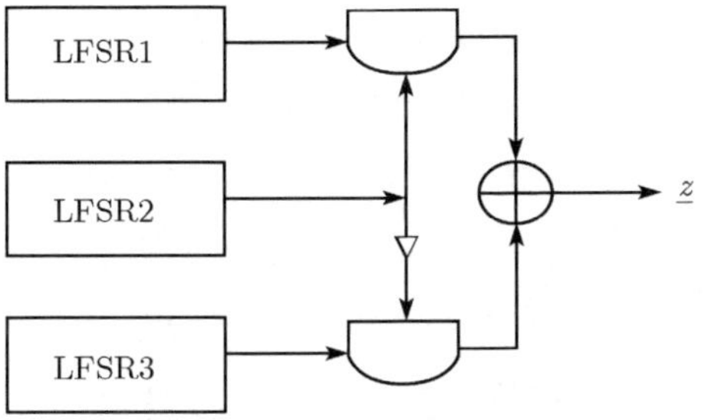

图 3.7 Geffe 序列生成器模型

$$p(\underline{z}) = (2^s - 1)(2^r - 1)(2^t - 1),$$

再根据定理 3.9, Geffe 序列的线性复杂度为 $LC(\underline{z}) = (r + t)s + t$. □

1986 年, 曾肯成教授发现了 Geffe 序列的致命弱点: Geffe 序列与驱动序列之间信号符合率远大于 $\frac{1}{2}$. 下面给出 Geffe 序列一个攻破实例.

例 3.6 设 Geffe 序列生成器中三个 m 序列 $\underline{a}, \underline{b}, \underline{c}$ 的极小多项式分别为 $f(x) = 1 + x^3 + x^{20}$, $g(x) = 1 + x^4 + x^{39}$ 和 $h(x) = 1 + x^3 + x^{17}$, 则生成的 Geffe 序列 $\underline{z}$ 的周期和线性复杂度分别为

$$p(\underline{z}) = (2^{20} - 1)(2^{39} - 1)(2^{17} - 1) \approx 7.5 \times 10^{22},$$

$$LC(\underline{z}) = (20 + 17) \times 39 + 17 = 1460.$$

破译 Geffe 序列产生器就是利用序列 $\underline{z}$ 的一个相对短的截断有效地复原 $\underline{a}, \underline{b}, \underline{c}$, 即确定三个 LFSR 的相应初态.

由 Geffe 序列的非线性组合函数为 $F(x_1, x_2, x_3) = x_1x_2 + x_2x_3 + x_3$ 知, 序列 $\underline{a}$ 或 $\underline{c}$ 与 $\underline{z}$ 的信号符合率是

$$P\{a_j = z_j\} = P\{c_j = z_j\} = \frac{3}{4} = \frac{1}{2} + 0.25,$$

称 $\varepsilon = 0.25$ 为 $\underline{a}$ 或 $\underline{c}$ 与 $\underline{z}$ 的信号符合优势, 表示 $\underline{a}$ 或 $\underline{c}$ 在 $\underline{z}$ 中熵漏. 取 $\overline{a}_j = z_j$ 作为对 a_j 的首次估计, 则其正确率为 75%, 然后反复使用如下方法纠正 $\overline{a}_j$ 中与 a_j 不相符的比特. 注意到 $\underline{a} \in G(f(x))$, 于是有 $\underline{a} \in G(f(x)^2)$ 和 $\underline{a} \in G(f(x)^4)$, 故将 $f(x), f^2(x), f^4(x)$ 分别作用于 $\overline{a}_j = z_j$, 得到如下一组线性校验数 $\Delta_r^j \in \{0,\ 1\}$:

$$\begin{cases} z_j + z_{j+3} + z_{j+20} = \Delta_1^{(j)}, \\ z_{j-3} + z_j + z_{j+17} = \Delta_2^{(j)}, \\ z_{j-20} + z_{j-17} + z_j = \Delta_3^{(j)}, \end{cases}$$

$$\begin{cases} z_j + z_{j+6} + z_{j+40} = \Delta_4^{(j)}, \\ z_{j-6} + z_j + z_{j+34} = \Delta_5^{(j)}, \\ z_{j-40} + z_{j-34} + z_j = \Delta_6^{(j)}, \end{cases}$$

$$\begin{cases} z_j + z_{j+12} + z_{j+80} = \Delta_7^{(j)}, \\ z_{j-12} + z_j + z_{j+68} = \Delta_8^{(j)}, \\ z_{j-80} + z_{j-68} + z_j = \Delta_9^{(j)}, \end{cases}$$

其中每个校验方程中必须含 z_j.

由于对每个 $r(1 \leqslant r \leqslant 9)$,

$$P_r\{\Delta_r^{(j)} = 0|z_j = a_j\} = P_r\{\Delta_r^{(j)} = 1|z_j \neq a_j\} = \left(\frac{3}{4}\right)^2 + \left(\frac{1}{4}\right)^2 = \frac{5}{8},$$

利用 $\underline{z}$ 的足够长截段, 对其中每个可能的角标 j 构造线性校验数 $\Delta_r^j(1 \leqslant r \leqslant 2m+1)$, 按照择多判决校正的方法, 校验 z_j 如下：若 $\Delta_r^j(1 \leqslant r \leqslant 2m+1)$ 中多数为 0, 则 $z_j' = z_j$, 否则 $z_j' = z_j + 1$.

定理 3.12　设序列 $\underline{z}$ 与序列 $\underline{a}$ 之间的信号符合率与信号差错率分别为 $t_0 = \dfrac{1}{2} + \varepsilon, s_0 = \dfrac{1}{2} - \varepsilon, \varepsilon \neq 0$. 令 $p = 2t_0s_0, u = p(1-p)$, 则利用 $2m+1$ 个线性校验数对 $\underline{z}$ 施行择多判决校正后所得序列 $\underline{z}'$ 与 $\underline{a}$ 的信号差错率为

$$s_1 = p - (1-2p)\sum_{k=0}^{m-1} C_{2k+1}^k u^{k+1}.$$

证明　注意到对任意 $1 \leqslant r \leqslant 2m+1$, 任意 $j \geqslant 0$, 有

$$P\{\Delta_r^{(j)} = 0|z_j = a_j\} = P\{\Delta_r^{(j)} = 1|z_j \neq a_j\} = (t_0)^2 + (s_0)^2 = 1-p,$$

$$P\{\Delta_r^{(j)} = 1|z_j = a_j\} = P\{\Delta_r^{(j)} = 0|z_j \neq a_j\} = 2t_0s_0 = p,$$

于是

$$\begin{aligned} s_1 &= P\{z_j' \neq a_j\} \\ &= P\{\Delta_r^{(j)}\text{中多数为}1|z_j = a_j\}P\{z_j = a_j\} \\ &\quad + P\{\Delta_r^{(j)}\text{中多数为}0|z_j \neq a_j\}P\{z_j \neq a_j\} \\ &= \left(\frac{1}{2}+\varepsilon\right)\sum_{k=0}^{m} C_{2m+1}^k (1-p)^k p^{2m+1-k} + \left(\frac{1}{2}-\varepsilon\right)\sum_{k=0}^{m} C_{2m+1}^k (1-p)^k p^{2m+1-k} \\ &= \sum_{k=0}^{m} C_{2m+1}^k (1-p)^k p^{2m+1-k}. \end{aligned}$$

下面只需要证明

$$\sum_{k=0}^{m} C_{2m+1}^{k}(1-p)^{k}p^{2m+1-k} = p-(1-2p)\sum_{k=0}^{m-1} C_{2k+1}^{k}u^{k+1}.$$

事实上, 设 $s_{1,m}=\sum\limits_{k=0}^{m} C_{2m+1}^{k}(1-p)^{k}p^{2m+1-k}$, 则

$$\begin{aligned}
&s_{1,m-1}-s_{1,m}\\
&=\sum_{k=0}^{m-1} C_{2m-1}^{k}(1-p)^{k}p^{2m-1-k}-\sum_{k=0}^{m} C_{2m+1}^{k}(1-p)^{k}p^{2m+1-k}\\
&=\sum_{k=0}^{m-1} C_{2m-1}^{k}(1-p)^{k}p^{2m-1-k}-\sum_{k=0}^{m} (C_{2m-1}^{k}+2C_{2m-1}^{k-1}+C_{2m-1}^{k-2})(1-p)^{k}p^{2m+1-k}\\
&=\sum_{k=0}^{m-1} C_{2m-1}^{k}(1-p)^{k}p^{2m-1-k}-\sum_{k=0}^{m} C_{2m-1}^{k}(1-p)^{k}p^{2m+1-k}\\
&\quad-2\sum_{k=0}^{m-1} C_{2m-1}^{k}(1-p)^{k+1}p^{2m-k}-\sum_{k=0}^{m-2} C_{2m-1}^{k}(1-p)^{k+2}p^{2m-1-k}\\
&=\sum_{k=0}^{m-1} C_{2m-1}^{k}(1-p)^{k}p^{2m-1-k}(1-p^{2}-2(1-p)p-(1-p)^{2})\\
&\quad+C_{2m-1}^{m-1}(1-p)^{m+1}p^{m}-C_{2m-1}^{m}(1-p)^{m}p^{m+1}\\
&=C_{2m-1}^{m-1}(1-p)^{m}p^{m}(1-2p)=(1-2p)C_{2m-1}^{m-1}u^{m},
\end{aligned}$$

所以

$$\begin{aligned}
s_1=s_{1,m}&=s_{1,m-1}-(1-2p)C_{2m-1}^{m-1}u^{m}\\
&=s_{1,m-2}-(1-2p)C_{2m-3}^{m-2}u^{m-1}-(1-2p)C_{2m-1}^{m-1}u^{m}\\
&\cdots\cdots\cdots\\
&=s_{1,0}-(1-2p)\sum_{k=0}^{m-1} C_{2k+1}^{k}u^{k+1}\\
&=p-(1-2p)\sum_{k=0}^{m-1} C_{2k+1}^{k}u^{k+1}.
\end{aligned}$$

□

根据定理 3.12, 在例 3.6 中, 取 $m=4$, 则利用 9 个线性校验数对 $\underline{z}$ 施行择多判决校正后所得序列 $\underline{z}'$ 与 $\underline{a}$ 的信号差错率为 $s_1=p-(1-2p)(u+3u^2+10u^3+35u^4)=0.216618016$, 反复进行上述校正, 第四次校正后所得估值序列与 $\underline{a}$ 的差错率为 $s_4=0.001343132$, 进一步 $s_5<10^{-9}$.

为了衡量非线性组合序列抗相关攻击的能力, 1984 年, Siegenthaler 提出了组合函数相关免疫的概念.

定义 3.6　设 $x_1, x_2, \cdots, x_n$ 是 n 个彼此独立对称的二元随机变量, $z = f(x_1, x_2, \cdots, x_n)$ 是一个 n 元布尔函数, 若 z 与 $x_1, \cdots, x_n$ 中任意 m 个随机变量 $x_{i_1}, \cdots, x_{i_m}$ 统计独立, 则称 $z = f(x_1, x_2, \cdots, x_n)$ 是 m 阶相关免疫的.

定理 3.13　设 $z = f(x_1, x_2, \cdots, x_n)$ 是 n 个彼此独立对称的二元随机变量的布尔函数, 则

$f(x_1, x_2, \cdots, x_n)$是 m 阶相关免疫函数

$\Leftrightarrow I(z, x_{i_1}, \cdots, x_{i_m}) = 0, \forall 1 \leqslant i_1 < i_2 < \cdots < i_m \leqslant n$

$\Leftrightarrow z$ 与线性和 $\sum\limits_{j=1}^{m} \lambda_j x_{i_j} (\lambda_j \in \{0,1\}, \lambda_j$ 不全为零)统计独立

$\Leftrightarrow f(x)$ 的 Walsh 谱 $W_f(w) = \sum\limits_{x \in F_{2^n}} (-1)^{f(x)+w\cdot x} = 0, \forall w \in F_2^n, 1 \leqslant wt(w) \leqslant m$, 其中 $wt(w)$ 表示 w 的 Hamming 重量, 即 w 的分量中 1 的个数.

3.4　钟 控 序 列

钟控序列的产生最早可追溯到 1980 年 Jennings 的博士论文和 Kjeadson 的文章, 但在他们的文章中并没有明确提出 "钟控序列" 的概念. 直到 1984 年欧洲密码会议上, Beth 和 Piper 才首次提出 "钟控" 的概念 [14], 从此钟控序列的研究便成为 20 世纪 80 年代密码界的热门课题.

钟控序列最基本的模型是用一个或者多个线性移位寄存器的输出来控制同一个或另一个线性移位寄存器的移位时钟脉冲, 使之产生输出. 本节首先介绍五类基本的钟控序列模型, 然后分别对一类互钟控序列和一类自钟控序列的密码学性质展开研究.

• Jennings 生成器

Jennings 生成器由两个长度分别为 l 和 n 的 LFSR 组成 (见图 3.8), 该生成器按下列方式产生 t 时刻的输出 c_t, $t \geqslant 0$.

取定一个正整数 $h(h \leqslant \min\{l, \lfloor \log_2 n \rfloor\})$ 和 LFSR1 的一组抽头：$0 \leqslant i_0 < i_1 < \cdots < i_{h-1} \leqslant l-1$, 对 $\forall t \geqslant 0$, 令 $u(t) = a_{t+i_0} + a_{t+i_1}2 + \cdots + a_{t+i_{h-1}}2^{h-1}$, 并作映射

$$\theta : \{0, 1, \cdots, 2^h - 1\} \to \{0, 1, 2, \cdots, n-1\},$$

$$u(t) \to \theta(u(t)) = s_{0,t} + s_{1,t}2 + \cdots + s_{k-1,t}2^{k-1},$$

其中 $k = \lfloor \log_2 n \rfloor$.

置 $c_t = b_{t+\theta(u(t))}$, $t \geqslant 0$, 则称 $\underline{c} = \{c_t\}_{t\geqslant 0}$ 为 Jennings 序列. Jennings 在其博士论文中证明了 Jennings 序列具有如下性质:

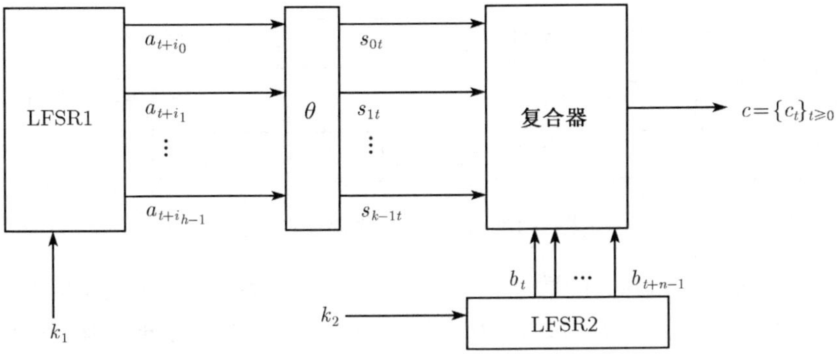

图 3.8 Jennings 生成器模型

(1) 当 $(l,n)=1$ 时, $p(\underline{c})=(2^l-1)(2^n-1)$, $LC(\underline{c}) \leqslant n\left(1+\sum_{i=1}^{h} C_n^i\right)$;

(2) 当 $(l,n)=1$, 并且抽头间距相同时, $LC(\underline{c}) = n\left(1+\sum_{i=1}^{h} C_n^i\right)$.

• Stop-and-Go 生成器

1984 年, Beth 和 Piper 提出了如图 3.9 所示 Stop-and-Go 生成器 [14], 它由两个长度分别为 n_1, n_2 的 LFSR 组成, 其中 LFSR2 的移位脉冲受到 LFSR1 的输出的控制. 设 $\underline{a} = \{a_t\}_{t\geqslant 0}$ 和 $\underline{b} = \{b_t\}_{t\geqslant 0}$ 分别为 LFSR1 和 LFSR2 产生的 m 序列, 输出序列 $\underline{c} = \{c_t\}_{t\geqslant 0}$ 定义如下:

$$c_t = b_{w(t)}, \quad t \geqslant 0, \quad \text{其中 } w(0)=0, \quad w(t)=\sum_{i=0}^{t-1} a_i, t \geqslant 1$$

即当 $a_{t-1}=1$ 时, LFSR2 的输出才发生改变, 否则输出与上一时刻相同. Beth 和 Piper 证明了当 $n_1 | n_2$ 时, Stop-and-Go 序列的周期为 $T=(2^{n_1}-1)(2^{n_2}-1)$[14].

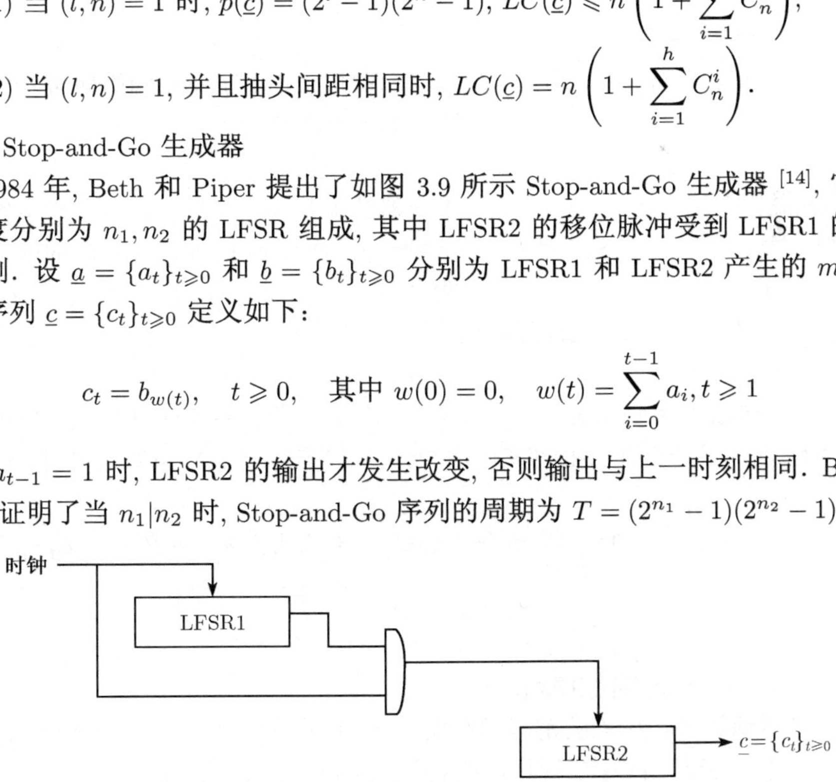

图 3.9 Stop-and-Go 生成器模型

•KM$\overline{\text{M}}$ 生成器

1987 年, Gunther 在欧洲密码年会上提出了如图 3.10 所示的 KM$\overline{\text{M}}$ 生成器 [15]:

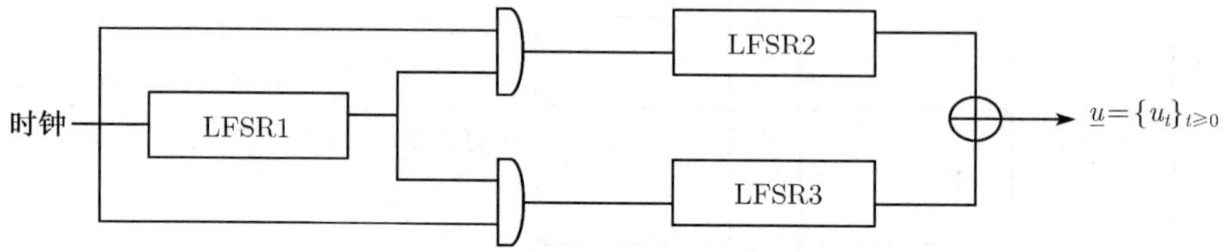

图 3.10 KM$\overline{\text{M}}$ 生成器模型

该生成器通过二元开关函数 $f(x_1,x_2)=x_1+x_2$, 将两个 Stop-and-Go 序列进行组合, 具体定义如下: 设 LFSR1, LFSR2 和 LFSR3 产生的序列分别为 $\underline{a}=\{a_t\}_{t\geqslant 0}$, $\underline{b}=\{b_t\}_{t\geqslant 0}$, $\underline{c}=\{c_t\}_{t\geqslant 0}$, 且 LFSR2 和 LFSR3 的反馈多项式为互反多项式, 令 $w(t)=\sum_{i=0}^{t-1}a_i$, $w'(t)=t-w(t)$, 则输出序列 $\underline{u}=\{u_t\}_{t\geqslant 0}$ 定义如下: $u_t=b_{w(t)}\oplus c_{w'(t)}$, 称序列 $\underline{u}$ 为 KM$\overline{\text{M}}$ 序列.

Gunther 证明了当 $\underline{a},\underline{b},\underline{c}$ 均为 n 级 m 序列时, KM$\overline{\text{M}}$ 序列 $\underline{u}$ 的周期为 $(2^n-1)^2$, 线性复杂度为 $n(2^n-1)$, 并且 $\underline{u}$ 中 0 和 1 的个数相差 1[15].

• Gollmann 序列

Gollmann 生成器是 Stop-and-Go 生成器的加强, 它由 L 个具有同级本原多项式的 LFSR 构成, 并且 LFSRi 的移位时钟脉冲同时受到 LFSR$j(j<i)$ 的输出序列的控制, 控制方法与 Stop-and-Go 生成器相同, Gollmann 证明了在一定条件下, 输出序列的周期为 $(2^n-1)^l$, 线性复杂度为 $\geqslant n(2^n-1)^{l-1}$.

• Rueppel 序列

在 1987 年欧洲密码年会上, Rueppel 提出了一类自钟控序列模型. 自钟控序列的基本特点是用一个 LFSR 的输出序列来控制它本身的移位时钟脉冲, 使之产生输出序列.

设 $\underline{a}=\{a_t\}_{t\geqslant 0}$ 为一个 n 级 m 序列, $d,k\geqslant 1$ 为正整数, 定义 $c_t=a_{f(t)}$ 其中

$$f(0)=0, f(t+1)=\begin{cases} f(t)+d, & \text{若 } a_{f(t)}=0, \\ f(t)+k, & \text{若 } a_{f(t)}=1. \end{cases}$$

称 $\underline{c}=\{c_t\}_{t\geqslant 0}$ 为 $[d,\ k]$ 自控序列.

下面讨论两类钟控序列的密码学性质, 一类是互钟控序列, 可以看作 Stop-and-Go 的推广, 另一类是自钟控序列, 可以看作 Rueppel 序列的推广.

定义 3.7 设 $\underline{a}=a_0a_1a_2\cdots$ 为 n 级 m 序列, $\underline{b}=b_0b_1b_2\cdots$ 为 m 级 m 序列, $g(x_1,x_2,\cdots,x_m)$ 为 m 元布尔函数, $d,k\geqslant 1$, 令 $u_0=a_0$, $u_t=a_{s(t)}$, $t\geqslant 1$, 其中

$$s(t)=\sum_{i=0}^{t-1}[(1-g(b_i,b_{i+1},\cdots,b_{i+m-1}))d+g(b_i,b_{i+1},\cdots,b_{i+m-1})k],$$

称 $\underline{u}=u_0u_1u_2\cdots$ 为 $\mathrm{LSR}_g[d,k]$ 互钟控序列.

引理 3.4 设 $f(x)\in F_2[x]$ 为 n 次不可约多项式, α 是 $f(x)$ 的一个根, $\underline{a}\in G(f(x))$, $\underline{a}\neq\underline{0}$, 则 $(L^i\underline{a})^{(s)}\in G(f^{(s)}(x))$, 这里 $f^{(s)}(x)$ 为 α^s 的极小多项式.

引理 3.4 是采样定理 (定理 2.11) 的一个直接推论.

引理 3.5 在 $\mathrm{LSR}_g[d,k]$ 互钟控序列模型中, 下标函数 $s(t)$ 满足: $s(nT_b+t)=ns(T_b)+s(t)$, 其中 $T_b=2^m-1$.

证明 注意到 $p(\underline{b})=2^m-1=T_b$ 即知本引理成立. □

定理 3.14 令 $s=s(T_b)\not\equiv 0 \mod 2^n-1$, $f(x)$ 是 n 级 m 序列 $\underline{a}$ 的极小多项式, α 为 $f(x)$ 的一个根, $f^{(s)}(x)$ 为 α^s 的极小多项式, $f_*(x)$ 为 $\mathrm{LSR}_g[d,k]$ 互钟控序列的极小多项式, 则 $f_*(x)|f^{(s)}(x^{T_b})$.

证明 由于 $\underline{a}$ 为 n 级 m 序列, $\underline{a}\in G(f(x))$, 则对 $i\geqslant 0$, $L^i\underline{a}\in G(f(x))$, 故 $(L^i\underline{a})^{(s)}\in G(f^{(s)}(x))$, 于是

$$\sum_{t=0}^{\infty}a_{ts+i}x^t=\frac{h_{s,i}(x)}{f^{(s)}(x)},\quad i=0,1,2,\cdots,$$

这里 $h_{s,i}(x)\in F_2[x]$, $\deg h_{s,i}(x)<\deg \overline{f^{(s)}(x)}$.

令 $u(x)=\sum_{t=0}^{\infty}u_tx^t$, 则

$$\begin{aligned}\overline{f^{(s)}(x^{T_b})}u(x)&=\overline{f^{(s)}(x^{T_b})}\sum_{t=0}^{\infty}a_{s(t)}x^t\\&=\overline{f^{(s)}(x^{T_b})}\sum_{t=0}^{\infty}\sum_{n=0}^{T_b-1}a_{ts+s(n)}x^{n+tT_b}\\&=\overline{f^{(s)}(x^{T_b})}\sum_{n=0}^{T_b-1}x^n\sum_{t=0}^{\infty}a_{ts+s(n)}x^{tT_b}\\&=\sum_{n=0}^{T_b-1}x^n\overline{f^{(s)}(x^{T_b})}\sum_{t=0}^{\infty}a_{ts+s(n)}(x^{T_b})^t\\&=\sum_{n=0}^{T_b-1}x^nh_{s,s(n)}(x^{T_b})\triangleq h(x).\end{aligned}$$

由于 $h_{s,s(n)}(x^{T_b})\in F_2[x]$, 故 $h(x)\in F_2[x]$. 又由于

$$\deg h(x)\leqslant(T_b-1)+T_b(\deg\overline{f^{(s)}(x)}-1)<T_b\deg\overline{f^{(s)}(x)}=\deg\overline{f^{(s)}(x^{T_b})},$$

故 $u(x) = \dfrac{h(x)}{f^{(s)}(x^{T_b})}$ 为有理真分式, 于是 $f_*(x)|f^{(s)}(x^{T_b})$. □

推论 3.3 设 $\underline{u} = u_0u_1u_2\cdots$ 为 $\mathrm{LSR}_g[d,k]$ 互钟控序列, 则

$$p(\underline{u}) \leqslant (2^n-1)(2^m-1), \quad LC(\underline{u}) \leqslant n(2^m-1).$$

证明 $p(\underline{u}) = p(f_*(x)) \leqslant p(f^{(s)}(x^{T_b})) \leqslant \dfrac{T_aT_b}{(s,T_a)} \leqslant (2^n-1)(2^m-1),$

$$LC(\underline{u}) = \deg(f_*(x)) \leqslant \deg f^{(s)}(x^{T_b}) \leqslant n(2^m-1).$$ □

定理 3.15 设 $\underline{a}$ 和 $\underline{b}$ 均为 n 级 m 序列, $d,k \geqslant 1$, $g(x_1,x_2,\cdots,x_n)$ 为 n 元布尔函数, 记 $\underline{b}$ 关于滤波函数 $g(x_1,x_2,\cdots,x_n)$ 的前馈序列前 T_b 位中 "1" 的个数为 N, 则 $\mathrm{LSR}_g[d,k]$ 互钟控序列 $\underline{u}$ 达到最大周期与最大线性复杂度的充分必要条件是 $(N,2^n-1)=(k-d,2^n-1)=1$.

证明 充分性. 由于 $(N,\ 2^n-1)=(k-d,\ 2^n-1)=1$, 并注意到

$$s = s(T_b) = (2^n-1-N)d + Nk = (2^n-1)d + N(k-d),$$

故 $(s,2^n-1)=1$, 于是 $f^{(s)}(x)$ 为 n 次本原多项式. 下证 $f^{(s)}(x^{2^n-1})$ 为不可约多项式.

设 α 为 $f^{(s)}(x)=0$ 的一个根, $\beta^{2^n-1}=\alpha$, 则 β 为 $f^{(s)}(x^{2^n-1})=0$ 的一个根. 设 $\mathrm{ord}(\beta)=t$, 则由 $\alpha^t=\beta^{t(2^n-1)}=1$ 且 α 为本原元知 $(2^n-1)|t$, 从而

$$t=(2^n-1)\cdot\mathrm{ord}(\alpha)=(2^n-1)^2.$$

设 $2^d \equiv 1 \bmod (2^n-1)^2$, 于是 $(2^n-1)^2|(2^d-1)$, 所以 $n|d$, 进一步可以求出 $d=(2^n-1)\cdot n$, 所以 β 的极小多项式次数为 $d=n(2^n-1)=\deg f^{(s)}(x^{2^n-1})$, 因此 β 的极小多项式就是 $f^{(s)}(x^{2^n-1})$. 所以 $f^{(s)}(x^{2^n-1})$ 为不可约多项式, 从而 $f_*(x)=f^{(s)}(x^{2^n-1})$, 于是 $P(\underline{u})=(2^n-1)^2$, $LC(\underline{u})=n(2^n-1)$.

必要性. 若 $(N,\ 2^n-1)\neq 1$, 或者 $(k-d,\ 2^n-1)\neq 1$, 则 $(s,2^n-1)\neq 1$, 于是

$$p(f^{(s)}(x^{2^n-1})) \leqslant \frac{(2^n-1)^2}{(s,2^n-1)} < (2^n-1)^2.$$

故 $p(\underline{u}) < (2^n-1)^2$ 矛盾! □

例 3.7 在 $\mathrm{LSR}_g[d,k]$ 互钟控序列模型中, 取 $n=m=2, \underline{a}=\underline{b}=110,110,110,\cdots, g(x_1,x_2)=x_1x_2, d=1, k=2$, 则 $\mathrm{LSR}_g[d,k]$ 互钟控序列为

$$\underline{u} = 101111010, 101111010, \cdots.$$

这时 $p(\underline{u})=9=(2^2-1)^2$, 由 B-M 算法求得 $\underline{u}$ 的极小多项式为 $f_*(x)=x^6+x^3+1$, 于是 $LC(\underline{u})=6=2(2^2-1)$.

推论 3.4 在定理 3.15 的条件下, 若 $(k-d,\ 2^n-1)=1$, 则在 2^{2^n-1} 个前馈函数中恰有 $\sum\limits_{(r,2^n-1)=1}\begin{pmatrix}2^n-1\\r\end{pmatrix}$ 个函数, 使得相应的 $\mathrm{LSR}_g[d,k]$ 互控序列达到最大周期与最大线性复杂度.

推论 3.5 若 2^n-1 为素数, 则仅当 $g(x_1,x_2,\cdots,x_n)\equiv 0$ 和 $g(x_1,x_2,\cdots,x_n)\equiv 1$ 时, $\mathrm{LSR}_g[d,k]$ 互控序列不能达到周期与线性复杂度的最大值.

推论 3.6 当 $(k-d,\ 2^n-1)=1$, $g(x_1,x_2,\cdots,x_n)\equiv x_1x_2\cdots x_r$ 或 $1+x_1x_2\cdots x_r(r\leqslant n)$ 时,

$$p(\underline{u})=(2^n-1)^2,\quad LC(\underline{u})=n(2^n-1).$$

推论 3.7 当 $(k-d,\ 2^n-1)=1$, $g(x_1,x_2,\cdots,x_n)=g_1(x_i,x_j)$ 只依赖于两个变元 x_i 和 $x_j(i\neq j)$ 时, 当 $2\nmid n$ 时, 除常值函数外, $\mathrm{LSR}_g[d,k]$ 互控序列均可达到最大周期与最大线性复杂度. 当 $2|n$ 时, 仅当 $g(x_1,x_2,\cdots,x_n)=1+x_i+x_j+x_ix_j$ 和 $x_i+x_j+x_ix_j$ 以及常值函数时, $\mathrm{LSR}_g[d,k]$ 互控序列不能达到最大周期与最大线性复杂度.

推论 3.4～ 推论 3.7 都可以由定理 3.15 推出, 这里只证明推论 3.7, 其余留作习题.

推论 3.7 的证明 设 $wt(g_1(x_i,x_j))=r$, 则 $0\leqslant r\leqslant 4$, 且有

$$N=\begin{cases}r\cdot 2^{n-2}, & 若\ \ g_1(0,0)=0,\\ r\cdot 2^{n-2}-1, & 若\ \ g_1(0,0)=1;\end{cases}$$

显然, 当 $r=0$ 或 4 即 g 为常值函数时, $\mathrm{LSR}_g[d,k]$ 互钟控序列不能达到最大周期与最大线性复杂度. 以下考虑 $1\leqslant r\leqslant 3$.

若 $g_1(0,0)=0$, 则

$$(N,2^n-1)\neq 1\Leftrightarrow 1\neq r|(2^n-1)\Leftrightarrow r=3,2|n,$$

于是

$$g(x_1,x_2,\cdots,x_n)=x_i+x_j+x_ix_j;$$

若 $g_1(0,0)=1$, 则

$$(N,2^n-1)\neq 1\Leftrightarrow (r\cdot 2^{n-2}-1,2^n-1)\neq 1\Leftrightarrow r=1,2|n,$$

于是

$$g(x_1,x_2,\cdots,x_n)=(1+x_i)(1+x_j)=1+x_i+x_j+x_ix_j.$$

从而命题得证. □

对一般正整数 $n\neq m$, 难以决定 $\underline{u}$ 的周期与线性复杂度, 但当 $T_b=2^m-1$ 为素数时, 有如下充分条件.

定理 3.16　在 $\text{LSR}_g[d,k]$ 互钟控序列模型中, 若 $\underline{b}$ 的周期 $T_b=2^m-1$ 为素数, 则当 $T_b|\dfrac{T_a}{(s,\ T_a)}$ 时, $p(\underline{u})=\dfrac{T_aT_b}{(s,\ T_a)}$, $LC(\underline{u})\geqslant\dfrac{1}{\ln 2}\ln\dfrac{T_aT_b}{(s,\ T_a)}$. 当 $T_b\nmid\dfrac{T_a}{(s,\ T_a)}$ 时, $p(\underline{u})=\dfrac{T_a}{(s,\ T_a)}$ 或者 $\dfrac{T_aT_b}{(s,\ T_a)}$.

证明　设 $t=\dfrac{T_a}{(s,T_a)}$, β 为 $f^{(s)}(x)$ 的一个根, 则有 $\text{ord}(\beta)=t$. 当 $p(\underline{b})=T_b=2^m-1$ 为素数时, 若 $T_b|t$, 则与定理 3.15 证明类似可证 $f^{(s)}(x^{T_b})$ 的任何一个根的阶均为 $t\cdot T_b$, 所以 $p(\underline{u})=tT_b=\dfrac{T_aT_b}{(s,\ T_a)}$, $LC(\underline{u})\geqslant\dfrac{1}{\ln 2}\ln\dfrac{T_aT_b}{(s,\ T_a)}$. 若 T_b 不整除 $\dfrac{T_a}{(s,\ T_a)}$, 则可以证明 $f^{(s)}(x^{T_b})$ 的根的阶或者为 tT_b 或者为 t, 所以 $p(\underline{u})=\dfrac{T_a}{(s,\ T_a)}$ 或者 $\dfrac{T_aT_b}{(s,\ T_a)}$. □

下面考虑另一种形式的钟控序列:

定义 3.8　设 $\underline{a}=a_0a_1a_2\cdots a_{2^n-2}\cdots$ 为 n 级 m 序列, $d,k\geqslant 1$, $g(x_1,x_2,\cdots,x_n)$ 为 n 元布尔函数, 令 $u_i=a_{f(i)}$, $i\geqslant 0$, 其中 $f(0)=0$, 当 $i\geqslant 0$ 时, 有

$$f(i+1)=\begin{cases} f(i)+d, & \text{若}\ \ g(a_{f(i)},\cdots,a_{f(i)+n-1})=0,\\ f(i)+k, & \text{若}\ \ g(a_{f(i)},\cdots,a_{f(i)+n-1})=1.\end{cases}$$

称 $\underline{u}=u_0u_1u_2\cdots$ 为 $\text{LSR}_g[d,k]$ 自控序列.

当 $g(x_1,x_2,\cdots,x_n)=x_1$ 时, $\text{LSR}_g[d,k]$ 自控序列即为 Rueppel 的 $[d,k]$ 自控序列. 由自控规则, 对任意布尔函数 $g(x_1,x_2,\cdots,x_n)$, $\text{LSR}_g[d,k]$ 自控序列一定为预周期序列. 但是同一个 n 级 m 序列, 从不同的初态出发, 其 $\text{LSR}_g[d,k]$ 自控序列不一定平移等价. 比如, $\underline{a}=1110010,1110010,\cdots$ 为 3 级 m 序列, $g(x_1,x_2,x_3)=x_1x_2$, $d=3$, $k=4$, 则当 $\underline{a}$ 以 111 为初态时, $\underline{u}=101010\cdots$, 而当 $\underline{a}$ 以 001 为初态时, $\underline{u}=00111111\cdots$, 显然, 这两条序列不平移等价. 类似地, 对 Rueppel 的 $[d,k]$ 自控序列, 同一个 n 级 m 序列, 从不同的初态出发, 得到的 $[d,k]$ 自控序列未必平移等价, 如 $n=5$, $d=5$, $k=8$, 且

$$\underline{a}=0011101111100100110000101101010,\cdots,$$

则当 $\underline{a}$ 以 00111 为初态时, $\underline{u}=0010001,10001,\cdots$; 而当 $\underline{a}$ 以 01110 为初态时, $\underline{u}=01001,01001,\cdots$, 这两条自控序列也不平移等价.

定理 3.17　设 $\underline{a}=a_0a_1a_2\cdots a_{2^n-2}\cdots$ 为 n 级 m 序列, d, k 为正整数并满足 $(d,\ k)=1$, 则当 $n\geqslant dk-2\min\{d,k\}+1$ 时, 从序列 $\underline{a}$ 的任意初态出发, 得到的 $[d,k]$ 自控序列一定平移等价, 从而具有相同的周期及一个周期中 0, 1 个数.

为证明定理 3.17, 需要引进如下定义与引理:

定义 3.9 设 $\underline{a} = a_0a_1a_2\cdots a_{2^n-2}\cdots$ 为 n 级 m 序列, $d, k \geqslant 1$, $g(x_1, x_2, \cdots, x_n)$ 为 n 元布尔函数, 有限序列 $c_1c_2\cdots c_\lambda$ 叫做关于 $g(x_1, x_2, \cdots, x_n)$ 的保留模式 (删除模式) 是指, 只要在 $\underline{a}$ 关于 g 的前馈序列中有一段 $x_1x_2\cdots x_\lambda x$, 使得 $x_i = c_i(1 \leqslant i \leqslant \lambda)$, 则 $\mathrm{LSR}_g[d,k]$ 自控序列必保留 (删除) 序列 $\underline{a}$ 中与 x 对应的项. 特别地, 当 $g(x_1, x_2, \cdots, x_n) = x_1$ 时, 简称 $[d,k]$ 保留模式 (删除模式).

容易发现, $010*$ 为 [2, 3] 保留模式, $001*$ 为 [2, 3] 删除模式, 其中 $* \in \{0, 1\}$.

引理 3.6[16] 设正整数 a, b 满足 $(a, b) = 1$, 则凡大于 $ab - a - b$ 的整数均可以表示为 $ax + by(x \geqslant 0, y \geqslant 0)$ 之形, 但 $ab - a - b$ 不能表示成此形.

定理 3.18 设 $(d,\ k) = 1$, 则当 $n \geqslant \lambda = dk - 2\min\{d, k\} + 1$ 时, 必有 $[d,k]$ 保留模式 $a_1a_2\cdots a_\lambda\underbrace{**\cdots*}_{m-1}$, 其中 $m = \min\{d,\ k\}$, $* \in \{0, 1\}$.

证明 不妨设 $d < k$, 则 $m = \min\{d,k\} = d$. 当 $d = 1$ 时, 此时 $\lambda = dk - 2\min\{d,k\} + 1 = k - 1$, $m - 1 = 0$, 取 "$a_1a_2\cdots a_{k-1} = \underbrace{00\cdots0}_{k-1}$", 即为一个 $[1,k]$ 保留模式. 故下面证明中假设 $d \geqslant 2$.

考虑如下集合:

$$\Omega = \{\alpha d + \beta k | \alpha, \beta \in \{0, 1, 2, \cdots\}, \text{但 } \alpha, \beta \text{ 不同时为 } 0\},$$

由于自然数集为可数集, 故 Ω 为可数集. 将 Ω 中元素由小到大排列为 $d, \cdots, \alpha d + \beta k, \cdots$. 由引理 3.6, $dk - d - k \notin \Omega$, $dk - d - k + i \in \Omega$, $i \geqslant 1$. 令 $u = dk - d - k + 1$, 则 u 必在 Ω 的排列中出现, 且其后依次为 $u + 1, u + 2, \cdots$. 对应于 Ω 的排列中前面若干项 $d, \cdots, u, u + 1, \cdots, u + k - 1$, 构作长为 $u + k - 1 = dk - d$ 的二元序列如下: $a_{dk-d}a_{dk-d-1}\cdots a_da_{d-1}\cdots a_1$, 这里, 若下标 i 可表为 $\alpha d(\alpha \geqslant 1)$, 则 a_i=0; 若 i 可表为 $\beta k(\beta \geqslant 1)$, 则 a_i=1; 其余任取 0 或 1. 由于 $(d,k) = 1$, 且 $dk - d < dk$, 则下标 i 必不能同时表示成 αd 和 βk 的形式.

当 $n \geqslant dk - d - (d - 1) = dk - 2d + 1 = \lambda$ 时, n 级 m 序列中必有一段为 "$a_{dk-d}a_{dk-d-1}\cdots a_d$". 下证 "$a_{dk-d}a_{dk-d-1}\cdots a_d\underbrace{*\cdots*}_{d-1}$" 为 $\underline{a}$ 中 $[d,k]$ 保留模式. 由 $k > d \geqslant 2$ 知 $dk - 2d + 1 \geqslant k$. 由 $[d,k]$ 自控规则, "$a_{dk-d}a_{dk-d-1}\cdots a_d$" 前面 k 项中至少有一项被保留, 设该项下标为 i, 由引理 3.6, i 必可表示成 $\alpha d + \beta k(\alpha \geqslant 0, \beta \geqslant 0)$ 之形. 若 $i = \alpha d(\alpha > 0)$, 则由上面序列的构造特点, $[d,k]$ 自控序列必保留 $a_{(\alpha-1)d}a_{(\alpha-2)d}, \cdots, a_d$, 从而保留 "$a_{dk-d}a_{dk-d-1}\cdots a_d\underbrace{*\cdots*}_{d-1}$" 后面紧跟 c; 如果 $i = \beta k(\beta > 0)$, 同样由上面序列的构造特点, $[d,k]$ 自控序列必保留 $a_{(\beta-1)k}, \cdots, a_k$ 从而也保留 c; 若 $i = \alpha d + \beta k(\alpha > 0, \beta > 0)$, 则 $[d,k]$ 自控序列必保留 a_k 或 a_d, 从而必保留 c. 定理得证. □

定理 3.17 的证明　设 $\lambda = dk - 2\min\{d,k\} + 1$, 则由定理 3.18 知, 此时 $\underline{a}$ 必有保留模式 $a_1a_2\cdots a_\lambda\underbrace{**\cdots*}_{m-1}$, 从而无论从 $\underline{a}$ 的任意初态出发, 得到的自钟控序列必会保留该保留模式后面紧跟的 c, 从而得到相同的后续序列, 于是得到的钟控序列平移等价. □

推论 3.8　设 $(d,k) = 1$, $d,k \geqslant 1$, 当 $n \geqslant dk - 2\min\{d,k\} + 1$ 时, 对任意 n 级 m 序列, 其 $[d,k]$ 自控序列周期上界为 $\dfrac{2^n-1}{\min\{d,k\}}$, 当 2^n-1 为素数时, 下界为 $\dfrac{2^n-1}{\max\{d,k\}}$.

证明　设其周期为 p, 则对定理 3.18 中的某个保留模式后面紧跟的 c, 设其一个周期内有 n_1 个 d, n_2 个 k, 则有 $(n_1d + n_2k)|(2^n-1)$, $p = n_1 + n_2$, 从而有 $p \leqslant \dfrac{2^n-1}{\min\{d,k\}}$.

当 2^n-1 为素数时, 由 $(n_1d+n_2k)|(2^n-1)$ 知 $n_1d+n_2k = 1$ 或 $n_1d+n_2k = 2^n-1$. 但显然 $n_1d+n_2k=1$ 不可能成立, 故只有 $n_1d+n_2k=2^n-1$, 于是 $p\geqslant\dfrac{2^n-1}{\max\{d,k\}}$. □

推论 3.9　设 $\underline{a}$ 为任意 n 级 m 序列, $g(x_1,x_2,\cdots,x_n)$ 为任意 n 元布尔函数, 从 $\underline{a}$ 的不同初态出发, 得到的 $\mathrm{LSR}_g[1,2]$ 自控序列必然平移等价, 从而具有相同的周期及一个周期中 1 的个数.

证明　若对任意 $(0,0,\cdots,0) \neq (c_1,c_2,\cdots,c_n) \in F_2^n$, 有 $g(c_1,c_2,\cdots,c_n) = 1$, 则此时 $\mathrm{LSR}_g[1,2]$ 自控序列退化为 2 采样序列, 从而命题显然成立.

否则, 存在 $(0,0,\cdots,0) \neq (c_1,c_2,\cdots,c_n) \in F_2^n$, 使得 $g(c_1,c_2,\cdots,c_n) = 0$. 于是 $\underline{a}$ 中必然出现 “$*\cdots*c_1c_2\cdots c_n*\cdots*$”, 从而 c_2 必为保留位, 于是可知推论结论成立. □

习　题　3

1. 设 $\underline{a}$ 为 n 级 m 序列, $f(x)$ 为 $\underline{a}$ 的极小多项式, α, α^2, $\cdots$, $\alpha^{2^{n-1}}$ 为 $f(x)$ 的全部根, $\underline{z}$ 是一个跨度为 l 的二端单与门前馈序列, 试证: 当 n 为素数且 $0 < l < 2^n-1$ 时, $\underline{z}$ 的极小多项式为 $F_2(x)$.

2. 设 $f(x) = x^3 + x + 1$ 是前馈移位寄存器的联接多项式, $\underline{z}$ 是参数为 $(0,2)$ 的单与门序列, 求 $\underline{z}$ 的极小多项式.

3. 设 $f(x) = x^4 + x + 1$ 是前馈移位寄存器的联接多项式, $\underline{z}$ 是参数为 $(3,4,6)$ 的单与门序列, 求 $\underline{z}$ 的极小多项式.

4. 给出定理 3.6 的证明.

5. 给出定理 3.8 的证明.

6. 证明: Geffe 序列生成器模型中生成序列与三条驱动序列的符合率分别为 $\dfrac{3}{4}, \dfrac{1}{2}, \dfrac{3}{4}$.

7. 在例 3.6 中分别取 $m = 1, 2, 3, 5, 6, 7$, 利用定理 3.12 计算信号差错率 $s_1, s_2, \cdots$, 直到信号差错率 $< 10^{-9}$. 比较 m 取不同值时信号差错率的收敛速度.

8. 证明定理 3.13.

9. 设在图 3.9 的 Stop-and-Go 序列生成器中, LFSR1 和 LFSR2 分别为 2 级和 3 级 m 序列, 产生的序列分别为 $\underline{a} = 101, \cdots$ 和 $\underline{b} = 1001101, \cdots$, 求输出序列 $\underline{c}$ 及其周期.

10. 设对下面几个 $\mathrm{LSR}_g[d, k]$ 互钟控序列, 分别求输出序列 $\underline{u}$ 的周期及一个周期中 "1" 的个数:

(1) $g(x_1, \cdots, x_n) = x_1x_2$, $\underline{a} = 110, \cdots$, $\underline{b} = 110, \cdots$, $[d, k] = [1, 2]$;

(2) $g(x_1, \cdots, x_n) = x_1 + x_2$, $\underline{a} = 0100111, \cdots$, $\underline{b} = 1110010, \cdots$, $[d, k] = [2, 3]$;

(3) $g(x_1, \cdots, x_n) = x_1x_2 + 1$, $\underline{a} = 110, \cdots$, $\underline{b} = 1110010, \cdots$, $[d, k] = [1, 2]$.

11. 证明推论 3.4 ~ 推论 3.6.

12. 设对下面几个 $\mathrm{LSR}_g[d, k]$ 自钟控序列, 分别求输出序列 $\underline{u}$ 的周期及一个周期中 "1" 的个数:

(1) $g(x_1, \cdots, x_n) = x_1x_2$, $\underline{a} = 110, \cdots$, $[d, k] = [1, 2]$;

(2) $g(x_1, \cdots, x_n) = x_1 + x_2$, $\underline{a} = 0100111, \cdots$, $[d, k] = [2, 3]$;

(3) $g(x_1, \cdots, x_n) = x_1x_2 + 1$, $\underline{a} = 1110010, \cdots$, $[d, k] = [1, 2]$.

第 4 章 非线性反馈移位寄存器序列

4.1 反馈移位寄存器的非奇异性

由 2.2 节知, 反馈移位寄存器由反馈函数唯一确定. 若反馈函数 $f(x_1, x_2, \cdots, x_n)$ 是线性函数, 则反馈移位寄存器为线性反馈移位寄存器, 这时由于状态转移变换是线性变换, 于是可以利用状态转移变换的特征多项式来刻画线性反馈移位寄存器所产生序列的周期和线性复杂度等密码学性质; 若反馈函数 $f(x_1, x_2, \cdots, x_n)$ 是非线性函数, 则反馈移位寄存器为非线性反馈移位寄存器. 通常来说, 非线性反馈移位寄存器所产生序列的密码学性质没有一种统一的方法加以刻画, 本章将讨论非线性反馈移位寄存器的非奇异性和状态图性质, 在此基础上, 研究一类特殊的非线性反馈移位寄存器序列 (M 序列) 的存在性、计数、构造和伪随机特性.

设 n 级反馈移位寄存器的反馈函数为 $f(x_1, x_2, \cdots, x_n)$, 用平面上的小圆圈代表 n 维向量空间 F_q^n 中每个向量, 称这些向量为反馈移位寄存器的全部状态, 若状态 $\alpha^i = (a_i, a_{i+1}, \cdots, a_{i+n-1})$ 在反馈函数作用后的状态为 $\alpha^{i+1} = (a_{i+1}, \cdots, a_{i+n-1}, a_{i+n})$, 这里 $a_{i+n} = f(a_i, a_{i+1}, \cdots, a_{i+n-1})$, 则画一条由 α^i 到 α^{i+1} 的有向弧, 由此产生的有向图称为该反馈移位寄存器的状态图, 记为 G_f.

例 4.1 设有两个二元 4 级的反馈移位寄存器, 它们的反馈函数分别为

$$f_1(x_1, x_2, x_3, x_4) = x_1 + x_2 + x_3 + x_4,$$

$$f_2(x_1, x_2, x_3, x_4) = 1 + x_2 + x_3 + x_4 + x_2x_4 + x_3x_4 + x_2x_3x_4,$$

则以 $f_1(x_1, x_2, x_3, x_4)$ 为反馈函数的反馈移位寄存器的状态图 G_{f_1} 为

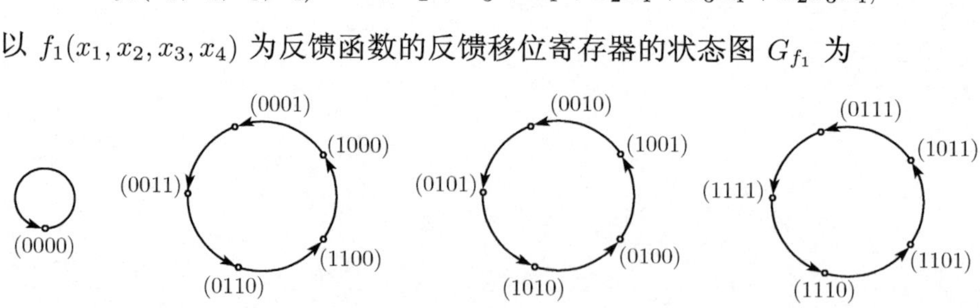

而以 $f_2(x_1, x_2, x_3, x_4)$ 为反馈函数的反馈移位寄存器的状态图 G_{f_2} 为

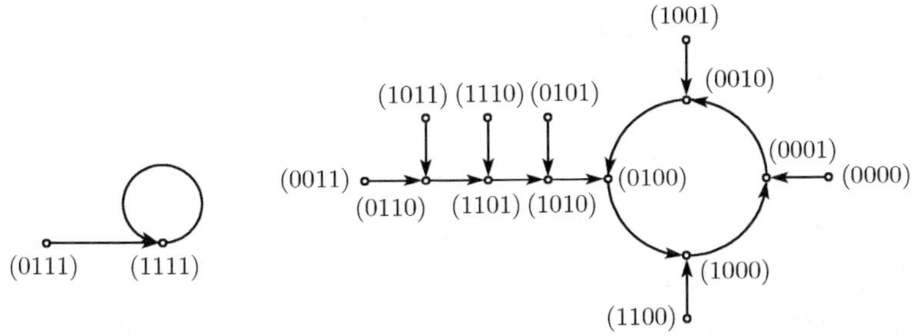

定理 4.1 n 级反馈移位寄存器的状态图中一定有圈, 而且圈长一定不超过 q^n.

证明 任意取定一个初始状态 α_0, 记其后继状态依次为 $\alpha_1, \alpha_2, \cdots, \alpha_i, \cdots$, 由于状态总数为 q^n, 故在状态序列 $\alpha_0, \alpha_1, \cdots, \alpha_i, \cdots$ 中一定存在两个不同时刻的状态 α_l 和 $\alpha_k (l < k)$, 使得 $\alpha_l = \alpha_k$, 并且 $\alpha_l, \alpha_{l+1}, \cdots, \alpha_{k-1}$ 没有两个状态相同, 于是 $\alpha_l, \alpha_{l+1}, \cdots, \alpha_{k-1}, \alpha_k$ 就构成状态图中的一个圈, 并且圈的长度不超过 q^n. □

根据上面的定理, 容易得到

推论 4.1 设 $\underline{a} = a_0a_1a_2\cdots$ 是反馈移位寄存器以 $(a_0a_1\cdots a_{n-1})$ 为初态产生的反馈移位寄存器序列, 则总存在一个非负整数 n_0, 使得 $a_{n_0}a_{n_0+1}a_{n_0+2}\cdots$ 为周期序列, 其周期不超过 q^n 并且与 n_0 无关. 实际上, 它的周期等于状态 $(a_0a_1\cdots a_{n-1})$ 所属的枝所连圈的圈长.

从例 4.1 看到, 有的反馈移位寄存器的状态图仅由一些圈组成, 而有的反馈移位寄存器的状态图除了圈以外还有枝. 如果以 $f(x_1, x_2, \cdots, x_n)$ 为反馈函数的反馈移位寄存器的状态图中仅由圈组成, 那么就称 $f(x_1, x_2, \cdots, x_n)$ 为非奇异反馈函数, 也称此时的反馈移位寄存器是非奇异的.

定理 4.2 设 $f(x_1, x_2, \cdots, x_n) \in F_q[x_1, x_2, \cdots, x_n]$, T_f 表示以 $f(x_1, x_2, \cdots, x_n)$ 为反馈函数的 n 级移位寄存器的状态转移变换, G_f 表示反馈移位寄存器的状态图, 则下面条件是等价的:

(1) $f(x_1, x_2, \cdots, x_n)$ 是非奇异的;

(2) G_f 中没有枝;

(3) G_f 由一些两两没有公共顶点的圈组成;

(4) T_f 是 F_q^n 上的一个 1-1 对应;

(5) 对任意 $a_2, a_3, \cdots, a_n \in F_q$, $f(x_1, a_2, a_3, \cdots, a_n)$ 是 F_q 上的置换多项式.

证明 根据非奇异性的定义, 易知 (1), (2) 和 (3) 是等价的. 下证 (3), (4) 和 (5) 等价.

(3)⇒(4) 注意到 G_f 中全部顶点对应到 F_q^n 中全部向量, 而且 G_f 由一些两两没有公共顶点的圈组成, 这表明每一个顶点在状态图中的前继只有一个, 也就是说它在状态转移变换下的原像是唯一的, 从而 T_f 是 F_q^n 上的一个 1-1 对应.

(4)⇒(5) 由于对任意 $a_1, a_2, \cdots, a_n \in F_q$, 状态转移变换 T_f 作用为

$$T_f(a_1, a_2, \cdots, a_n) = (a_2, a_3, \cdots, a_{n-1}, f(a_1, a_2, \cdots, a_n)),$$

当 T_f 是 F_q^n 上的一个 1-1 对应时, 则对任意 $a_2, a_3, \cdots, a_n \in F_q$, $f(x_1, a_2, a_3 \cdots, a_n)$ 必为 F_q 上的置换多项式.

(5)⇒(3) 若对任意 $a_2, a_3, \cdots, a_n \in F_q$, $f(x_1, a_2, a_3, \cdots, a_n)$ 均为 F_q 上的置换多项式, 则对任意 $a_1, a_2, \cdots, a_n \in F_q$, $T_f(a_1, a_2, \cdots, a_n) = (a_2, a_3, \cdots, a_{n-1}, f(a_1, a_2, \cdots, a_n))$ 是 F_q^n 上的一个 1-1 对应, 从而状态图中就不可能出现枝, 即 G_f 由一些两两没有公共顶点的圈组成. □

定理 4.3　设 $f(x_1, x_2, \cdots, x_n) \in F_2[x_1, x_2, \cdots, x_n]$, 则 $f(x_1, x_2, \cdots, x_n)$ 是非奇异的当且仅当 $f(x_1, x_2, \cdots, x_n) = x_1 + f_0(x_2, x_3, \cdots, x_n)$, 其中 $f_0(x_2, x_3, \cdots, x_n)$ 不依赖于变元 x_1.

证明　必要性. 令 $f(x_1, x_2, \cdots, x_n) = x_1 f_1(x_2, x_3, \cdots, x_n) + f_0(x_2, x_3, \cdots, x_n)$, 这里 $f_1(x_2, x_3, \cdots, x_n)$, $f_0(x_2, x_3, \cdots, x_n) \in F_2[x_2, x_3, \cdots, x_n]$.

若 $f_1(x_2, x_3, \cdots, x_n) \neq 1$, 则存在 $a_2, a_3, \cdots, a_n \in F_2$, 使得 $f_1(a_2, a_3, \cdots, a_n) = 0$, 于是

$$f(0, a_2, a_3, \cdots, a_n) = f(1, a_2, a_3, \cdots, a_n) = f_0(a_2, a_3, \cdots, a_n).$$

这表明 $f(x_1, a_2, a_3, \cdots, a_n)$ 不是 F_2 上的置换多项式, 从而与 $f(x_1, x_2, \cdots, x_n)$ 非奇异矛盾. 故 $f_1(x_2, x_3, \cdots, x_n) = 1$, 即有

$$f(x_1, x_2, \cdots, x_n) = x_1 + f_0(x_2, x_3, \cdots, x_n).$$

充分性. 若 $f(x_1, x_2, \cdots, x_n) = x_1 + f_0(x_2, x_3, \cdots, x_n)$, 这里 $f_0(x_2, x_3, \cdots, x_n)$ 不依赖于变元 x_1, 则对任意 $a_2, a_3, \cdots, a_n \in F_2$, $f(x_1, a_2, a_3, \cdots, a_n) = x_1 + f_0(a_2, a_3, \cdots, a_n)$ 为 F_2 上的置换多项式, 从而 $f(x_1, x_2, \cdots, x_n)$ 非奇异. □

定理 4.3 的结论在一般有限域 F_q 上不成立, 比如 $f(x_1, x_2) = x_1 + x_1 x_2^2 \in F_3[x_1, x_2]$, 其状态图 G_f 如下:

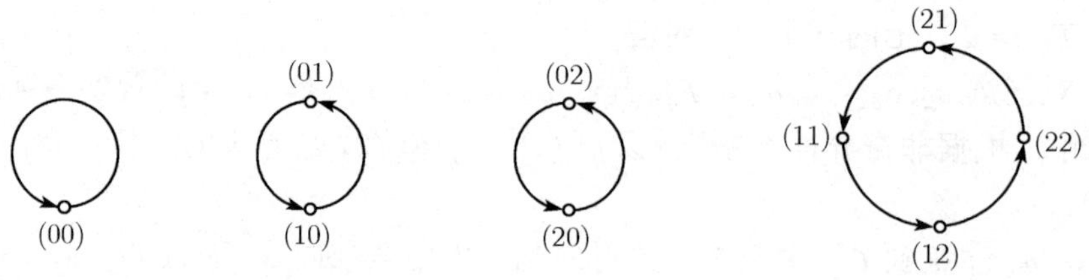

即 $f(x_1,x_2)\in F_3[x_1,x_2]$ 是非奇异的, 但 $f(x_1,x_2)$ 并不具有 $x_1+f_0(x_2,x_3,\cdots,x_n)$ 的形式. 根据定理 4.2 的判定条件, 同样可以得到一些特殊有限域上非奇异反馈函数的具体形式.

定理 4.4 设 $f(x_1,x_2,\cdots,x_n)\in F_3[x_1,x_2,\cdots,x_n]$, 则 $f(x_1,x_2,\cdots,x_n)$ 是非奇异的当且仅当

$$f(x_1,x_2,\cdots,x_n)=x_1f_1(x_2,x_3,\cdots,x_n)+f_2(x_2,x_3,\cdots,x_n),$$

这里 f_1,f_2 不依赖变元 x_1, 并满足对任意 $a_2,a_3,\cdots,a_n\in F_3$, $f_1(a_2,a_3,\cdots,a_n)\neq 0$.

证明 对任意 $x\in F_3$, 均有 $x^3=x$, 于是 F_3 上任意 n 元反馈函数 $f(x_1,x_2,\cdots,x_n)$ 可以表示为

$$f(x_1,x_2,\cdots,x_n)=x_1^2f_0(x_2,x_3,\cdots,x_n)+x_1f_1(x_2,x_3,\cdots,x_n)+f_2(x_2,x_3,\cdots,x_n),$$

这里, $f_0(x_2,x_3,\cdots,x_n)$, $f_1(x_2,x_3,\cdots,x_n)$ 和 $f_2(x_2,x_3,\cdots,x_n)$ 是不依赖于变元 x_1 的函数.

若 $f_0(x_2,x_3,\cdots,x_n)\neq 0$, 则存在一组元素 $a_2,a_3,\cdots,a_n\in F_3$, 使得 $f_0(a_2,a_3,\cdots,a_n)\neq 0$, 于是

$$f(x_1,a_2,\cdots,a_n)=x_1^2f_0(a_2,a_3,\cdots,a_n)+x_1f_1(a_2,a_3,\cdots,a_n)+f_2(a_2,a_3,\cdots,a_n)$$

是 F_3 上的二次多项式, 根据有限域的知识, 三元域上不存在二次置换多项式, 即 $f(x_1,a_2,\cdots,a_n)$ 不可能是置换多项式, 从而 $f(x_1,x_2,\cdots,x_n)$ 不是非奇异的.

若 $f_0(x_2,x_3,\cdots,x_n)=0$, 则对任意 $a_2,a_3,\cdots,a_n\in F_3$,

$$f(x_1,a_2,\cdots,a_n)=x_1f_1(a_2,a_3,\cdots,a_n)+f_2(a_2,a_3,\cdots,a_n)$$

是置换多项式当且仅当 $f_1(a_2,a_3,\cdots,a_n)\neq 0$, 于是定理成立. □

类似于定理 4.3 和定理 4.4 的证明, 可以证明如下结论:

定理 4.5 设 $f(x_1,x_2,\cdots,x_n)\in F_4[x_1,x_2,\cdots,x_n]$, 则 $f(x_1,x_2,\cdots,x_n)$ 是非奇异的当且仅当

$$f(x_1,x_2,\cdots,x_n)=x_1^2f_1(x_2,x_3,\cdots,x_n)+x_1f_2(x_2,x_3,\cdots,x_n)+f_3(x_2,x_3,\cdots,x_n),$$

这里 $f_1(x_2,x_3,\cdots,x_n)$ 和 $f_2(x_2,x_3,\cdots,x_n)$ 满足: 对任意 $a_2,a_3,\cdots,a_n\in F_4$, $f_1(a_2,a_3,\cdots,a_n)$ 与 $f_2(a_2,a_3,\cdots,a_n)$ 有且仅有一个为 0.

定理 4.6 设 $f(x_1,x_2,\cdots,x_n)\in F_5[x_1,x_2,\cdots,x_n]$, 则 $f(x_1,x_2,\cdots,x_n)$ 非奇异当且仅当

$$\begin{aligned}f(x_1,x_2,\cdots,x_n)=&x_1^3f_1(x_2,x_3,\cdots,x_n)+x_1^2f_2(x_2,x_3,\cdots,x_n)\\&+x_1f_3(x_2,x_3,\cdots,x_n)+f_4(x_2,x_3,\cdots,x_n),\end{aligned}$$

这里 f_1, f_2, f_3, f_4 不依赖变元 x_1，并满足：对任意 $a_2, a_3, \cdots, a_n \in F_5$，若 $f_1(a_2, a_3, \cdots, a_n) = 0$, 则 $f_2(a_2, a_3, \cdots, a_n) = 0$, $f_3(a_2, a_3, \cdots, a_n) \neq 0$; 若 $f_1(a_2, a_3, \cdots, a_n) \neq 0$, 则

$$f_2^2(a_2, a_3, \cdots, a_n) = 3f_1(a_2, a_3, \cdots, a_n)f_3(x_2, x_3, \cdots, a_n).$$

1987 年, 来学嘉给出了一般 q 元域上 n 元反馈函数 $f(x_1, x_2, \cdots, x_n)$ 非奇异的充要条件 [17]. 这个充要条件只具有理论上意义. 这是因为对于一个具体的反馈函数 $f(x_1, x_2, \cdots, x_n)$, 用此充要条件判定 $f(x_1, x_2, \cdots, x_n)$ 是否非奇异需要构造 $q-1$ 个 $n-1$ 元函数 $r_1(x_2, x_3, \cdots, x_n)$, $r_2(x_2, x_3, \cdots, x_n), \cdots, r_{q-1}(x_2, x_3, \cdots, x_n)$, 并对任意 $a_2, a_3, \cdots, a_n \in F_q$, 验证 $r_1(a_2, a_3, \cdots, a_n)$, $r_2(a_2, a_3, \cdots, a_n)$, $\cdots$, $r_{q-1}(a_2, a_3, \cdots, a_n)$ 是否恰好为 F_q 中 $q-1$ 个不同非零元, 后者的判定也是不具体的. 有意思的是, 利用来学嘉的判定条件可以证明, q 元有限域上 n 元非奇异反馈函数共有 $(q!)^{q^{n-1}}$ 个. 1989 年, Mullen 给出了一般有限域上次数不超过 2 的反馈函数 $f(x_1, x_2, \cdots, x_n)$ 非奇异的简单判定条件 [18]. 1995 年, 李超和谢端强给出了一般有限域上次数不超过 3 的反馈函数非奇异的判定条件 [19].

下面的定理给出了二元域上由已知的非奇异反馈函数生成新的非奇异反馈函数的方法.

定理 4.7 设 $f(x_1, x_2, \cdots, x_n) \in F_2[x_1, x_2, \cdots, x_n]$ 是非奇异函数, 令

$$s = (a_1, a_2, \cdots, a_n),$$

$$s^* = (\overline{a_1}, a_2, \cdots, a_n),$$

$$f_1(x_1, x_2, \cdots, x_n) = f(x_1, x_2, \cdots, x_n) + x_2^{a_2}x_3^{a_3}\cdots x_n^{a_n},$$

其中 $x_i^0 = 1 + x_i$, $x_i^1 = x_i$, $2 \leqslant i \leqslant n$.

(1) 若 s 和 s^* 分别属于 G_f 中两个圈长分别为 l_1 和 l_2 的圈, 则 (如下图)

$$G_{f_1} = G_f \backslash \{s \text{ 和 } s^* \text{ 分别所在圈}\} + \{\text{由 } s \text{ 和 } s^* \text{ 所在圈构造的长为 } l_1 + l_2 \text{ 的新圈}\};$$

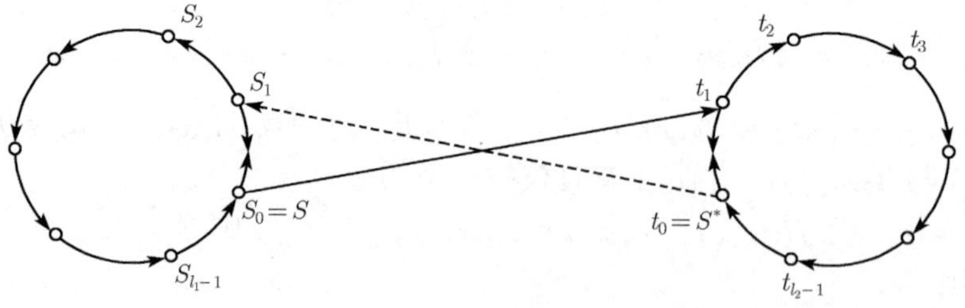

(2) 若 s 和 s^* 属于 G_f 中圈长为 l 的同一个圈 (如下图), 则

$$G_{f_1} = G_f \backslash \{s \text{ 和 } s^* \text{ 所在圈}\} + \{\text{由 } s \text{ 和 } s^* \text{ 所在圈构造的两个新圈}\}.$$

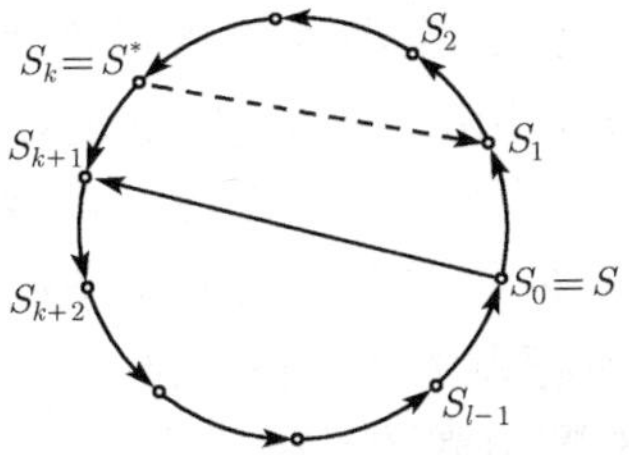

证明 只给出 (1) 的证明, (2) 的证明类似. 根据定理 4.3, $f_1(x_1,x_2,\cdots,x_n)$ 是非奇异反馈函数. 令 $h(x_1,x_2,\cdots,x_n)=x_2^{a_2}x_3^{a_3}\cdots x_n^{a_n}$, 则 $h(x_1,x_2,\cdots,x_n)$ 只在 s 和 s^* 这两个状态上取值为 1, 在其余各状态上都取值为 0, 因此对任意 $\alpha\in F_q^n$, 若 $\alpha\neq s$ 并且 $\alpha\neq s^*$, 则 $f_1(\alpha)=f(\alpha)$. 又注意到

$$f_1(s)=f(\overline{a_1},a_2,\cdots,a_n)=f(s^*),\quad f_1(s^*)=f(a_1,a_2,\cdots,a_n)=f(s),$$

于是, 当 $\alpha\neq s$, $\alpha\neq s^*$ 时, $T_{f_1}(\alpha)=T_f(\alpha)$, 并且 $T_{f_1}(s)=T_f(s^*)$, $T_{f_1}(s^*)=T_f(s)$, 故在 G_f 中交换共轭顶点 s 和 s^* 的后继就得到 G_{f_1}. □

定理 4.7 中两个状态 $s=(a_1,a_2,\cdots,a_n)$ 和 $s^*=(\overline{a_1},a_2,\cdots,a_n)$ 通常称为共轭状态或共轭点, 而状态 $t=(a_1,\cdots,a_{n-1},a_n)$ 和 $t'=(a_1,\cdots,a_{n-1},\overline{a_n})$ 称为相伴状态或相伴点.

4.2 反馈移位寄存器的状态图性质

我们知道, 非奇异反馈移位寄存器的状态图全由圈构成, 一个关键的问题是状态图中有多少个圈, 每个圈的圈长是多少? 这些问题关系到反馈移位寄存器针对不同的初态, 产生的密钥序列的周期的大小. 对于一般的非线性反馈移位寄存器来说, 由于缺少有效的数学工具, 这些问题还没有得到完整的解决, 只是对于一些特殊的反馈移位寄存器, 得到了状态图中圈的数目以及圈的长度. 下面介绍二元域上纯轮换移位寄存器 (图 4.1) 和补轮换移位寄存器 (图 4.2) 的状态图的性质, 在此基础上给出 Golomb 的一个重要结果.

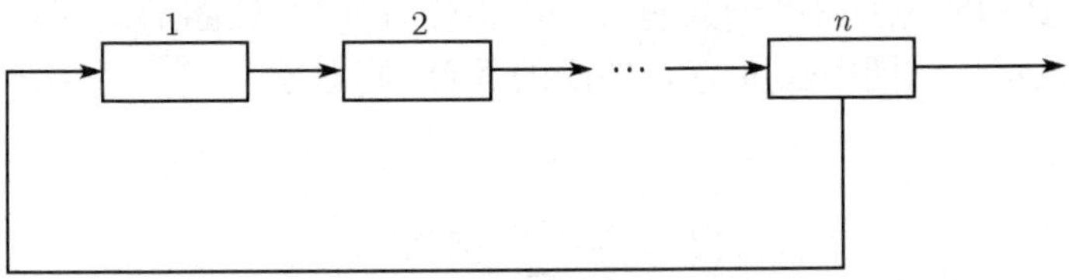

图 4.1 n 级纯轮换移位寄存器

二元域上 n 级纯轮换移位寄存器 (简记为 PCR_n) 的反馈函数是 $f(x_1,x_2,\cdots,x_n)=x_1$. 这时反馈移位寄存器是线性反馈移位寄存器, 对应的特征多项式是

$f(x) = x^n - 1$. 从理论上来说, 由定理 2.7 可以得到 n 级纯轮换移位寄存器的状态图中圈的数目和每一个圈的长度. 但是, 由于定理 2.7 需要对多项式进行标准分解, 而且对分解式中每一个不可约因式的方幂, 需要计算它们对应的圈分布, 所以定理 2.7 很难给出 n 级纯轮换移位寄存器的状态图的有效刻画. 下面用数论方法具体刻画 n 级纯轮换移位寄存器的状态图性质.

定理 4.8　PCR_n 的状态图中圈的长度一定是 n 的正因数. 设 d 为 n 的一个正因数, 那么 PCR_n 的状态图中长度等于 d 的圈的个数为

$$M(d) = \frac{1}{d}\sum_{d'|d}\mu(d')2^{\frac{d}{d'}},$$

PCR_n 的状态图中圈的总数为

$$Z(n) = \frac{1}{n}\sum_{d|n}\varphi(d)2^{\frac{n}{d}},$$

这里 $\mu(\cdot)$ 为 Mobius 函数 (定义见习题 5), $\varphi(\cdot)$ 为 Euler 函数.

证明　由 PCR_n 的构造易知 PCR_n 的状态图中圈的长度一定是 n 的正因数. 事实上, 对任意 $k \geqslant 0$, $a_{n+k} = f(a_k, a_{k+1}, \cdots, a_{k+n-1}) = a_k$, 故 PCR_n 所产生的序列 $\underline{a} = a_0a_1a_2\cdots$ 的周期必为 n 的正因数.

设 d 是 n 的正因数, 如果 $(a_1a_2\cdots a_n)$ 是 PCR_n 的一个状态, 而它所属的圈的长度是 d 的因子, 那么 $(a_1a_2\cdots a_n) = (a_{d+1}a_{d+2}\cdots a_na_1a_2\cdots a_d)$, 从而

$$a_i = a_{d+i} = a_{2d+i} = \cdots = a_{(n/d-1)d+i}, \quad i = 1, 2, \cdots, d,$$

即 $(a_1a_2\cdots a_n) = (\underbrace{\underline{a_1a_2\cdots a_d}\ \underline{a_1a_2\cdots a_d}\cdots\underline{a_1a_2\cdots a_d}}_{n/d})$.

反过来, 若 d 是 n 的正因数并且 $(a_1, a_2, \cdots, a_d)$ 是 F_2 上任意一个 d 元数组, 则 $(a_1\cdots a_da_1\cdots a_d\cdots a_1\cdots a_d)$ 为 PCR_n 的状态图中长度为 d 的正因数的圈上的一个状态.

于是, PCR_n 的状态图中一共有 2^d 个状态, 它们所属圈的周期恰为 d 的正因数. 记 $M(d)$ 表示状态图中长度为 d 的圈的数目, 则有 $2^d = \sum\limits_{d'|d} d'M(d')$, 由 Mobius 反演公式 [16] 得

$$M(d) = \frac{1}{d}\sum_{d'|d}\mu(d')2^{d/d'},$$

从而

$$Z(n) = \sum_{d|n}M(d) = \sum_{d|n}\frac{1}{d}\sum_{d'|d}\mu\left(\frac{d}{d'}\right)2^{d'},$$

记 $n = dd_1$, 则

$$Z(n) = \sum_{d'|n} \sum_{d_1|\frac{n}{d'}} \frac{d_1}{n} \mu\left(\frac{n}{d_1 d'}\right) 2^{d'}.$$

再令 $n_1 = \dfrac{n}{d'}$, 于是有

$$Z(n) = \sum_{d'|n} \frac{1}{d'} \left[\sum_{d_1|n_1} \frac{d_1}{n_1} \mu\left(\frac{n_1}{d_1}\right) \right] \cdot 2^{d'} = \sum_{d'|n} \frac{1}{d'} \left[\sum_{d_1|n_1} \frac{\mu(d_1)}{d_1} \right] \cdot 2^{d'}.$$

注意到 $n_1 = \sum\limits_{d_1|n_1} \varphi(d_1)$, 由 Mobius 反演公式, 有

$$Z(n) = \sum_{d'|n} \frac{1}{d'} \left[\frac{1}{n_1} \varphi(n_1) \right] \cdot 2^{d'} = \sum_{d'|n} \frac{1}{d'} \frac{d'}{n} \varphi\left(\frac{n}{d'}\right) \cdot 2^{d'}$$

$$= \sum_{d'|n} \frac{1}{n} \varphi\left(\frac{n}{d'}\right) \cdot 2^{d'} = \frac{1}{n} \sum_{d|n} \varphi(d) 2^{\frac{n}{d}}.$$ □

推论 4.2 当 $n \neq 2$ 时, $Z(n)$ 一定是偶数.

证明 当 $2 \nmid n$ 时,

$$Z(n) \equiv \sum_{d|n} \varphi(d) 2^{n/d} \bmod 2,$$

而 $\sum\limits_{d|n} \varphi(d) 2^{n/d}$ 为偶数, 故 $Z(n)$ 为偶数.

当 $n = 2^k, k \geqslant 2$ 时,

$$Z(n) = \frac{1}{2^k} \sum_{i=0}^{k} \varphi(2^i) 2^{2^{k-i}} = 2^{2^k - k} + \sum_{i=1}^{k} 2^{2^{k-i} - (k-i) - 1},$$

注意到当 $i = 1, 2, \cdots, k-2$ 时, $2^{k-i} - (k-i) - 1 > 0$; 而当 $i = k-1, k$ 时, $2^{k-i} - (k-i) - 1 = 0$, 故 $Z(n)$ 为偶数.

当 $n = 2^k m, k > 0, 2 \nmid m$ 时,

$$Z(n) = \frac{1}{2^k m} \sum_{m'|m} \sum_{i=0}^{k} \varphi(2^i m') 2^{2^{k-i}(m/m')}$$

$$= \frac{1}{m} \sum_{m'|m} \varphi(m') \frac{1}{2^k} \sum_{i=0}^{k} \varphi(2^i) 2^{2^{k-i}(m/m')}$$

$$\equiv \sum_{m'|m} \varphi(m') \sum_{i=0}^{k} 2^{2^{k-i}(m/m') - (k-i) - 1} \bmod 2.$$

注意到, 当 $m' > 1$ 时, $\varphi(m')$ 为偶数, 当 $m' = 1$ 时, $2^{2^{k-i}(m/m')-(k-i)-1} = 2^{2^{k-i}m-(k-i)-1}$, 故 $Z(n)$ 为偶数. □

下面讨论二元域上 n 级补轮换移位寄存器 (简记为 CCR_n) 的状态图的性质. n 级补轮换移位寄存器的反馈函数为 $f(x_1, x_2, \cdots, x_n) = \overline{x_1} = 1 + x_1$, 其示意图如图 4.2.

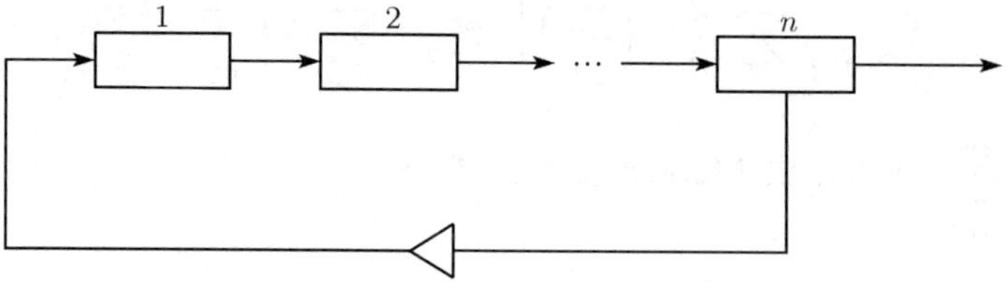

图 4.2　补轮换移位寄存器

利用数论方法, 同样可以刻画补轮换移位寄存器的状态图性质, 即有如下性质:

定理 4.9　CCR_n 的状态图中圈的长度一定是 $2n$ 的正因数, 并且不是 n 的因数, 即若 $n = 2^k m$ $(k \geqslant 0,\ 2 \nmid m)$, 则 CCR_n 的状态图中圈的长度为 $2^{k+1}d$, $d|m$. CCR_n 中长度为 $2^{k+1}d$ 的圈的个数为

$$M^*(2^{k+1}d) = \frac{1}{2^{k+1}d}\sum_{d'|d}\mu(d')2^{2^k \frac{d}{d'}},$$

而 CCR_n 的状态图中圈的总数为

$$Z^*(n) = \frac{1}{2n}\sum_{d|m}\varphi(d)2^{n/d}.$$

证明　设 $\underline{a} = a_0a_1a_2\cdots$ 是 CCR_n 产生的任一移位寄存器序列, 则

$$a_{k+n} = f(a_k, a_{k+1}, \cdots, a_{k+n-1}) = \overline{a_k}, \quad k \geqslant 0.$$

从而 $a_{k+2n} = \overline{a_{k+n}} = \overline{\overline{a_k}} = a_k$, 这表明序列 $\underline{a}$ 的周期 $p(\underline{a})|2n$. 又 $a_{k+n} \neq a_k$, 故 $P(\underline{a}) \nmid n$. 注意到序列的周期就是它所在圈的长度, 于是 CCR_n 的状态图中圈的长度为 $2^{k+1}d$, $d|m$.

令 $n = 2^k m$ $(k \geqslant 0,\ 2 \nmid m)$, $d|m$, 如果 $(a_1a_2\cdots a_n)$ 是 CCR_n 的一个状态, 它所属的圈的长度是 $2^{k+1}d$ 的因子, 那么

$$(a_1a_2\cdots a_n) = (\underbrace{\underline{a_1a_2\cdots a_{2^kd}}\ \underline{\overline{a_1}\ \overline{a_2}\cdots\overline{a_{2^kd}}}\ \underline{a_1a_2\cdots a_{2^kd}}\cdots\underline{a_1a_2\cdots a_{2^kd}}}_{m/d}).$$

反之, 设 $(a_1a_2\cdots a_{2^kd}) \in F_2^{2^kd}$, 则状态 $(a_1a_2\cdots a_{2^kd}\overline{a_1}\ \overline{a_2}\cdots\overline{a_{2^kd}}\cdots a_1a_2\cdots a_{2^kd})$ 所属圈的长度一定为 $2^{k+1}d$ 的正因数, 记 $M^*(2^{k+1}d)$ 表示 CCR_n 中长度为 $2^{k+1}d$ 的圈的个数, 则

$$2^{2^k d} = \sum_{d'|d} 2^{k+1} d' M^*(2^{k+1} d').$$

由 Mobius 反演公式得

$$M^*(2^{k+1}d) = \frac{1}{2^{k+1}d} \sum_{d'|d} \mu(d') 2^{2^k \frac{d}{d'}},$$

类似定理 4.8 的证明, 同样可以推出

$$Z^*(n) = \sum_{d|m} M^*(2^{k+1}d) = \frac{1}{2n} \sum_{d|m} \varphi(d) 2^{n/d}.$$ □

表 4.1 给出了当 $n \leqslant 10$ 时, $Z(n)$ 和 $Z(n^*)$ 的取值.

表 4.1 $Z(n)$ 和 $Z^*(n)$ 的取值表

n	1	2	3	4	5	6	7	8	9	10
$Z(n)$	2	3	4	6	8	14	20	36	60	108
$Z^*(n)$	1	1	2	2	4	6	10	16	30	52

引理 4.1 设 $f(x_1, x_2, \cdots, x_n)$ 是 n 元非奇异反馈函数, σ 是以 $f(x_1, x_2, \cdots, x_n)$ 为反馈逻辑的移位寄存器的状态图 G_f 中的一个圈, 则 G_f 只由一个圈 σ 构成当且仅当对任意的状态 $\alpha \in \sigma$, 均有 $\alpha^* \in \sigma$, 这里 α^* 为 α 的共轭状态.

证明 必要性是显然的, 下证充分性.

设 $\beta = (b_1, b_2, \cdots, b_n) \in F_2^n$ 是 G_f 中任意状态, $\alpha = (a_1, a_2, \cdots, a_n)$ 是圈 σ 上的一个状态, 由条件 $\alpha^* = (\overline{a_1}, a_2, \cdots, a_n)$ 也在圈 σ 上. 由于 $f(x_1, x_2, \cdots, x_n)$ 是非奇异反馈函数, 故

$$f(x_1, x_2, \cdots, x_n) = x_1 + f_0(x_2, x_3, \cdots, x_n).$$

于是

$$\begin{aligned} f(\alpha^*) &= f(\overline{a_1}, a_2, \cdots, a_n) = \overline{a_1} + f_0(a_2, a_3, \cdots, a_n) \\ &= 1 + a_1 + f_0(a_2, a_3, \cdots, a_n) = \overline{f(a_1, a_2, \cdots, a_n)} = \overline{f(\alpha)}. \end{aligned}$$

故 $f(\alpha)$ 和 $f(\alpha^*)$ 之中必有一个等于 b_1, 即状态 $\alpha = (a_1, a_2, \cdots, a_n)$ 和 $\alpha^* = (\overline{a_1}, a_2, \cdots, a_n)$ 二者之一在 G_f 中的后继为 $(a_2, a_3, \cdots, a_{n-1}, b_1) \in \sigma$, 于是由条件, $(\overline{a_2}, a_3, \cdots, a_{n-1}, b_1) \in \sigma$, 类似可得 $(a_3, a_4, \cdots, a_{n-1}, b_1, b_2)$, $(\overline{a_3}, a_4, \cdots, a_{n-1}, b_1, b_2) \in \sigma$, 继续做下去, 就得到 $\beta = (b_1, b_2, \cdots, b_n) \in \sigma$, 由 β 的任意性, G_f 只由一个圈 σ 构成. □

定理 4.10 用 N_f 表示二元域上以 n 元非奇异反馈函数 $f(x_1, x_2, \cdots, x_n)$ 为反馈逻辑的 FSR 的状态图 G_f 中圈的个数, 则 $1 \leqslant N_f \leqslant Z(n)$. 更进一步, 对任意整数 N, 只要 $1 \leqslant N \leqslant Z(n)$, 一定存在非奇异反馈函数 $f(x_1, x_2, \cdots, x_n)$, 使得 $N_f = N$.

证明 $N_f \geqslant 1$ 是显然的, 而 $N_f \leqslant Z(n)$ 是 1967 年 Golomb 的猜想, 1971 年, Lempel 利用图论方法证明了此猜想, 详细证明可参见文献 [20]. 下面证明第二部分.

由定理 4.8, 纯轮换移位寄存器的状态图中圈的数目为 $Z(n) > 1$. 设 σ 为其状态图中任意的一个圈, 由引理 4.1, 一定存在一对共轭顶点 α 和 α^* 分别属于两个不同的圈, 记 $\alpha = (a_1, a_2, \cdots, a_n)$, 根据定理 4.7, 以 $f_1(x_1, x_2, \cdots, x_n) = f(x_1, x_2, \cdots, x_n) + x_2^{a_2} x_3^{a_3} \cdots x_n^{a_n}$ 为反馈函数的寄存器的状态图将上面两个不同的圈合并为一个圈, 从而 G_{f_1} 中圈的数目为 $Z(n) - 1$, 若 $Z(n) - 1 > N$, 则继续上面的做法, 直到圈数等于 N 为止, 这时的非奇异反馈函数即为所求. □

定理 4.11 设 $n > 2$, $f(x_1, x_2, \cdots, x_n) = x_1 + f_0(x_2, \cdots, x_n)$ 为 n 元非奇异反馈函数, 则 $N_f \equiv w(f_0) \bmod 2$, 其中 $w(f_0)$ 表示布尔函数 $f_0(x_2, x_3, \cdots, x_n)$ 的 Hamming 重量, 即使得 $f_0(x_2, x_3, \cdots, x_n) = 1$ 的向量 $(x_2, x_3, \cdots, x_n) \in F_2^{n-1}$ 的个数.

证明 由于 $w(f_0)$ 表示布尔函数 $f_0(x_2, x_3, \cdots, x_n)$ 的重量, 故 $f_0(x_2, x_3, \cdots, x_n)$ 的表达式中含有 $w(f_0)$ 个小项. 注意到 n 级纯轮换移位寄存器的反馈函数为 x_1, 根据定理 4.7, 在布尔函数 x_1 中添加一个小项, 得到布尔函数 f_1, 这时状态图中圈的数目增加或者减少 1 个, 即 $N_{f_1} = Z(n) \pm 1$. 注意到 $Z(n)$ 为偶数, 在布尔函数 x_1 中添加 $f_0(x_2, x_3, \cdots, x_n)$ 的表达式中 $w(f_0)$ 个小项后, 就可以得到函数 f, 这时 G_f 中圈数 $N_f \equiv w(f_0) \bmod 2$. □

推论 4.3 当 $n > 2$ 时, 若 $f_0(x_2, \cdots, x_n)$ 中有一个变元不出现在表达式中, 则 N_f 为偶数.

推论 4.4 当 $n > 2$ 时, 非退化的 n 级 LFSR 的状态图中圈数必为偶数.

4.3 M 序列

F_q 上 n 级反馈移位寄存器所产生的序列或者是周期序列, 或者是预周期序列 (即去掉前面若干项后为周期序列), 并且这些序列的周期不超过 q^n. 若一个 n 级反馈移位寄存器产生的序列的周期为 q^n, 则称该序列为 F_q 上 n 级 M 序列. 这时, 该寄存器所产生的所有序列均为这条 M 序列的平移等价序列. 由此得到: 以 $f(x_1, x_2, \cdots, x_n)$ 为反馈函数的移位寄存器产生 M 序列的充要条件是它的状态图仅由一个圈构成, 也就是 $N_f = 1$. 下面主要讨论 F_2 上 n 级 M 序列, 主要包括 F_2

上 n 级 M 序列的存在性、计数、构造和伪随机特性. F_q 上 n 级 M 序列的讨论可以参见有关文献.

• M 序列的存在性

n 级 de Bruijn-Good 图 G_n 是指:

(1) G_n 中含有 2^n 个顶点 (分别用 $(a_1, a_2, \cdots, a_n) \in F_2^n$ 表示);

(2) G_n 中含有 2^{n+1} 条弧, 对每个顶点 $(a_1, a_2, \cdots, a_n)$, 均有如下两条出弧:

$$(a_1, a_2, \cdots, a_n) \to (a_2, a_3, \cdots, a_n, 0) \text{ 和 } (a_1, a_2, \cdots, a_n) \to (a_2, a_3, \cdots, a_n, 1),$$

通常用 $(a_1 a_2 \cdots a_n a_{n+1})$ 表示从顶点 $(a_1, a_2, \cdots, a_n)$ 到顶点 $(a_2, a_3, \cdots, a_n, a_{n+1})$ 的有向弧.

例 4.2 下面的图 G_1, G_2 和 G_3 分别表示 1, 2, 3 级 de Bruijn-Good 图.

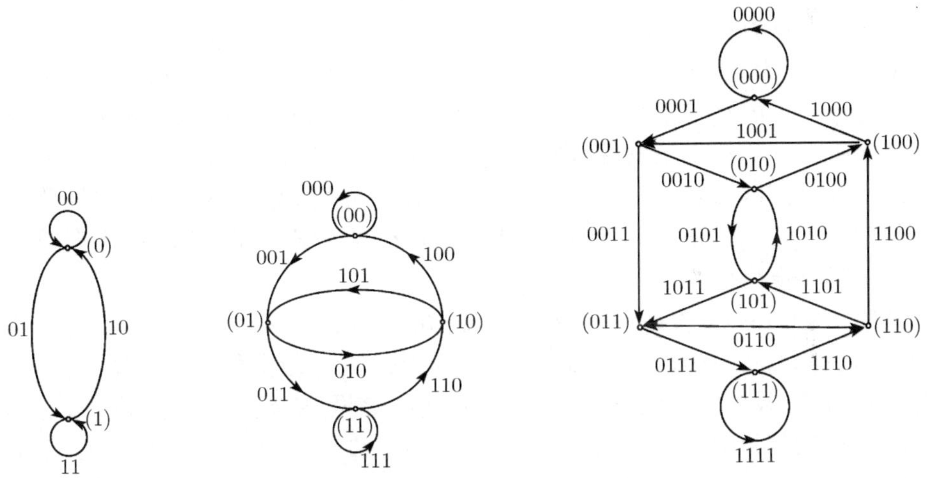

G_1 G_2 G_3

容易看出, 在图 G_n 中, 任何一个状态都恰有两个后继状态和两个前继状态, 两个后继状态互为相伴状态, 两个前继状态互为共轭状态, 而且一对共轭状态具有共同的后继状态, 一对相伴状态具有共同的前继状态.

假定 G_f 是以 n 元反馈函数 $f(x_1, x_2, \cdots, x_n)$ 为反馈逻辑的移位寄存器的状态图, 则 G_f 是 G_n 的部分图 (图 G 的部分图是指包含图 G 的所有顶点的子图), 并且对每个顶点有且仅有一条出弧. 反过来, 如果 G 是 G_n 的一个部分图, 并且对每个顶点有且仅有一条 G_n 中弧为出弧, 则 G 必是以某个 $f(x_1, x_2, \cdots, x_n)$ 为反馈函数的寄存器的状态图 G_f. 因此, M 序列的存在性问题可以归结为 G_n 中是否有一个部分图, 它是长度为 2^n 的圈.

定义 4.1 设 G 是一个有向图, 若 G 中存在一条回路, 使得 G 的每条弧都在它里面出现一次且恰好一次, 则称此回路为 G 的一条完备回路, 也称为 Euler 回路. 若 G 中存在一条回路, 使得 G 的每个顶点都在这条回路上出现一次且恰好一次, 则称此回路为 G 的极大圈, 也称 Hamilton 圈.

根据上面的定义, M 序列的存在性问题等价于 G_n 中是否存在极大圈的问题.

引理 4.2 设 G 是一个连通有向有限图, 并假定对 G 的每个顶点 x, 它的入度与出度相等, 即 $d^+(x)=d^-(x)$, 则 G 中一定存在完备回路.

证明 设 $x_1x_2\cdots x_n$ 为 G 的一个最长单路 (单路是指 G 的任一边在该路中至多出现一次), 记之为 L, 则 L 一定为 G 的一条完备回路. 这是因为:

首先, 一定有 $x_1=x_n$, 否则, 假若 $x_1\neq x_n$, 由 $d^+(x_1)=d^-(x_1)$ 知, 存在 G 中的顶点 y 使得有向弧 (yx_1) 不在 L 上, 这与 L 最长矛盾! 故 $x_1=x_n$, 因此 $L=x_1x_2\cdots x_n=x_1x_2\cdots x_{n-1}x_1$ 为回路.

再由 L 最长知, 所有以 x_1 为顶点的有向弧必在 L 上出现, 同理, 以 $x_2,\cdots,x_{n-1}$ 中任一点为顶点的有向弧也在 L 上出现.

最后, 设 y 为 G 中的任一顶点, 则由 G 连通知, 存在 G 中的顶点 $a_1,a_2,\cdots,a_s$ 使得 $xa_1a_2\cdots a_sy$ 为连接 x_1 与 y 的一条路, 则由于所有以 x_1 为顶点的有向弧均在 L 上出现知 a_1 在 L 上出现, 同理, $a_2,\cdots,a_s,y$ 均在 L 上出现.

综上, G 的任一顶点和任一弧都在 L 上出现, 故 L 为 G 的一条完备回路. □

定理 4.12 de Brujin-Good G_n 中一定存在极大圈, 从而产生 M 序列的 n 级反馈移位寄存器存在.

证明 当 $n=1$ 时, G_1 中存在极大圈 (01),(10). 当 $n>1$ 时, 由于 G_{n-1} 为连通图, 并且对 G_{n-1} 中每个顶点 x, $d^+(x)=d^-(x)=2$, 故由引理 4.2 知 G_{n-1} 中一定有完备回路. 设此完备回路为 $x_1,x_2,\cdots,x_{2^n}$, 这里 $x_1,x_2,\cdots,x_{2^n}$ 遍历 G_{n-1} 中 2^n 条弧. x_i 的终点恰为 x_{i+1} 的起点, $i=1,2,\cdots,2^n-1$, x_{2^n} 的终点又是 x_1 的起点. 令 $x_i=(a_{i1}a_{i2}\cdots a_{in})$, 则

$$(a_{i2}a_{i3}\cdots a_{in})=(a_{i+1,1}a_{i+1,2}\cdots a_{i+1,n-1}),\quad i=1,2,\cdots,2^n-1,$$

$$(a_{2^n,2}a_{2^n,3}\cdots a_{2^n,n})=(a_{1,1}a_{1,2}\cdots a_{1,n-1}).$$

若把 $x_i=(a_{i1}a_{i2}\cdots a_{in})$ 看作 G_n 的顶点, $(x_i,x_{i+1})\ i=1,2,\cdots,2^n-1$, 和 (x_{2^n-1},x_1) 为 G_n 的 2^n 条弧, 这时, $(x_1,x_2),(x_2,x_3),\cdots,(x_{2^n-1},x_{2^n}),(x_{2^n},x_1)$ 为 G_n 中一条回路, 这条回路上顶点正好为 G_n 的 2^n 个顶点, 故该回路为 G_n 中极大圈. □

- M 序列的构造与计数

根据定理 4.12, 构造与计数 n 级 M 序列问题等价于构造与计数 G_{n-1} 中完备回路问题. 下面考虑 n 级 de Bruijn-Good 图 G_n 中完备回路的构造与计数.

定义 4.2 设 $G=(V,A)$ 是有向图, 这里 V 表示图的顶点集, A 表示图的有向弧集, e 是 V 中一个顶点, 若 G 满足条件:

(1) 每一个 $\neq e$ 的顶点有唯一的出弧;

(2) e 点没有出弧;

(3) 每一个 $\neq e$ 的顶点到 e 都有一条有向路.

则称该有向图 G 为反树, e 为树根.

若反树中某个顶点有两个以上 (含两个) 前继点, 则称其为分权点. 没有分权点的反树叫反树干图. 没有前继点的顶点称为枝顶点. 下面三个有向图均为反树, 其中第一个图没有分权点, 因此为反树干图, 第二个图有两个分权点 a 和 c, 第三个图只有一个分权点 e, 因此后两个图都不是反树干图. 第一个图只有一个枝顶点 c, 第二个图有三个枝顶点 b, d, g, 第三个图有四个枝顶点 a, b, c, d.

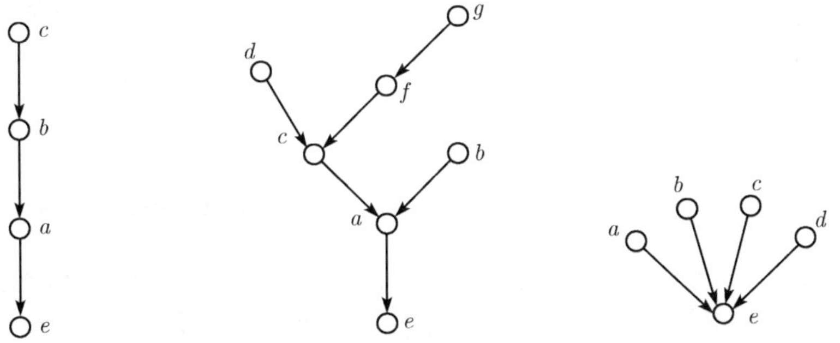

定理 4.13 G_{n-1} 中任意一棵反树部分图 T 及以该树根 $(I_1, I_2, \cdots, I_{n-1})$ 为起点的任意一条弧 $(I_1, I_2, \cdots, I_{n-1}, I_n)$ 依下述方法可唯一决定 G_{n-1} 中一条完备回路: 从树根 $(I_1, I_2, \cdots, I_{n-1})$ 出发, 先走弧 $(I_1, I_2, \cdots, I_{n-1}, I_n)$ 进入端点 $(I_2, I_3, \cdots, I_n)$, 从这点开始, 每进入一点, 若该点的两条出弧都未走过, 就先走树外弧 (即以该点为起点而不属于 T 的弧), 若该点只剩一条出弧未走过, 就走剩下弧, 若该点两条出弧都已走过, 就停止.

图 4.4 即为在图 4.3 中的反树部分图中取定弧 (1111) 依定理 4.13 方法决定的一条完备回路:

证明 由 T 为反树部分图知, 定理所述方法确实可唯一确定 G_{n-1} 中的一条单路, 记之为 L. 下证 L 为完备回路. 由于对 G_{n-1} 中的任何顶点 x, 均有 $d^+(x) = d^-(x) = 2$, 故 L 必然停止在根节点 $e = (I_1, I_2, \cdots, I_{n-1})$ 上, 所以 L 为回路.

取 G_{n-1} 上的任一顶点 x, 由于 T 为部分图, 所以 x 也在 T 上, 下证 x 及其两条出弧和两条入弧都在 L 上. 若 $x = e$, 则由 L 停止在 e 上知 e 的两条出弧都在 L 上, 从而其两条入弧也都在 L 上. 若 $x \neq e$, 则由 x 在反树 T 上知存在 T 上的一条有向路 $(xv_1v_2\cdots v_se)$, 由于 e 的两条入弧都在 L 上知 (v_se) 在 L 上, 又由于后走树内弧, 所以 v_s 的两条出弧都在 L 上, 从而其两条入弧也都必在 L 上, 于是 $(v_{s-1}v_s)$ 也在 L 上 $\cdots$ 依此类推知 x 及其两条出弧和两条入弧都在 L 上. 由 x 的

任意性知 L 为完备回路. □

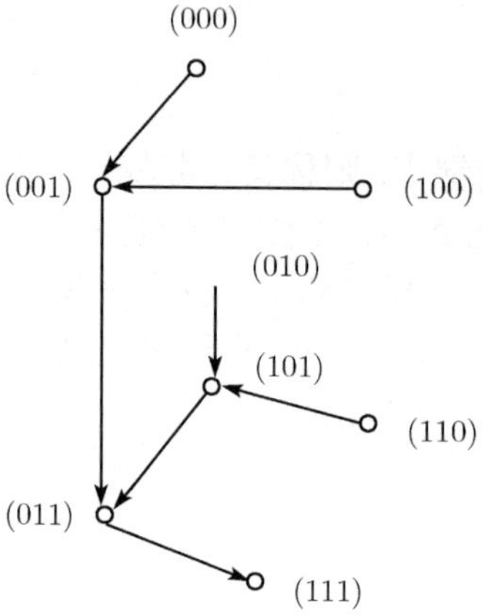

图 4.3　G_3 中反树部分图

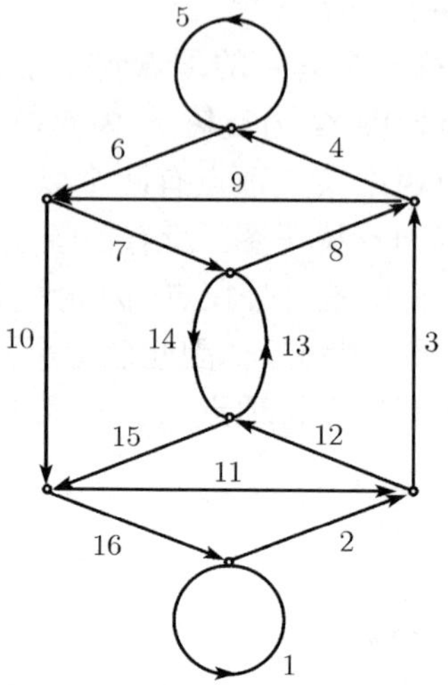

图 4.4　G_3 中完备回路

定理 4.14　取定初始弧 $(I_1, I_2, \cdots, I_{n-1}, I_n)$, 依定理 4.13 的方法, 以 $(I_1, I_2, \cdots, I_{n-1})$ 为根的两个不同的反树部分图决定的完备回路不同. 反之, 任意一条完备回路, 都可以找到一颗以 $(I_1, I_2, \cdots, I_{n-1})$ 为根的反树部分图, 使得这条完备回路可以由这棵反树部分图及初始弧 $(I_1, I_2, \cdots, I_{n-1}, I_n)$ 依定理 4.13 的方法决定.

证明　定理的前半部分显然成立, 只证后半部分.

设 L 为 G_{n-1} 的一条完备回路, $(I_1, I_2, \cdots, I_{n-1}, I_n)$ 为其上的一条弧, 依下述方式做 L 的一个子图 T: 从顶点 $e = (I_1, I_2, \cdots, I_{n-1})$ 沿弧 $(I_1, I_2, \cdots, I_{n-1}, I_n)$ 出发依次遍历 L 上的弧, 从顶点 $(I_2, \cdots, I_{n-1}, I_n)$ 开始, 每进入一点, 若是第一次到达该顶点, 则不标记从该点出发的弧; 若第二次到达该顶点且该顶点不为 e, 则标记从该点出发的弧. 记 L 中所有标记的弧构成的子图为 T, 下证 T 是一个以 e 为根的反树部分图.

首先, 由上述标记方法知顶点 e 在 T 中没有出弧, 设 x 为 T 中任一 $\neq e$ 的顶点, 则由标记方法和 L 为 G_{n-1} 的一条完备回路知 x 在 T 中有且仅有一条出弧. 下证在 T 中有从 x 到 e 的一条有向路. 设 x 在 T 中的后继点为 x_1, 则由上述标记方法, 必有 $x_1 \neq x$(因为已经是第二次到达 x). 于是, 若 $x_1 \neq e$, 则同理可知 x_1 在 T 中的后继点 $x_2 \neq x_1, x, \cdots$, 以此类推, 由于只有有限个顶点, 故有限步后, 必有 $x_k = e$, 于是, 在 T 中必有从 x 到 e 的一条有向路. 再由 x 的任意性, T 是一个以 e 为根的反树部分图.

由 T 的构造方法易知, 选定初始弧 $(I_1, I_2, \cdots, I_{n-1}, I_n)$ 按定理 4.13 方法构造

的完备回路必为 L. □

定理 4.15 G_{n-1} 中任意一棵反树干部分图 T 的枝顶点 a 是根 e 在 G_{n-1} 中一个后继, 当 T 加上弧 $e\to a$ 后, 就得到 G_{n-1} 中一个极大圈, 进一步, 从不同的以 e 为根的反树干部分图得到的极大圈不同.

证明 只需证枝顶点 a 是 e 的后继. 定理的后半部分显然成立.

假设枝顶点 a 不是 e 的后继, 则 e 在 G_{n-1} 中的后继点 a_1,a_2 都不是 T 上的枝顶点, 从而它们在 T 上各有一前继, 分别记之为 b_1,b_2, 显然 b_1,b_2,e 为互不相同的三点, 且都为 a_1,a_2 的前继点. 由 a_1,a_2 均为 e 的后继点知它们互为相伴点, 于是它们在 G_{n-1} 中有且仅有两个前继点, 矛盾! 从而枝顶点 a 必是 e 的后继. □

定理 4.16 G_{n-1} 中任意一个极大圈都可由一个以 e 为根的反树干部分图加上 e 到枝顶点的弧得到.

证明 只需注意到, G_{n-1} 中任意一个极大圈在指定一个根节点并除去从该根节点出发的任一弧后得到的图必然为一反树干部分图, 即知定理显然成立. □

定理 4.17 任意取定 G_{n-1} 中一个顶点 $(I_1,I_2,\cdots,I_{n-1})$ 和一棵以 $(I_1,I_2,\cdots,I_{n-1})$ 为根的反树干部分图 U, 从根 $(I_1,I_2,\cdots,I_{n-1})$ 起, 沿着 U 中弧的箭头指向相反方向, 将 U 中顶点给以编号 $0,1,2,\cdots,2^{n-1}-1$. 对于 U 上除根以外的顶点, 向编号比它小的在 G_{n-1} 中任一后继作一弧, 这样得到的图是一棵以 $(I_1,I_2,\cdots,I_{n-1})$ 为根的反树部分图 T.

证明 T 显然为 G_{n-1} 的部分图, 下证 T 为反树. 由于每个顶点都有唯一编号, 为方便起见, 下面就用该编号表示该顶点, 如 0 代表根节点, t 代表编号为 t 的顶点.

显然, 根节点没有出弧, 任一非根节点有且仅有一条出弧. 设 $x\neq 0$ 为 T 上的任一非根节点, 下证 T 上存在从 x 到 0 的一条有向路. 设 x_1 为 x 在 T 上的后继, 则有 $0\leqslant x_1<x\leqslant 2^n-1$. 若 $x_1=0$, 则 $(xx_1)=(x0)$ 即为从 x 到 0 的一条有向路; 若 $x_1\neq 0$, 则 x_1 为非根节点, 于是同样存在 x_1 的后继 x_2 满足 $0\leqslant x_2<x_1<x\leqslant 2^n-1$, 若 $x_2=0$, 则结论成立, 否则, 可以继续做下去. 由于 x 为一个固定的正整数, 有限步后必有某个整数 k 使得 $0=x_k<x_{k-1}<\cdots<x_1<x\leqslant 2^n-1$, 于是 $xx_1x_2\cdots x_{k-1}0$ 即为从 x 到 0 的一条有向路. 所以 T 为反树. □

定理 4.18 G_{n-1} 中任意一棵以 $(I_1,I_2,\cdots,I_{n-1})$ 为根的反树部分图都可以依定理 4.17, 由某一以 $(I_1,I_2,\cdots,I_{n-1})$ 为根的反树干部分图产生, 并且从不同的以 $(I_1,I_2,\cdots,I_{n-1})$ 为根的反树干部分图, 依定理 4.17 产生的以 $(I_1,I_2,\cdots,I_{n-1})$ 为根的反树部分图不同.

证明 设 T 为 G_{n-1} 的一个反树部分图, 则可以如下构造一个反树干部分图 U, 使得按照定理 4.17 的方法从 U 可以构造出 T: 从根节点 $e=(I_1,I_2,\cdots,I_{n-1})$ 出发沿 T 中弧的反方向寻找分杈点, 设 a 为第一个分杈点, b,c 为其两个前继点,

则 a 的相伴点 a' 必为一枝顶点 (与定理 4.15 类似可证, 否则, 相伴点 a 和 a' 会有三个不同的前继点, 矛盾), 不妨设其在 b 所在的枝上, 则可将弧 $c \to a$ 改为 $c \to a'$, 从而 a 不再是分杈点. 类似地, 除去其余所有的分杈点, 最终就会得到一个反树干部分图, 记之为 U. 容易验证从 U 可以依定理 4.17 的方法构造出 T.

下证定理第二部分.

设 U_1 和 U_2 是以 e 为根顶点的两个不同反树干部分图, 从根顶点 e 起, 沿着树中弧箭头的相反方向给各自顶点编号. 设 U_1 和 U_2 第一个不同顶点的编号为 i, 则由其有同一个后继点知其必为共轭点, 记为 a 和 a^*, 记顶点 $i-1$ 为 b, 考虑 b 的相伴点 b', 则易知 b' 的编号必大于 i, 从而 U_1 形如

$$\cdots \to a^* \to b' \to \cdots \to a \to b \to \cdots \to e;$$

U_2 形如

$$\cdots \to a \to b' \to \cdots \to a^* \to b \to \cdots \to e.$$

于是, 依定理 4.17 的方法, 从 U_1 构造的反树部分图 T_1 必有弧 $a \to b$, 而从 U_2 构造的反树部分图 T_2 必有弧 $a^* \to b$. 于是, 若 T_1 和 T_2 相同, 则它们必同时含有弧 $a \to b$ 和 $a^* \to b$, 但此时 T_1 中 b' 在 a 所在的枝上, 而 T_2 中 b' 在 a^* 所在的枝上, 这与 T_1 和 T_2 相同矛盾! 从而从不同的反树干部分图得到的反树部分图不同. □

定理 4.19 任意取定一个点 $(I_1, I_2, \cdots, I_{n-1})$, 依定理 4.17, 从任意一个以 $(I_1, I_2, \cdots, I_{n-1})$ 为根的反树干部分图 U 可以构作 $2^{2^{n-2}-1}$ 个不同的以 $(I_1, I_2, \cdots, I_{n-1})$ 为根的反树部分图 T.

证明 采用定理 4.17 中的编号, 取一对共轭顶点 i 和 i^*, 不妨设 $i > i^*$.

若 $i^* = 0$, 即 i^* 为根节点, 则由定理 4.15 知, 共轭点 i 和 i^* 的后继为相伴点 $i-1$ 和 $2^{n-1}-1$, 从而从 U 构造 T 时只能取弧 $i \to i-1$;

若 $i^* \neq 0$, 则共轭点 i 和 i^* 的后继为相伴点 $i-1$ 和 i^*-1, 由 $i > i^*$ 知 $i-1 \geqslant i^*$, 故从 U 构造 T 时从 i^* 出发的弧只能取 i^*-1; 又由 $i > i-1$ 且 $i > i^* > i^*-1$ 知, 从 U 构造 T 时从 i 出发的弧可取 $i \to i-1$ 或 $i \to i^*-1$.

由于 G_{n-1} 中除根节点所在的共轭顶点外还有 $2^{n-2}-1$ 对共轭顶点, 故从 U 可以构造 $2^{2^{n-2}-1}$ 个不同的 T. □

基于上面的理论, 可以得到 n 级 M 序列的计数公式.

定理 4.20 用 M_n 表示二元 n 级 M 序列的个数, 则 $M_n = 2^{2^{n-1}-n}$.

证明 n 级 M 序列的个数 $M_n = G_n$ 中极大圈个数

$= G_{n-1}$ 中完备回路个数

$= G_{n-1}$ 中反树部分图个数

$= G_{n-1}$ 中反树干部分图 $\times 2^{2^{n-2}-1}$

$$
\begin{aligned}
&= G_{n-1} \text{ 中极大圈个数 } \times 2^{2^{n-2}-1} \\
&= n-1 \text{ 级 M 序列个数 } \times 2^{2^{n-2}-1} \\
&= M_{n-1} \times (2^{2^{n-2}-1}),
\end{aligned}
$$

于是 $M_n = M_{n-1} \times 2^{2^{n-2}-1} = M_{n-2} \times 2^{2^{n-3}-1} \times 2^{2^{n-2}-1} = \cdots = 2^{2^{n-1}-n}$. □

- M 序列的伪随机特性

定理 4.21 (1) 任一 n 级 M 序列的一个周期里, 0 和 1 的个数各半, 即各有 2^{n-1} 个.

(2) 任一 n 级 M 序列中, 各种长度 0 游程和 1 游程个数如表 4.2 所示:

表 4.2 n 级 M 序列游程分布表

个数 \ 长度	1	2	$\cdots$	τ	$\cdots$	$n-2$	$n-1$	n	$>n$
0 游程	2^{n-3}	2^{n-4}	$\cdots$	$2^{n-2-\tau}$	$\cdots$	1	0	1	0
1 游程	2^{n-3}	2^{n-4}	$\cdots$	$2^{n-2-\tau}$	$\cdots$	1	0	1	0

同样长度的 0 游程和 1 游程个数相等, 游程总数为 2^{n-1}.

(3) M 序列的部分自相关值如下:

$$C(0) = 2^n,$$

$$C(\pm\tau) = 0, \quad 1 \leqslant \tau \leqslant n-1,$$

$$C(\pm n) = 2^n - 4w(f_0) \neq 0,$$

其中 M 序列的反馈函数为 $f(x_1, x_2, \cdots, x_n) = x_1 + f_0(x_2, x_3, \cdots, x_n)$, $w(f_0)$ 表示 f_0 的 Hamming 重量.

证明 (1) 与 (2) 的证明与 m 序列中相关论断证明类似, 留作习题.

(3) $C(0) = 2^n$ 显然.

设 M 序列为 $\underline{a} = a_0 a_1 \cdots$. 当 $1 \leqslant \tau \leqslant n-1$ 时, $C(\tau) = \sum\limits_{t=0}^{2^n-1} (-1)^{a_{t+\tau} - a_t}$, 考虑状态 $\alpha_t = (a_t a_{t+1} \cdots a_{t+\tau} \cdots a_{t+n-1})$, 由于 $\underline{a}$ 为 M 序列, 从而当 $0 \leqslant t \leqslant 2^n - 1$ 时, α_t 遍历 F_2^n 中所有向量, 于是 $a_{t+\tau} = a_t$ 和 $a_{t+\tau} = a_t + 1$ 的情形各出现 2^{n-1} 个, 从而 $C(\tau) = 0$. 同理可证 $C(-\tau) = 0$.

当 $\tau = n$ 时, 有

$$
\begin{aligned}
C(n) &= \sum_{t=0}^{2^n-1} (-1)^{a_{t+n} - a_t} = \sum_{t=0}^{2^n-1} (-1)^{a_t + f_0(a_{t+1}, \cdots, a_{t+n-1}) - a_t} = \sum_{t=0}^{2^n-1} (-1)^{f_0(a_{t+1}, \cdots, a_{t+n-1})} \\
&= 2 \sum_{x_2, \cdots, x_n \in F_2} (-1)^{f_0(x_2, x_3, \cdots, x_n)} = 2(2^{n-1} - 2w(f_0)) = 2^n - 4w(f_0).
\end{aligned}
$$

同理也有 $C(-n) = 2^n - 4w(f_0)$. 当 $n \neq 2$ 时, 由定理 4.11 知 $w(f_0)$ 为奇数, 从而 $C(\pm n) \neq 0$. □

4.4 非线性反馈移位寄存器序列的综合

4.4.1 求产生给定二元序列的最短 NFSR 的算法

设 $\underline{a}^{(L)} = a_1a_2\cdots a_L$ 是一条给定的长为 L 的二元序列. 要求一个最短的 (级数最小的) 非线性反馈移位寄存器来产生它.

若以 $f(x_1, x_2, \cdots, x_n)$ 为反馈函数的 n 级移位寄存器从初态 $a_1a_2\cdots a_n$ 可以产生 $\underline{a}^{(L)}$, 则对

$$\forall k_1, k_2, \quad k_1 \neq k_2, \quad 1 \leqslant k_1 < k_2 \leqslant L - n, \tag{4.1}$$

若

$$(a_{k_1}, a_{k_1+1}, \cdots, a_{k_1+n-1}) = (a_{k_2}, a_{k_2+1}, \cdots, a_{k_2+n-1}), \tag{4.2}$$

则

$$a_{k_1+n} = f(a_{k_1}, a_{k_1+1}, \cdots, a_{k_1+n-1}) = f(a_{k_2}, a_{k_2+1}, \cdots, a_{k_2+n-1}) = a_{k_2+n}. \tag{4.3}$$

反过来, 若存在 k_1, k_2 ($k_1 \neq k_2$, $1 \leqslant k_1 < k_2 \leqslant L - n$), 使得

$$(a_{k_1}, a_{k_1+1}, \cdots, a_{k_1+n-1}) = (a_{k_2}, a_{k_2+1}, \cdots, a_{k_2+n-1}), \quad 但\ a_{k_1+n} \neq a_{k_2+n},$$

则 n 级反馈移位寄存器不能产生 $\underline{a}^{(L)}$.

根据上面的分析, 可以给出产生 $\underline{a}^{(L)}$ 的最短反馈移位寄存器的算法.

步骤 1(检查). 依次对 $n = 1, 2, \cdots$ 检查, 对于适合条件 (4.1) 的 k_1, k_2, 在条件 (4.2) 成立的前提下, 看 (4.3) 式是否成立. 具体来说, 对每一个 n 执行如下步骤:

(1) 令 $k = 1$;

(2) 检查 $(a_ka_{k+1}\cdots a_{k+n-1})$ 在序列 $\underline{a}^{(L)}$ 中出现的次数;

(3) 如果 $(a_ka_{k+1}\cdots a_{k+n-1})$ 在前面出现过或只出现一次, 就令 $k := k + 1$, 执行步骤 (2), 而当 $k = L - n - 1$ 时, 就停止;

(4) 如果 $(a_ka_{k+1}\cdots a_{k+n-1})$ 以前没出现而且后面出现多次, 就对它和它在后面的每一次出现, 检查 $\underline{a}^{(L)}$ 中跟在它们后面的项是否相等. 如果都相等, 就令 $k := k + 1$, 执行步骤 (2), 而且当 $k = L - n - 1$ 时, 就停止; 否则转到 $n + 1$ 进行检查.

步骤 2(计算). 设步骤 1 算法停止在 $n = m$ 这一步上, 则可以求一个 m 元布尔函数 $f(x_1, x_2, \cdots, x_m)$, 使得 $f(a_k, a_{k+1}, \cdots, a_{k+m-1}) = a_{k+m}$, $k = 1, 2, \cdots, L - m$. 事实上, 取

$$f(x_1, x_2, \cdots, x_m) = \sum a_{k+m} x_1^{a_k} x_2^{a_{k+1}} \cdots x_m^{a_{k+m-1}},$$

其中上式求和号是对序列 $a_1a_2\cdots a_{L-1}$ 中不同 m 维向量 $(a_ka_{k+1}\cdots a_{k+m-1})$ 求和. 则以 $f(x_1,x_2,\cdots,x_m)$ 作为反馈函数的反馈移位寄存器是产生 $\underline{a}^{(L)}$ 的一个最短的反馈移位寄存器.

例 4.3 求产生长为 11 的二元序列 $\underline{a}^{(11)}=10100011101$ 的最短反馈移位寄存器.

解 先检查 $a_1=1$ 在 $\underline{a}^{(11)}$ 中出现的次数, 1 在 $\underline{a}^{(11)}$ 中出现 6 次, 它们是 $a_1=a_3=a_7=a_8=a_9=a_{11}=1$, 但 $a_2=0$, $a_8=1$, 故 1 级 FSR 不能产生 $\underline{a}^{11}$.

再检查 $a_1a_2=10$ 在 $\underline{a}^{(11)}$ 中出现次数, 10 在 $\underline{a}^{(11)}$ 中出现 3 次, $a_1a_2=a_3a_4=a_9a_{10}=10$, 但 $a_3=1$, $a_5=0$, 故 2 级 FSR 不能产生 $\underline{a}^{11}$.

再依序检查, 发现 8 个三元数组 $(a_ka_{k+1}a_{k+2})$, $k=1,2,\cdots,8$ 在 $\underline{a}^{(11)}$ 中恰出现一次. 故可求一个三元布尔函数 $f(x_1,x_2,x_3)$, 满足 $f(a_k,a_{k+1},a_{k+2})=a_{k+3}$ $k=1,2,\cdots,8$. 令 $f(x_1,x_2,x_3)=\overline{x_1x_2x_3}+\overline{x_1x_2}x_3+\overline{x_1}x_2x_3+x_1x_2\overline{x_3}$, 则它即为所求.

如果给定的是一个周期等于 L 的二元序列 $a_1a_2\cdots a_La_1a_2\cdots a_L\cdots$, 要求一个最短的反馈移位寄存器产生 $\underline{a}$, 只需将前面算法稍作修改. 首先, 式 (4.1) 修改为

$$k_1\neq k_2,\quad 1\leqslant k_1,k_2\leqslant L; \tag{4.1$'$}$$

其次, 步骤 1 中在 $\underline{a}^{(L)}$ 出现次数改为在 $\underline{a}$ 中前 $L+n-1$ 项中出现次数, 同时步骤 1 中 $k=L+n-1$ 停止改为 $k=L-1$ 停止.

例 4.4 求产生周期等于 11 的二元周期序列 $\underline{a}=10100011101,10100011101,\cdots$ 的最短的反馈移位寄存器.

解 根据例 4.3 的检查可知, 1 级和 2 级反馈移位寄存器都不能产生 $\underline{a}$. 检查 $(a_1a_2a_3)=(101)$ 在 $\underline{a}$ 中前 13 项出现的次数, 它们是 $(a_1a_2a_3)=(a_9a_{10}a_{11})=(101)$, 但 $a_4=0$, $a_{12}=1$, 故 3 级 FSR 不能产生 $\underline{a}$. 再依次序检查 11 个 4 元数组 $(a_ka_{k+1}a_{k+2}a_{k+3})$, $k=1,2,\cdots,11$ 在 $\underline{a}$ 的前 14 项中出现次数, 有 $(a_8a_9a_{10}a_{11})=(a_{11}a_{12}a_{13}a_{14})=(1101)$, 但 $a_{12}=1$, $a_{15}=0$, 故 4 级 FSR 不能产生 $\underline{a}$. 再依次序检查 11 个 5 元数组 $(a_ka_{k+1}a_{k+2}a_{k+3}a_{k+4})$, $k=1,2,\cdots,11$ 在 $\underline{a}$ 的前 15 项中出现次数, 发现它们在 $\underline{a}$ 的前 15 项中只出现一次, 故可求 5 元布尔函数 $f(x_1,x_2,x_3,x_4,x_5)$, 适合 $f(a_ka_{k+1}a_{k+2}a_{k+3}a_{k+4})=a_{k+5}$, $k=1,2,\cdots,11$. 事实上,

$$\begin{aligned}&f(x_1,x_2,x_3,x_4,x_5)\\&=\overline{x_1}x_2\overline{x_3x_4x_5}+x_1\overline{x_2x_3x_4}x_5+\overline{x_1x_2x_3}x_4x_5+\overline{x_1}x_2x_3x_4\overline{x_5}+x_1x_2x_3\overline{x_4}x_5+x_1\overline{x_2}x_3x_4\overline{x_5}\end{aligned}$$

即为所求.

4.4.2　求产生具有给定周期的一个二元周期序列的最短非奇异移位寄存器的算法

用 n 级移位寄存器所能产生的二元周期序列的周期的最大值为 2^n. 现在设 L 是一个给定正数, $0 < L \leqslant 2^n$, 是否存在非奇异 n 级反馈移位寄存器可以产生一条周期等于 L 的移位寄存器序列? 如果有的话, 怎样求出来?

情形 1. 当 $L = 2^n - 1$ 时, 取 $f(x)$ 为 $F_2[x]$ 中 n 次本原多项式, 则以 $f(x)$ 为特征多项式的 LSFR 可产生周期为 $2^n - 1$ 的移位寄存器序列.

情形 2. 当 $L = 2^n$ 时, 设 $f(x) = 1 + c_1x + c_2x^2 + \cdots + c_nx^n$ ($c_i \in F_2, 1 \leqslant i \leqslant n, c_n = 1$) 是一个本原多项式, 则以 $f(x_1, x_2, \cdots, x_n) = c_nx_1 + c_{n-1}x_2 + \cdots + c_1x_n + \overline{x_2}\overline{x_3}\cdots\overline{x_n}$ 为反馈函数的 n 级移位寄存器从任一初态出发, 都产生一个周期为 2^n 的移位寄存器序列.

情形 3. 当 $0 < L < 2^n - 1$ 时, 设 $f(x) = 1 + c_1x + c_2x^2 + \cdots + c_nx^n (c_n = 1)$ 是一个 n 次本原多项式, 则以 $f(x)$ 为反馈函数的 LFSR 的状态图 G_f 由两个圈组成, 一个圈长等于 1, 另一个圈长等于 $2^n - 1$. 记圈长为 $2^n - 1$ 的圈为 G, 若在 G 上存在一对共轭点 s 和 s^*, 满足从 s^* 沿 G 中弧的方向走到 s 的路长为 L, 令 $s = (a_1a_2\cdots a_n)$, 则以

$$f(x_1, x_2, \cdots, x_n) = c_nx_1 + c_{n-1}x_2 + \cdots + c_1x_n + x_2^{a_2}x_3^{a_3}\cdots x_n^{a_n}$$

为反馈函数的非奇异反馈移位寄存器的状态图由 3 个圈组成, 一个长为 1 的圈, 一个长为 L 的圈, 一个长为 $2^n - 1 - L$ 的圈, 其中 s 和 s^* 分别在第 2 和第 3 圈上. 那么从 s 出发, 这个反馈移位寄存器就可以产生周期为 L 的序列.

因此, 根据情形 3, 求产生一个周期为 L 的二元周期序列的非奇异 n 级反馈移位寄存器问题归结为 G_f 上去找到一对共轭顶点 s 和 s^* 并具有性质 $s = s^*T_f^L$, 其中 T_f 是以 $f(x) = 1 + c_1x + c_2x^2 + \cdots + c_nx^n$ 为连接多项式的 LFSR 的状态转移矩阵, 即

$$T_f = \begin{pmatrix} 0 & & & & & c_n \\ 1 & 0 & & & & c_{n-1} \\ & 1 & 0 & & & \\ & & 1 & \ddots & & \vdots \\ & & & & 0 & c_2 \\ & & & & 1 & c_1 \end{pmatrix}_{n\times n}.$$

若 $s = s^*T_f^L$, 则 $(1, 0, \cdots, 0) = s + s^* = s^*(T_f^L + E)$. 由于 T_f 为线性变换, 故 $T_f^L + E$ 也为线性变换, 并且 $\mathrm{Ker}\,(T_f^L + E) = \{(0, 0, \cdots, 0)\}$, 故 $\left|T_f^L + E\right| \neq 0$, 于是

$$s^* = (1, 0, \cdots, 0)(T_f^L + E)^{-1},$$

从而

$$s = s^* + (1,0,\cdots,0) = (1,0,\cdots,0)((T_f^L + E)^{-1} + E),$$

这表明当 $0 < L < 2^n - 1$ 时, $f(x) = 1 + c_1x + c_2x^2 + \cdots + c_nx^n (c_n = 1)$ 为 n 次本原多项式时, 则以 $f(x)$ 为联接多项式的 n 级 LFSR 的状态图中圈长为 $2^n - 1$ 的圈上有唯一一对顶点 s 和 s^*, 从 s^* 沿着这个圈中弧的方向走到 s 的路长等于 L. 令 $s = (a_1a_2\cdots a_n)$, 则以

$$f(x_1, x_2, \cdots, x_n) = c_nx_1 + c_{n-1}x_2 + \cdots + c_1x_n + x_2^{a_2}x_3^{a_3}\cdots x_n^{a_n}$$

为反馈函数的 n 级非奇异移位寄存器, 从初态出发可产生周期等于 L 的 FSR 序列. 进一步, $s = (1,0,\cdots,0)((T_f^L + E)^{-1} + E)$.

习 题 4

1. 作出以下列多项式为反馈函数的 4 级移位寄存器的状态图 G_f:

(1) $f(x_1, x_2, x_3, x_4) = x_1x_2 + x_3 + x_4 + 1$;

(2) $f(x_1, x_2, x_3, x_4) = x_1 + x_4$;

(3) $f(x_1, x_2, x_3, x_4) = 1 + x_2 + x_3 + x_4 + x_3x_4 + x_2x_3x_4$.

2. 试利用定理 4.2(5) 证明: q 元有限域上 n 元非奇异反馈函数恰有 $(q!)^{q^{n-1}}$ 个.

3. 试证明定理 4.5 和定理 4.6.

4. 试研究 q 元有限域上次数小于等于 3 的 n 元非奇异反馈函数.

5. 试给出 Mobius 反演公式的证明: 设 $f(n)$ 和 $g(n)$ 都是数论函数 (即定义在自然数集上的函数), 则 $f(n) = \sum_{d|n} g(d)$ 成立当且仅当 $g(n) = \sum_{d|n} \mu(d) f\left(\frac{n}{d}\right)$ 成立, 其中 $\mu(n)$ 为 Mobius 数论函数, 其定义为

$$\mu(n) = \begin{cases} 1, & \text{如果 } n = 1; \\ 0, & \text{如果 } n \text{ 含有平方因子}; \\ (-1)^r, & \text{如果 } n \text{ 是 } r \text{ 个两两不同的素数之积}. \end{cases}$$

提示: 先证明当 $n > 1$ 时有 $\sum_{d|n} \mu(d) = 0$.

6. 对习题 1 中的每个状态图 G_f, 执行下列两步:

(1) 把 G_f 的所有圈并为一个圈;

(2) 写出一个生成 4 级 M 序列的反馈函数.

7. 试构造全部 3 级 M 序列的反馈函数.

8. 试证明定理 4.21 的 (1) 与 (2).

9. 求一个最短的非奇异移位寄存器产生周期为 9 的二元序列 $\underline{a} = (100110011)$.

10. 求一个最短的非奇异移位寄存器产生长度为 8 的二元序列 $\underline{a} = (11010110)$.

11. 求一个最短的移位寄存器, 使其可以产生周期为 69 的二元周期序列.

第 5 章　分组密码的设计原理

5.1　分组密码的设计原则

分组密码设计就是找到一种算法, 能在密钥的控制下从一个足够大且足够好的置换子集中简单而迅速地选出一个置换, 用来对当前输入的明文进行加密变换. 一般地, 分组密码的设计原则包括安全性原则和实现原则两种. 前者主要研究如何设计安全强度高的分组密码算法, 后者主要讨论如何提高分组密码算法的执行速度和实现效益. 分组密码的安全性原则主要基于 Shannon 提出的混乱原则和扩散原则.

混乱原则：设计的密码应使得明文、密文和密钥三者之间的依赖关系相当复杂, 以至于这种依赖性对密码分析者来说是无法利用的.

扩散原则：设计的密码应使得密钥的每一位数字影响密文的许多位数字以防止对密钥进行逐段破译, 而且明文的每一位数字也应当影响密文的许多位数字以便隐蔽明文数字的统计特性.

混乱可以很好地掩盖明文和密文之间的关系, 可以挫败通过研究密文以获取明文的冗余度和统计模式的企图. 非线性变换可以提供比较好的混乱, 分组密码设计中的非线性变换通常称为 S 盒. 扩散性可以有很多种理解, 比如 "粘连性" 指的是明文、密文、密钥的每一位都相互依赖; "雪崩性" 指的是当改变明文的任何一个比特时, 对应密文比特改变至少一半. 线性变换可以提供比较好的扩散, 分组密码设计中的线性变换通常称为 P 置换. 值得注意的是, S 盒除了提供混乱作用外, 同时也具有一定的扩散作用, 同理, P 置换除了提供扩散作用外, 也具有一定的混乱作用. 只不过在分组密码设计时, 认为 S 盒主要起混乱作用, 而 P 置换主要起扩散作用. 有意思的是, 大多数分组密码算法, 比如 Feistel 型的密码和 SPN (Substitution Permutation Network) 型的密码都有比较明确的 S 盒和 P 置换, 这些密码组件的作用也非常明确. 但有些分组密码算法, 比如 Lai-Massey 型的密码一般混合使用来自不同群中的运算 (异或运算、模加运算和模乘运算等), 这时密码组件的混乱作用和扩散作用难以区分.

安全性原则除了混乱原则和扩散原则外, 还有一点需要注意, 就是人们所设计的密码应该能抵抗所有已知的攻击, 这一原则称为抗现有攻击原则.

根据不同的应用环境, 分组密码既可以用软件实现, 又可以用硬件实现. 软件实现的优点是灵活性强、实现代价低. 硬件实现的优点是可以获得很高的实现速率. 因此, 分组密码的实现原则包括软件实现原则和硬件实现原则两个方面.

软件实现的设计原则：密码算法应尽可能使用字块和简单的运算, 字块的长度能自然地适应软件编程. 比如采用 8, 16 或 32 位的字进行模加运算、移位运算或者异或运算等.

美国 AES 计划和欧洲 NESSIE 计划在征集各自的分组密码标准算法过程中, 都特别强调所提交的算法应当在多种平台上能有效的运行, 因此, 密码算法一般用标准处理器所具有的基本指令, 比如加法、乘法、移位和基本的逻辑运算.

硬件实现的设计原则：为了节约成本, 减少硬件逻辑门的数量, 一般将算法设计成加解密相似的, 即同样的器件既可用来加密, 又可以用来解密, 加密算法和解密算法的区别只是密钥的使用方式不同.

根据分组密码的上述设计原则, 我们发现迭代分组密码算法与上述设计原则基本相符. 一个简单的轮函数可以很快实现, 并且一个适当选取的轮函数经过若干次迭代后可以提供必要的混乱和扩散. 目前已知的分组密码算法大都是采用迭代分组密码的方式.

5.2　分组密码的结构特征

一个迭代分组密码通常由加密算法、解密算法和密钥扩展算法三个部分组成. 解密算法通常是加密算法的逆算法, 所以迭代分组密码的设计重点主要放在加密算法和密钥扩展算法上. 目前, 分组密码算法所采用的整体结构大致可分为以下三种：Feistel 型、SPN 型和 Lai-Massey 型. 三种结构均是通过迭代与密钥相关的非线性变换来实现的. 加解密一致是 Feistel 型密码的一大优点, 但轮函数扩散较慢是它的一个缺点, 例如, 至少需要两轮才能改变输入的每一个比特. 宽轨迹策略是 SPN 型密码的特点, 通过宽轨迹策略, 可以估计密码算法抵抗差分密码攻击和线性密码攻击的能力, 从而从理论上证明密码算法对于这两种典型的密码攻击方法的免疫性.

5.2.1　Feistel 结构

Feistel 结构 (或 Feistel 网络) 如图 5.1 所示, 它是 20 世纪 70 年代美国 IBM 公司 Horst Feistel 在设计 Lucifer 密码 (DES 算法的前身) 时发明的一种结构, 并因 DES 算法的广泛使用而流行, 在密码设计与分析领域影响比较大, 至今许多著名的分组密码算法都采用这种结构, 比如, 日本快速数据加密算法 FEAL、美国 AES 计划候选算法 Blowfish 和 Mars、欧洲新的分组密码标准算法 Camellia 等.

Feistel 结构的基本原理是：明文输入 P 被分为左右两个部分 L_0 和 R_0, 这两部分数据经过 r 轮的处理后组合起来产生密文分组. 第 i 轮将以第 $i-1$ 轮的运算

结果 L_{i-1} 和 R_{i-1} 作为输入, 在对应的密钥 K_i 控制下, 通过轮函数 F 进行密码变换.

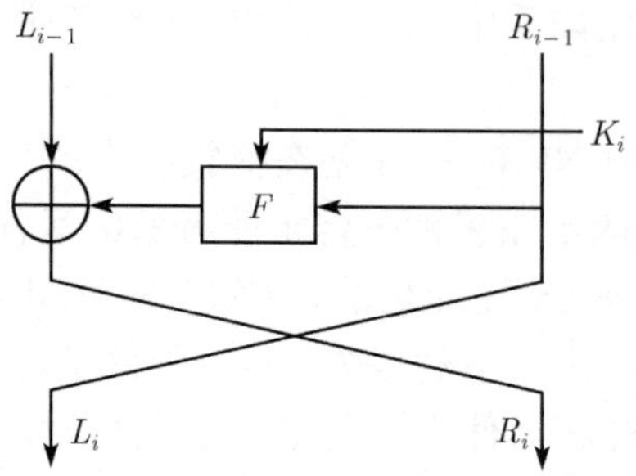

图 5.1　一轮 Feistel 结构的加密流程图

根据明文输入左右两部分长度是否相同, Feistel 结构分为平衡和非平衡两种类型, 其中非平衡 Feistel 结构是 Schneier 和 Kelsey 在 FSE1996 上将平衡 Feistel 结构推广而来的.

对于数据长度为 $2n$ 比特、轮密钥长度为 m 比特的 r 轮平衡 Feistel 结构的分组密码, 其加密算法流程可以描述如下:

步骤 1. 给定明文 P($2n$ 比特), 记 $P = L_0R_0$, L_0 和 R_0 分别为明文 P 的左右 n 比特.

步骤 2. 进行 r 轮完全相同的运算, 在这里数据和密钥相结合, 并根据下述规则由 $L_{i-1}R_{i-1}$ 计算 L_iR_i, $i = 1, 2, \cdots, r$:

$$\begin{cases} L_i = R_{i-1}, \\ R_i = L_{i-1} \oplus F(R_{i-1}, K_i), \end{cases}$$

这里 F: $F_2^n \times F_2^m \to F_2^n$ 为轮函数, 输入变量为上一轮右边 n 比特的输出 R_{i-1} 和本轮 m 比特的轮密钥, $\oplus$ 表示异或运算, 轮密钥 $K_1, K_2, \cdots, K_r$ 由种子密钥 K 通过密钥扩展算法生成.

步骤 3. 输出密文 $C = R_rL_r$.

值得注意的是, 为了使得加密算法同时可以用于解密, 也就是加解密一致性, 加密算法的最后一轮略去 “左右变换”. 读者很容易验证如下事实: 如果将轮密钥 $K_1, K_2, \cdots, K_r$ 的顺序调整为 $K_r, K_{r-1}, \cdots, K_1$, 然后将 $C = R_rL_r$ 作为加密算法的明文输入, 那么输出的密文必为明文 $P = L_0R_0$. Feistel 结构密码的一大优点就是加解密一致, 为了保证它的一致性, 所做的牺牲就是数据扩散性较差, 算法需要两轮才能改变输入的每一比特.

对于数据长度为 $2n$ 比特、轮密钥长度为 m 比特的 r 轮非平衡 Feistel 结构 (见图 5.2) 的分组密码, 其加密算法流程可以描述如下:

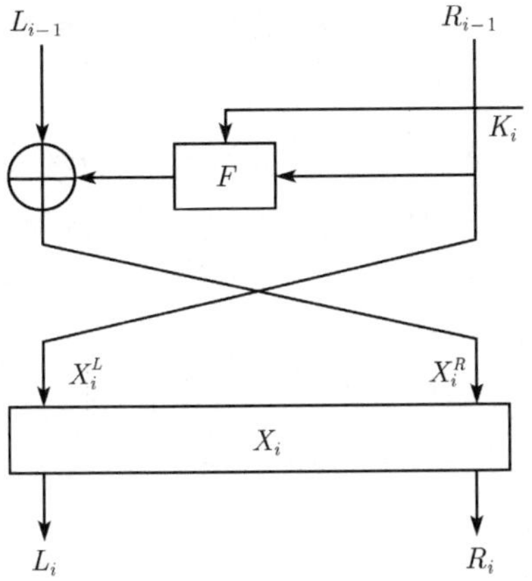

图 5.2 一轮非平衡 Feistel 结构加密流程图

步骤 1. 给定明文 X_0($2n$ 比特), 记 $X_0 = L_0R_0$, 这里 L_0 是 X_0 的左边 s 比特, R_0 是 X_0 的右边 t 比特, 其中 $s + t = 2n$.

步骤 2. 进行 r 轮完全相同的运算, 在这里数据和密钥相结合, 并根据下述规则由 $L_{i-1}R_{i-1}$ 计算 L_iR_i, $i = 1, 2, \cdots, r$:

$$\begin{cases} X_i^L = R_{i-1}, \\ X_i^R = L_{i-1} \oplus F(R_{i-1}, K_i), \\ X_i = X_i^L X_i^R, \\ L_iR_i = X_i, \end{cases}$$

这里 L_i 是 X_i 的左边 s 比特, R_i 是 X_i 右边 t 比特, F: $F_2^t \times F_2^m \to F_2^s$ 为轮函数, 输入变量为上一轮右边 t 比特的输出 R_{i-1} 和本轮 m 比特的轮密钥, 轮密钥 $K_1, \cdots, K_r$ 由种子密钥 K 通过密钥扩展算法生成.

步骤 3. 输出密文 $C = R_rL_r$.

同样, 为了加解密的一致性, 最后一轮输出略去 “左右变换”.

5.2.2 SPN 结构

SPN 结构 (或 SPN 网络) 如图 5.3 所示, 因美国高级加密标准 Rijndael 算法采用该结构而广为人知. 许多著名的分组密码算法都采用 SPN 结构, 比如 Shark, Square, Serpent 等.

对于分组长度为 n 的 r 轮 SPN 结构的密码, 其加密流程如下:

步骤 1. 给定输入明文 X, 把明文分成 t 个相同长度的分组, 分组的长度通常是计算机字的长度: 8, 16, 32 或者 64 比特等.

$$X = (X_1, X_2, \cdots, X_t) = (X_1^{(0)}, X_2^{(0)}, \cdots, X_t^{(0)}).$$

步骤 2. 进行 r 轮完全相同的运算, 在这里数据和密钥相结合, 并根据下述规则进行轮变换：

$$(X_1^{(i)}, X_2^{(i)}, \cdots, X_t^{(i)}) = P(S(X_1^{(i-1)}, K_1^{(i-1)}), S(X_2^{(i-1)}, K_2^{(i-1)}), \cdots, S(X_t^{(i-1)}, K_t^{(i-1)})),$$

这里 S 为作用于各子块的非线性可逆变换, 通常称为 S 盒, P 是一个作用于整个分组的置换, 通常称为 P 置换, $K_1^{(i-1)}, \cdots, K_t^{(i-1)} (1 \leqslant i \leqslant r)$ 是由种子密钥 K 通过密钥扩展算法生成的各轮的子密钥.

步骤 3. 输出密文 $C = (X_1^{(r)}, X_2^{(r)}, \cdots, X_t^{(r)})$.

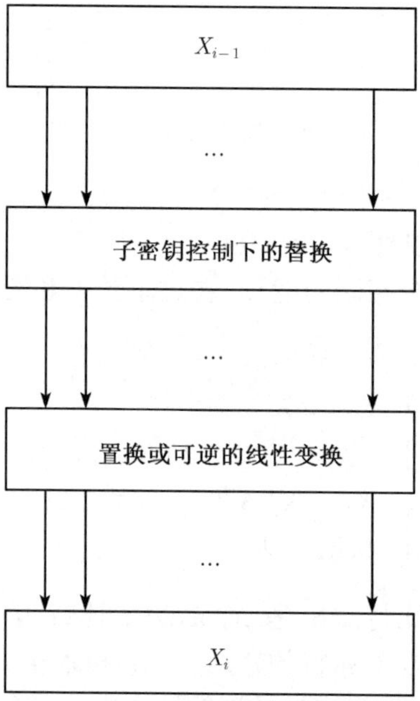

图 5.3　一轮 SPN 结构密码的加密流程图

SPN 结构的密码算法具有非常清晰的结构, 轮函数由 S 盒和 P 置换构成, S 称为混淆层, 主要起混淆作用. P 称为扩散层, 主要起扩散作用. 这与 Shannon 关于密码安全性的设计原则吻合得较好. 该结构的密码还具有以下几个特点：

(1) 每一轮中各子块都受到轮变换的影响;

(2) 各轮变换子部件都是可逆的;

(3) 加解密过程使用不同的操作, 解密变换恰好为加密变换的逆变换, 只是子密钥使用顺序相反;

(4) 密码结构的加解密过程具有并行性.

SPN 结构的优点在于明确了组件 S 和 P 的某些密码指标后, 设计者能估计 SPN 结构的密码抵抗差分密码攻击和线性密码攻击的能力. 和 Feistel 结构相比,

SPN 结构可以得到更快的扩散, 但是 SPN 结构的密码算法的加解密通常不一致, 从而在实现的时候需要更多的软硬件资源. 事实上, 如果要求 SPN 结构的密码算法具有加解密一致性, 就得要求轮函数中密码组件 S 盒和 P 置换均为对合变换, 即两次连续变换等同于恒等变换. 但是, 使用具有对合性质的 S 盒和 P 置换需要更加细致地分析其密码学性质, 避免因为追求对合性带来的安全隐患. 如在欧洲 NESSIE 计划分组密码算法的征集过程中, Rijmen 曾提交了一个加解密一致的 SPN 型密码 Nubes 算法, 该算法在第一轮分析评估中就被认为是不安全的算法而被淘汰.

5.2.3 Lai-Massey 结构

除了上面两种典型的密码结构外, 第三种结构的密码就是 Lai-Massey 结构的密码. 代表性的算法有 IDEA 和 FOX 等密码算法. 这类密码的轮函数往往不能明确区分 "混淆层" 和 "扩散层". 其加密流程 (见图 5.4) 可以描述如下:

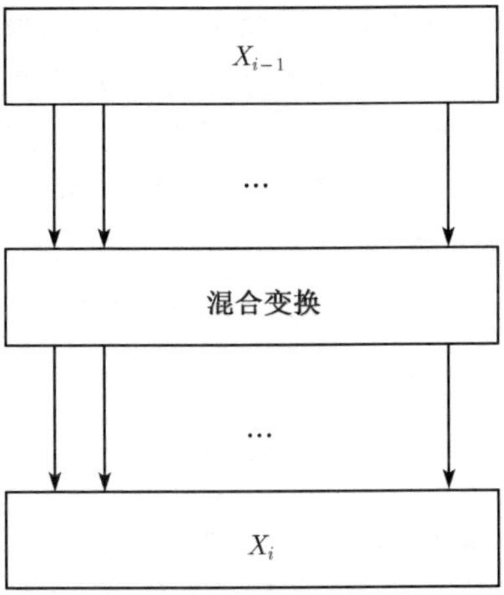

图 5.4 一轮 Lai-Massey 结构密码的加密流程图

步骤 1. 给定输入明文 X, 把明文分成 t 个相同长度的分组, 分组的长度通常为计算机字的长度 8, 16, 32 或者 64 比特等.

$$X = (X_1, X_2, \cdots, X_t) = (X_1^{(0)}, X_2^{(0)}, \cdots, X_t^{(0)}).$$

步骤 2. 进行 r 轮完全相同的运算, 在这里各分组数据通过异或运算、模加运算、模乘运算和移位运算等变换, 充分和轮密钥相混合.

步骤 3. 输出密文 $C = (X_1^{(r)}, X_2^{(r)}, \cdots, X_t^{(r)})$.

从分组密码的结构特点我们发现, 三种结构的密码都是采用迭代分组密码, 轮函数中均使用了用于混淆的变换和用于扩散的变换, 只是对于 Feistel 结构和 SPN

结构的密码, 这两种变换区分较为清晰, 而对于 Lai-Massey 结构的密码, 轮函数中变换的"混淆"和"扩散"的作用不易区分. 为了研究密码算法抵抗各种已有攻击的能力, 就必须分析轮函数以及轮函数中变换的密码学性质, 轮函数中的变换通常称为密码组件, 密码组件包括 S 盒、P 变换、异或运算、模加运算、模乘运算和移位运算等各种类型的变换. 对密码组件的密码学性质进行研究是密码学研究中一个重要问题, 见文献 [21].

5.3 S 盒的设计准则

S 盒作为分组密码算法中提供混淆作用的非线性部件, 对整个密码算法的安全性起着关键作用. 各种分组密码的安全强度, 特别是对抗差分密码攻击和线性密码攻击的能力, 都与它们所采用的 S 盒紧密相关. 从安全性角度来说, 分组密码中所使用的 S 盒的规模越大, 密码算法的非线性程度就越高, 密码算法的混淆性能就越好. 从实现效益的角度来说, 分组密码中所使用的 S 盒越大, 计算、存储和查表所需要的时间就越多, 密码算法的实现效率就越低. 所以如何选择 S 盒的规模, 需要一个折衷的考虑. 目前所采用的 S 盒通常规模都不大, 比如美国数据加密标准 DES 算法采用的是 6 进 4 出的 S 盒, 美国高级加密标准 Rijndael 算法采用的是 8 进 8 出的 S 盒. 尽管目前分组密码算法中采用的 S 盒都是用表格形式给出的, S 盒的运算也是通过查表的方式来实现的, 但 S 盒本质上都是从 F_2^n 到 F_2^m 的多输出函数, 即可以表示为形如

$$S(x) = (f_1(x_1, x_2, \cdots, x_n), f_2(x_1, x_2, \cdots, x_n), \cdots, f_m(x_1, x_2, \cdots, x_n))$$

的函数, 这里 $f_i(x_1, x_2, \cdots, x_n)(1 \leqslant i \leqslant m)$ 表示 n 元布尔函数, 这样的 S 盒通常称作 $n \times m$ 的 S 盒. 由此可知, DES 算法的 S 盒是 6×4 的 S 盒, Rijndael 算法的 S 盒是 8×8 的 S 盒. 当参数 m 和 n 较大时, 几乎所有的 S 盒都是非线性的. S 盒的密码学性质大都是针对目前已有的攻击方法来说的, 线性密码攻击的提出导致 S 盒的非线性度研究, 差分密码攻击的提出迫使我们去研究 S 盒的差分均匀度, 相关攻击的出现使得我们去分析 S 盒的相关免疫度, 代数攻击的提出又产生了代数免疫度的概念. 下面给出 S 盒的密码学指标的定义, 以及单项密码学指标最优的函数的名称, 有关这些密码学指标的具体研究, 可以参见文献 [21], 该书较为详细地介绍了 S 盒的密码学指标研究方面的理论、方法和有关成果.

定义 5.1 设 $f(x)$: $F_2^n \to F_2$ 是一个 n 元布尔函数, L_n 表示全体 n 元线性和仿射函数的集合, 称 $N_f = \min\limits_{l \in L_n} d_{\mathrm{H}}(f,\ l)$ 为布尔函数 f 的非线性度, 这里 $d_{\mathrm{H}}(f,\ l)$ 表示 f 与 l 之间的 Hamming 距离, 即满足 $f(x) \neq l(x)$ 的元素 $x \in F_2^n$ 的个数.

布尔函数的非线性度越大, 布尔函数离线性或者仿射函数的距离就越远, 线性攻击的难度就越大, 采用该布尔函数作为组件的密码算法抗线性攻击的能力就越强. 可以证明 [21], n 元布尔函数 f 的非线性度的上界为 $2^{n-1}-2^{\frac{n-2}{2}}$, 即对任意的 n 元布尔函数 $f(x)$, 都有

$$N_f \leqslant 2^{n-1}-2^{\frac{n-2}{2}}.$$

如果一个 n 元布尔函数 $f(x)$ 的非线性度达到上界 $2^{n-1}-2^{\frac{n-2}{2}}$, 就称该布尔函数为 Bent 函数. 事实上, $f(x)$ 为 Bent 函数的充分必要条件是 $f(x)$ 与每一个线性或者仿射函数的 Hamming 距离均为 $2^{n-1}-2^{\frac{n-2}{2}}$. 由 Bent 函数的定义, Bent 函数存在的一个必要条件是 n 为偶数. 事实上, 当 n 为偶数时, 可以构造许多 n 元 Bent 函数 [21].

下面将布尔函数非线性度的概念推广到多输出函数, 即一般的 S 盒上.

定义 5.2 设 $S(x)=(f_1(x),f_2(x),\cdots,f_m(x)):F_2^n\to F_2^m$ 是一个多输出函数, 称

$$N_S=\min_{\substack{l\in L_n\\0\neq u\in F_2^m}} d_{\mathrm{H}}(u\cdot S(x),l(x))$$

为 $S(x)$ 的非线性度, 这里 $u\cdot S(x)$ 表示向量的点积运算.

对于多输出函数 $S(x):F_2^n\to F_2^n$ 来说, 这时 $S(x)$ 可以看成有限域 F_{2^n} 上的一个函数, 可以证明 $N_S\leqslant 2^{n-1}-2^{\frac{n-1}{2}}$. 如果多输出函数 $S(x)$ 的非线性度达到最大值 $2^{n-1}-2^{\frac{n-1}{2}}$, 就称 $S(x)$ 为几乎 Bent 函数, 简称 AB 函数. 由 AB 函数的定义可以看出, 只有当 n 为奇数时, 才可能存在 AB 函数. 关于 AB 函数的性质、构造与应用, 可以参见文献 [21]. 根据线性密码攻击的原理, 分组密码中的 S 盒应选取非线性度高的多输出函数.

定义 5.3 设 $S(x)=(f_1(x),f_2(x),\cdots,f_m(x)):F_2^n\to F_2^m$ 是一个多输出函数, 令

$$\delta=\max_{\substack{\alpha\in F_2^n\\\alpha\neq 0}}\max_{\beta\in F_2^m}|\{x\in F_2^n\mid S(x\oplus\alpha)\oplus S(x)=\beta\}|,$$

则称 $S(x)$ 是差分 δ 均匀的, 也称 δ 为 $S(x)$ 的差分均匀度.

上面定义中的等式 $S(x\oplus\alpha)\oplus S(x)=\beta$ 表示当 S 盒的输入差分为 $(x\oplus\alpha)\oplus x=\alpha$ 时, S 盒的输出差分为 $S(x\oplus\alpha)\oplus S(x)=\beta$. 而 $|\{x\in F_2^n\mid S(x\oplus\alpha)\oplus S(x)=\beta\}|$ 就表示输入差分为 α 输出差分为 β 的明文对 $(x,\ x\oplus\alpha)$ 的个数. 差分均匀度就是对于所有输入差分为 $\alpha\neq 0$ 输出差分为 β 的明文对的个数的最大值. 因为不同输入明文对的数目为 $2^n(2^n-1)$, 不同差分对 $(\alpha,\ \beta)$ 的总数为 $2^m(2^n-1)$, 差分分布均匀就是指每一对不同差分出现的频率相同, 即均为 $\dfrac{2^n(2^n-1)}{2^m(2^n-1)}=2^{n-m}$. 如果 S 盒的差分分布不均匀, 即某些差分对出现的频率大, 某些差分对出现的频率小, 密码

算法就可能遭到差分密码攻击. 根据差分均匀度的定义, 对于任何多输出函数来说, 差分均匀度至少为 2. 因为若 x 使得 $S(x\oplus\alpha)\oplus S(x)=\beta$ 成立, 则 $x\oplus\alpha$ 也使得 $S(x\oplus\alpha)\oplus S(x)=\beta$ 成立, 从而 $\delta\geqslant 2$. 对于 $n=m$ 的 S 盒来说, $S(x)$ 本质上就是有限域 F_{2^n} 的函数, 如果它的差分均匀度 $\delta=2$, 就称这样的函数为几乎完全非线性函数, 简称 APN 函数. 如果将差分均匀度的概念推广到奇特征的有限域 F_{p^n} 上, 即设 $S(x)$ 是有限域 $F_{p^n}(p\neq 2)$ 上的函数, 这时差分均匀度 $\delta\geqslant 1$, 满足 $\delta=1$ 的函数 $S(x)$ 称为完全非线性函数, 简称 PN 函数. 特征为 2 的有限域上不存在 PN 函数, 但存在 APN 函数. 特征为奇数的有限域上既存在 PN 函数, 也存在 APN 函数. PN 函数和 APN 函数的构造问题一直是对称密码学中研究的热点问题, 可以参见文献 [21].

记 B_n 是全体 n 元布尔函数的集合, 对任意布尔函数 $f\in B_n$, f 的零化子定义为

$$\mathrm{Ann}(f)=\{g\in B_n\mid f(x)g(x)=0\}.$$

利用零化子, 可以给出布尔函数代数免疫度的定义.

定义 5.4 布尔函数 $f\in B_n$ 的代数免疫度是使得 $gf=0$ 或者 $g(f+1)=0$ 成立的非零函数 $g\in B_n$ 的最小次数. 记作 $\mathrm{AI}(f)$. 也就是

$$\mathrm{AI}(f)=\min\{\deg(g(x))|0\neq g(x)\in \mathrm{Ann}(f)\bigcup \mathrm{Ann}(1+f)\}.$$

布尔函数的代数免疫度与代数攻击有密切关系. 事实上, 代数攻击最初是针对序列密码提出的, 对于某些代数次数比较高的布尔函数, 形式上看用它们作为序列密码的滤波函数和非线性组合函数是安全的, 但如果该类布尔函数乘以一个次数较低的布尔函数可以变成一个次数很低的布尔函数, 那么这类序列密码就很容易遭受代数攻击. 比如用代数攻击算法可以容易破译 LILI128 和 Toyocrypt 两类序列密码. 因此, 在序列密码设计中, 希望反馈函数、前馈函数或者非线性组合函数具有较高的代数免疫度. 可以证明 [21], n 元布尔函数的代数免疫度不超过 $\left\lceil\frac{n}{2}\right\rceil$, 并且如果 $\mathrm{AI}(f)>d$, 那么布尔函数 f 的 Hamming 重量 $wt(f)$ 满足下面性质:

$$\sum_{i=0}^{d}\binom{n}{i}\leqslant wt(f)\leqslant\sum_{i=0}^{n-(d+1)}\binom{n}{i},$$

这里 $\binom{n}{i}$ 表示组合数. 这两个性质意味着若布尔函数具有最优代数免疫度 $\left\lceil\frac{n}{2}\right\rceil$, 则当 n 为奇数时, f 的 Hamming 重量 $wt(f)=2^{n-1}$, 即 f 为平衡函数; 当 n 为偶数时, f 的 Hamming 重量 $wt(f)$ 具有性质: $\sum_{i=0}^{\frac{n}{2}-1}\binom{n}{i}\leqslant wt(f)\leqslant\sum_{i=0}^{\frac{n}{2}}\binom{n}{i}$. 代数攻击

算法也可以用于攻击某些分组密码算法和公钥密码算法, 比如, 有些学者认为代数攻击算法是对美国高级加密标准 AES 的最大威胁. 为了将布尔函数代数免疫度的概念自然地推广到 S 盒, 下面引进集合的零化理想的概念: 设 $B_{n,m}$ 是全体 n 进 m 出的多输出函数的集合, 即 $B_{n,m}$ 表示全体下列函数的集合:

$$S(x) = (f_1(x), f_2(x), \cdots, f_m(x)) : F_2^n \to F_2^m,$$

这里 $f_i \in B_n (1 \leqslant i \leqslant m)$.

对于任意一个子集合 $S \subseteq F_2^n$, S 的零化理想定义为

$$N(S) = \{g \in B_n \mid g|_S = 0\},$$

其中 $g|_S$ 表示 g 在集合 S 上的限制, 于是 $g|_S = 0$ 意味着对所有 $v \in S$, 均有 $g(v) = 0$. 如果 f 表示 n 元布尔函数, 那么集合 $S_0 = f^{-1}(0)$ 的零化理想就是布尔函数 $f + 1$ 的全体零化子构成的集合, 集合 $S_1 = f^{-1}(1)$ 的零化理想就是布尔函数 f 的全体零化子构成的集合. 记

$$\mathrm{AI}(S) = \min\{\deg(g) \mid 0 \neq g \in N(S)\} = \min\{\deg(g) \mid 0 \neq g \in B_n, g|_S = 0\},$$

则多输出函数 $S(x) = (f_1(x), f_2(x), \cdots, f_m(x)) : F_2^n \to F_2^m$ 的代数免疫度可以如下定义:

定义 5.5 设 $S(x) = (f_1(x), f_2(x), \cdots, f_m(x)) : F_2^n \to F_2^m$ 是非零的多输出函数, 则 $S(x)$ 的代数免疫度定义为

$$\mathrm{AI}(S(x)) = \min\left\{\mathrm{AI}(S^{-1}(a)) \mid a \in F_2^m\right\},$$

其中对于任意 $a = (a_1, a_2, \cdots, a_m) \in F_2^m$, $S^{-1}(a)$ 定义如下:

$$S^{-1}(a) = \{v \in F_2^n \mid f_i(v) = a_i (1 \leqslant i \leqslant m)\}.$$

容易验证, 定义 5.5 是定义 5.4 的推广形式. 可以证明 [21], 如果 $n \geqslant m \geqslant 1$, d 是满足条件 $\sum_{i=0}^{d} \binom{n}{i} > 2^{n-m}$ 的最小正整数, 那么任意非零多输出函数 $S(x)$ 的代数免疫度 $\mathrm{AI}(S(x)) \leqslant d$. 构造代数免疫度最优的布尔函数和多输出函数是代数攻击理论中一个重要问题, 可以参考文献 [21].

除了上面给出的非线性度、差分均匀度和代数免疫度这三个重要的密码学指标外, S 盒或者说多输出函数还有其他一些密码学指标, 比如代数次数与项数分布、可逆性和扩散性等. 前两个指标比较容易理解, 下面给出扩散性的定义.

定义 5.6 称 n 元布尔函数 $f(x)$ 关于非零向量 $\alpha \in F_2^n$ 满足扩散准则, 是指布尔函数 $f(x \oplus \alpha) \oplus f(x)$ 是一个平衡函数. 称 $f(x)$ 满足 k 次扩散准则, 是指对所有向量 $\alpha \in F_2^n$, $1 \leqslant wt(\alpha) \leqslant k$, $f(x)$ 关于 α 均满足扩散准则.

定义 5.7 对于多输出函数 $S(x) = (f_1(x), f_2(x), \cdots, f_m(x)) : F_2^n \to F_2^m$, 若每个分量函数关于非零向量 $\alpha \in F_2^n$ 满足扩散准则, 则称 $S(x)$ 关于非零向量 $\alpha \in F_2^n$ 满足扩散准则. 若每个分量函数满足 k 次扩散准则, 则称 $S(x)$ 满足 k 次扩散准则.

尽管上面给出了 S 盒的扩散性定义, 但在密码的设计与分析中, 密码算法的扩散性主要还是由 P 置换完成的.

5.4 P 置换的设计准则

SPN 结构的分组密码的 P 置换一般是在 S 盒之后, 目的是提供良好的雪崩效应和扩散作用, 并进一步提高密码算法的混淆程度. 如果密码算法的混淆层是由 m 个 $n \times n$ 的 S 盒并置而成, 那么 P 置换往往设计成从 $(F_2^n)^m$ 到 $(F_2^n)^m$ 的一个线性置换. 在对分组密码进行差分密码攻击和线性密码攻击时, 攻击的复杂度通常与 P 置换相关联的活动 S 盒的数目有关. 在差分密码攻击时, 一个 S 盒称为是活动的, 是指它的输入差分不为 0. 在线性密码攻击时, 一个 S 盒称为是活动的, 是指线性逼近关系涉及到它的一些输入或者输出比特. 为此给出 P 置换的差分分支数和线性分支数的概念.

定义 5.8 令 $\theta : (F_2^n)^m \to (F_2^n)^m$ 是一个线性变换, $a = (a_1, \cdots, a_m) \in (F_2^n)^m$, $w_{\mathrm{H}}(a)$ 表示向量 a 中非零分量 $a_i \in F_2^n$ 的个数, 则变换 θ 的差分分支数定义为

$$B_d(\theta) = \min_{a \neq 0}(w_{\mathrm{H}}(a) + w_{\mathrm{H}}(\theta(a))).$$

定义 5.9 设 $\theta, a, w_{\mathrm{H}}(a)$ 如上定义, 则存在一个矩阵 M, 使得 $\theta(x) = M \cdot x$, 变换 θ 的线性分支数定义为

$$B_l(\theta) = \min_{a \neq 0}(w_{\mathrm{H}}(a) + w_{\mathrm{H}}(M^{\mathrm{T}} \cdot a)).$$

分支数的大小涉及差分密码分析或者线性密码分析中活跃 S 盒的最小数目, 因此, 为了抵抗差分密码分析和线性密码分析, 必须使得分支数尽可能大. 由于 $\theta : (F_2^n)^m \to (F_2^n)^m$, 因此 $B_d(\theta), B_l(\theta) \leqslant m + 1$. 可以证明, 一个置换 θ 达到最大差分分支数, 当且仅当它达到最大线性分支数 [7]. 因此, 若 $B_d(\theta) = B_l(\theta) = m + 1$, 则称变换 θ 的分支数是最佳的.

对 SPN 结构的分组密码来说, 若 δ_S 表示 m 个并置的 $n \times n$ 的 S 盒的最大差分均匀度, $q_S = \dfrac{1}{2} - \dfrac{N_S}{2^n}$ 表示这些 S 盒的最佳线性逼近优势, $t = B_d(P)$ 或 $B_l(P)$

为 P 置换的差分或线性分支数, 则根据分支数的定义, SPN 结构的密码算法 2 轮活动 S 盒的个数至少为 t. 因此, r 轮迭代分组密码算法活动 S 盒个数 η 满足:

$$\eta \geqslant \begin{cases} \dfrac{r}{2} \times t, & r \text{ 为偶数}, \\ \dfrac{r-1}{2} \times t, & r \text{ 为奇数}. \end{cases}$$

由此可知, 密码算法任意差分特征的概率不超过 δ_S^η, 而任意线性逼近的优势不超过 $2^{\eta-1}q_S$, 这就表明 P 置换的分支数 t 越大, 则 η 的取值就越大, 差分密码攻击和线性密码攻击的难度就越高, 这表明可以从理论上分析 SPN 结构的密码算法抵抗差分密码攻击和线性密码攻击的能力, 因此可以将 P 置换的分支数作为 P 置换设计的一个安全准则. 如何构造分支数最佳的 P 置换是分组密码设计与分析中的一个重要问题. 利用纠错编码的方法可以构造分支数最佳的 P 置换.

定理 5.1 设 C 是有限域 F_{2^n} 上的一个 $[2m, m, m+1]$ 线性码, $G = [I, B]$ 为 C 的生成矩阵, 这里 I 为 $m \times m$ 的单位矩阵, B 为 $m \times m$ 的方阵, 定义如下置换:

$$\begin{aligned} P:\ & (F_2^n)^m \to (F_2^n)^m, \\ & x \ \to Bx. \end{aligned}$$

则线性置换 P 的分支数为 $m+1$.

证明 首先, P 是一个线性变换, 并且分支数为 $m+1$. 这是因为

$$B(P) = \min_{a\neq 0}(w_{\mathrm{H}}(a) + w_{\mathrm{H}}(P(a))) = \min_{a\neq 0} w_{\mathrm{H}}(a, P(a)) = \min_{a\neq 0} w_{\mathrm{H}}(a, Ba),$$

而 $(a,\ Ba)$ 是线性码 C 中的码字, 故 $B(P) = \min\limits_{a\neq 0} w_{\mathrm{H}}(a,\ Ba) = m+1$.

其次, P 是一个置换, 否则, 若存在 $a, b \in (F_2^n)^m$, $a \neq b$, 使得 $P(a) = P(b)$, 则

$$P(a-b) = P(a) - P(b) = 0,$$

从而

$$B(P) = \min_{a\neq 0}(w_{\mathrm{H}}(a) + w_{\mathrm{H}}(P(a))) \leqslant w_{\mathrm{H}}(a-b) + w_{\mathrm{H}}(P(a-b)) \leqslant m + 0 < m+1.$$

这与 P 的分支数为 $m+1$ 矛盾! □

使用 Cauchy 矩阵来构造分支数最佳的 P 置换是实践中常用的一种方法.

定理 5.2 设 $x_0, x_1, \cdots, x_{m-1}, y_0, y_1, \cdots, y_{m-1}$ 为 F_2^n 中两两不同的 $2m$ 个元素, 定义 Cauchy 矩阵 $A = (a_{ij})_{m\times m}$, 其中 $a_{ij} = \dfrac{1}{x_i + y_j}$, $0 \leqslant i, j \leqslant m-1$. 则变换

$$\begin{aligned} P_A:\ & (F_2^n)^m \to (F_2^n)^m, \\ & x \to Ax \end{aligned}$$

的分支数达到最佳.

证明留作习题.

5.5 轮函数和密钥扩展算法的设计准则

轮函数是指迭代分组密码中单轮加密算法的非线性函数. 对于 Feistel 结构的分组密码和 SPN 结构的分组密码, S 盒与 P 置换是其最主要的组件, 有时还有其他一些非线性变换, 而对于 Lai-Massey 结构的分组密码, 轮函数中不含明确的 S 盒与 P 置换, 其混淆和扩散作用主要靠异或运算、模加运算、模乘运算和移位运算等实现. 不管是何种结构的分组密码, 轮函数主要考虑的是如何快速实现密钥与明文的混淆与扩散, 并使得密文差分分布均匀. 轮函数设计主要有安全性、速度、灵活性三个指标要求.

安全性: 轮函数的设计应保证对应密码算法能抵抗现有所有攻击, 即设计者应能估计轮函数抵抗现有各种攻击的能力. 特别地, 对于差分密码攻击和线性密码攻击, 设计者应能估计最大差分概率及最佳线性逼近的优势.

速度: 轮函数的速度和轮数决定了算法的加解密速度. 现有的分组密码算法有两种设计趋势, 一是构造复杂的轮函数, 使得轮函数本身针对差分或者线性密码攻击等攻击方法是非常安全的, 但是考虑到加密速度, 采用此类轮函数的密码算法的轮数必须要小, 比如国际数据加密算法 IDEA. 二是构造简单的轮函数, 这样的轮函数本身似乎不能抵抗差分或者线性密码攻击等攻击方法, 但是, 因为此类轮函数的速度快, 因而轮数可以比较大, 比如美国数据加密算法 DES 和密钥托管算法 Skipjack. 当轮函数的各种密码指标适当时, 也可以构造出实际安全的密码算法.

灵活性: 灵活性是 AES 和 NESSIE 计划对候选算法的最基本的要求之一, 即要求密码算法能够在多平台和多处理器上得到有效实现, 例如, 8 比特、16 比特、32 比特及 64 比特的处理器.

密钥扩展算法是迭代分组密码的一个重要组成部分, 迭代的各轮算法要使用密钥扩展算法生成的子密钥. 严格地说, 轮函数的功能是在子密钥的参与和控制下实现的. 因此, 子密钥的生成很重要, 其目标主要是保证子密钥的统计独立性. 一般说来, 子密钥的生成有以下基本原则:

- 密钥扩展算法至少应该保证密钥和密文符合位独立原则.
- 获取子密钥比特的关系在计算上是困难的.
- 没有弱密钥.
- 结构尽量简单, 便于实现.
- 保证种子密钥的各比特对每个子密钥比特影响的均衡性.

5.6 分组密码的工作模式

1980 年, NBS(现在的 NIST) 公布了 4 种 DES 的工作模式, 分别是电子密码本模式 (Electronic Codebook Mode, ECB)、密码分组链模式 (Cipher Block Chaining Mode, CBC)、密码反馈模式 (Cipher Feedback Mode, CFB)、输出反馈模式 (Output Feedback Mode, OFB). 人们后来又给出了一种新的分组密码的工作模式：计数器模式 (Counter Mode, CTR).

5.6.1 电码本模式

电码本 (ECB) 模式是最简单的一种运行模式, 该模式是直接使用分组密码算法的工作方式. 一个明文分组加密成一个密文分组, 相同的明文分组被加密成相同的密文分组. 由于大多数消息并不是刚好分成 64 比特 (或者任意分组长) 的加密分组, 通常需要填充最后一个分组, 为了在解密后将填充位去掉, 需要在最后一分组的最后一字节中填上填充长度, 如图 5.5 所示. 明文是由长度为 64 比特的分组序列 $P(1),\cdots,P(N)$ 构成, 相应的密文分组序列是 $C(1),\cdots,C(N)$.

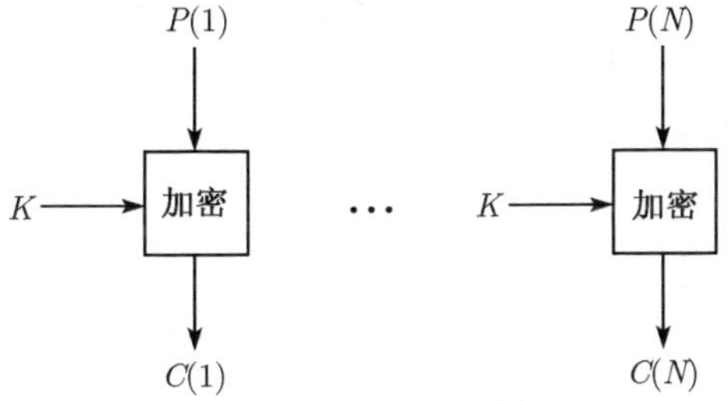

图 5.5 电码本模式

ECB 模式用于短数据时非常理想, 因此, 如果需要安全地传递 DES 密钥, ECB 是最合适的模式, 其最大特征是如果同一明文分组在消息中重复出现, 产生的密文分组也相同.

ECB 模式的缺点是：如果密码分析者有很多消息的明密文对, 那么就可能在不知道密钥的情况下恢复出明文; 更严重的问题是敌手通过重放, 可以在不知道密钥情况下修改被加密过的消息, 用这种办法欺骗接收者. 例如, 在实际应用中, 不同的消息可能会有一些比特序列是相同的 (消息头), 敌手重放消息头, 修改消息体欺骗接收者.

5.6.2 密码分组链模式

密码分组链 (CBC) 模式在加密以前要与前面的密文进行按位加. 加密产生的

密文再放入反馈寄存器, 准备与下一个明文块运算.

如图 5.6 所示, 明文要与前面的密文进行异或运算然后被加密, 从而形成密文链. 每一分组的加密都依赖于所有前面的分组. 在处理第一个明文分组时, 与一个初始向量 (IV) 组进行异或运算. IV 不需要保密, 可以明文形式与密文一起传送. 密文分组的计算为

$$C(i) = E_k(P(i) \oplus C(i-1)),$$

接收方明文分组的计算为

$$P(i) = C(i-1) \oplus D_K(C(i)).$$

使用 IV 后, 完全相同的明文被加密成不同的密文. 敌手再用分组重放进行攻击是完全不可能的了.

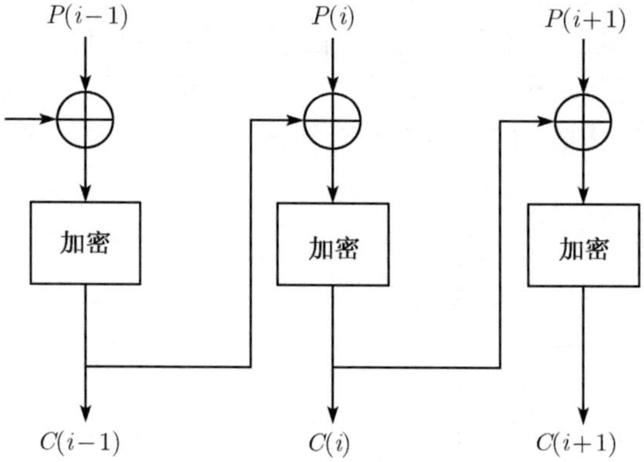

图 5.6　分组链模式

该运行模式有如下性质:

(1) 在相同密钥和初始向量 IV 之下, 同样的明文块会因其位置不同而加密产生不同的密文块, 故能够掩盖明文的数据架构;

(2) 由于使用链接机制, 使得密文 $C(j)$ 依赖于 $P(j)$ 以及前面的所有明文, 所以密文的重新排序影响正确解密, 对消息的重发、嵌入、删除敏感;

(3) 密文块在传输中一位出错影响两块正确解密;

(4) 具有自同步功能. 若一个错误出现在分组 $C(j)$ 中, 而 $C(j+1)$ 中没有错误, 则 $C(j+2)$ 可以正确地解密为 $P(j+2)$;

(5) 某明文块的变化引起后面的所有密文块都随之发生变化, 这个性质可用于消息认证码 (Message Authentication Code, MAC), 发送者将信息与 MAC 一同发送, 接受者用同一个密钥重新构造并检查是否与接受的 MAC 相等, 以此检验收到的消息是否保持完整性.

5.6.3 输出反馈模式

输出反馈 (OFB) 模式把分组加密算法作为密钥流生成器使用. 加密算法的输出直接放入反馈寄存器的同时与明文按位加产生密文. 如图 5.7 所示, 初始向量为 IV, IV 不需保密但应当经常变化.

$$C(i) = P(i) \oplus S(i), \quad S(i) = E_k(S(i-1)),$$

$$P(i) = C(i) \oplus S(i), \quad S(i) = E_k(S(i-1)),$$

其中 $S(i)$ 是状态, 独立于明文和密文.

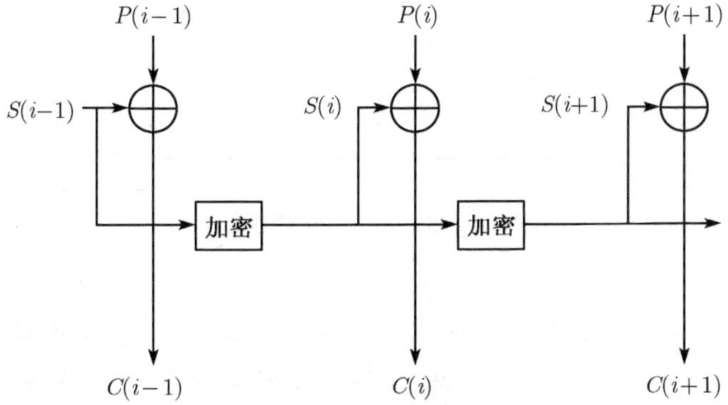

图 5.7 输出反馈模式

OFB 运行模式的性质有:

(1) 通过改变初始向量使相同明文加密产生不同的密文;

(2) 明文块改变只引起相应密文块发生变化, 其他密文块不发生变化, 一般用于卫星消息发送;

(3) 将分组加密算法作为一个密钥流发生器, 密钥流与明文、密文无关, 所以密钥流可以事先计算, IV 不需要保密, 注意, 当重新使用原来的密钥时, 必须改变初始向量 (习题 4);

(4) 对密文篡改问题难以发现. 如果密文传输中一位出错, 解密仅仅是对应的位出错, 错误不会传播;

(5) 若密文丢失一位, 则因该模式没有自同步能力而全部混乱, 所以系统要严格保持同步.

5.6.4 密文反馈模式

如图 5.8 所示, 在密文反馈 (CFB) 模式下, 设分组长度为 n, 数据可以在比分组长度小得多的 k 比特字符里进行加密 ($1 \leqslant k \leqslant n$). 开始, 仍然使用一个长度为 n 的初始向量 (IV). 每个 k 比特字符对应的密文 $C(i)$ 为该明文字符 $P(i)$ 与一个 k

比特密钥字符 $K(i)$ 进行异或得到. 该密钥字符是通过加密前 n 比特密文得到的. 为了初始化 CFB 过程, 分组算法的输入必须用 IV 初始化, 它并不需要保密, 但必须是唯一的. 如果在 CFB 模式下 IV 不是唯一的, 密码分析者就可以恢复出相应的明文.

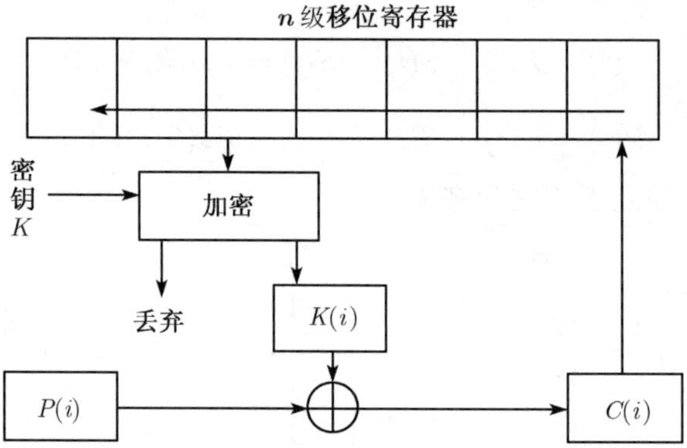

图 5.8　密文反馈模式

该模式有如下性质:

(1) 改变初始向量使得相同的明文加密得到不同的密文, 初始向量不需要保密;

(2) 密文块既依赖于当前明文块, 也依赖于前面众多明文块, 密文块重新排序影响解密;

(3) 密文块中一位或多位出错, 影响后面多块密文的解密, 直到出错块移出移位寄存器时才能恢复正确解密;

(4) 与 CBC 相似, 有自同步性, 但必须在出错块移出寄存器之后才能恢复;

(5) 适用于用户不同数据格式的需要, 可以处理任意长度的消息, 甚至对字符加密.

5.6.5　计数器模式

计数器 (CTR) 模式的特征是将计数器从初始值开始计数所得到的值反馈给分组密码算法. 随着计数的增加, 分组密码算法输出连续的分组来构成一个比特串, 该比特串被用于与明文分组作异或运算. 如图 5.9 所示, 该模式使用一个计数 CTR(也是一个初始向量), 明文、密文分组的计算为

$$C_i = E_k(\mathrm{CTR} + i) \oplus P_i,$$

$$P_i = E_k(\mathrm{CTR} + i) \oplus C_i.$$

注意, 该模式不需要计算 E_k 的逆. 其优点是可以并行, 可以预处理, 而且可证明其安全界至少与 CBC 一样好, 加密与解密仅涉及密码算法的加密等.

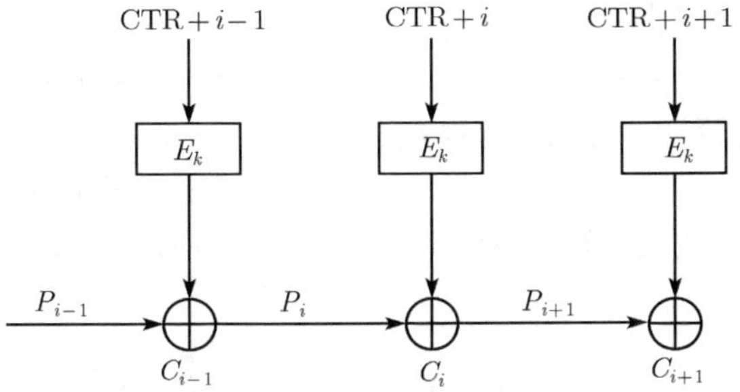

图 5.9 计数器模式

5.7 分组密码的测试方法

除了对分组密码算法进行攻击之外, 统计检测在分组密码安全性评估的过程中同样发挥着重要的作用. 与密码攻击相比, 统计检测具有自动化程度高、检测模型通用化等诸多优点, 因此, 许多密码标准组织纷纷把对密码算法的统计检测作为评估过程中的重要环节来实施.

目前关于分组密码的统计检测方法主要是将分组密码作为一个伪随机数发生器进行检测, 即检测分组密码输出序列的随机性能的好坏. 目前已出现了很多种随机性检测算法, 如频数检测、扑克检测、游程检测、自相关检测等. 除此以外, 还有一些统计检测方法是与分组密码的分组长度、密码结构等有关的, 如明文雪崩检测、密钥雪崩检测、明密文独立性检测等.

5.7.1 随机性测试

在密码学的数据处理过程中, 多种类型的数据都呈现了较好的随机二项分布特性, 对于密码算法, 主要考察它的输出数据的随机性能, 因此, 在分组密码测试中, 主要的工具是二项分布的 χ^2 检验. 对分组密码进行统计测试的目的是判断算法产生的输出是否在统计上难以与真随机数据区别开来. 需要指出的是, 每个测试的结论都不是完全确定的, 而只是概率的, 即使一个输出序列通过了下面的五种测试, 也无法保证它确实是由一个随机比特生成器生成的.

(1) 频率测试 (单比特测试法)

频率测试的目的是确定长度为 n 的二进制序列 $\underline{s}$ 中 0 和 1 的个数是否近似相等, 这是随机性所应具备的基本条件. 令 n_0, n_1 分别表示 $\underline{s}$ 中 0 和 1 的个数. 所使用的统计量为

$$X_1 = \frac{(n_0 - n_1)^2}{n}.$$

若 $n \geqslant 10$, 则该统计量近似地服从自由度为 1 的 χ^2 分布.

(2) 序列测试 (双比特测试)

序列测试的目的是判定长度为 n 的二进制序列 $\underline{s}$ 中的四类子序列 00, 01, 10, 11 所出现的次数是否近似相等, 这也是一个随机序列应该具备的特征. 令 n_0, n_1 分别表示序列 $\underline{s}$ 中 0 和 1 的个数, 且 n_{00}, n_{01}, n_{10}, n_{11} 分别表示序列 $\underline{s}$ 中子序列 00,01,10,11 出现的次数. 注意, 这时 $n_{00}+n_{01}+n_{10}+n_{11}=n-1$, 因为这些子序列允许相交. 所使用的统计量为

$$X_2=\frac{4}{n-1}(n_{00}^2+n_{01}^2+n_{10}^2+n_{11}^2)-\frac{2}{n}(n_0^2+n_1^2)+1.$$

若 $n \geqslant 21$, 则该统计量近似地服从自由度为 2 的 χ^2 分布.

(3) 扑克测试

令 m 是一个满足 $\lfloor n/m \rfloor \geqslant 5\cdot 2^m$ 的正整数, 且令 $k=\lfloor n/m \rfloor$. 将序列 $\underline{s}$ 拆分成 k 个不相交的部分, 每部分的长度为 m, 并且令 n_i 为第 i 种长度为 m 的序列所出现的次数, $1\leqslant i\leqslant 2^m$. 扑克测试用来确定每个长度为 m 的序列在 s 中出现的次数是否近似相等, 正如随机序列中所期待的一样. 所使用的统计量为

$$X_3=\frac{2^m}{k}\left(\sum_{i=1}^{2^m}n_i^2\right)-k.$$

它近似地服从自由度为 2^m-1 的 χ^2 分布. 注意, 扑克测试其实是频率测试的一种推广, 令 $m=1$, 即为频率测试.

(4) 游程测试

游程测试可以用来判定序列 $\underline{s}$ 中不同长度游程的个数是否与随机序列中期待的一样. 在长度为 n 的随机序列中, 长度为 i 的 0 游程的个数期望值为 $e_i=(n-i+3)/2^{i+2}$. 令 k 为满足 $e_i\geqslant 5$ 的 i 的最大整数, 令 B_i, G_i 分别为 $\underline{s}$ 中长度为 i 的 1 游程和 0 游程的个数, 其中 $1\leqslant i\leqslant k$. 所使用的统计量为

$$X_4=\sum_{i=1}^{k}\frac{(B-e_i)^2}{e_i}+\sum_{i=1}^{k}\frac{(G_i-e_i)^2}{e_i}.$$

该统计量近似地服从自由度为 $2k-2$ 的 χ^2 分布.

(5) 自相关测试

自相关测试用来检测序列 s 与其发生移位后所形成的序列之间的相关性. 令 d 为一个固定整数, $1\leqslant d\leqslant \lfloor n/2\rfloor$. 序列 $\underline{s}$ 与 $\underline{s}$ 发生 d 移位后所形成的序列中的不同比特数为 $A(d)=\sum\limits_{i=0}^{n-d-1}s_i\oplus s_{i+d}$, 其中 $\oplus$ 表示异或操作. 所使用的统计量为

$$X_5=2\left(A(d)-\frac{n-d}{2}\right)\Big/\sqrt{n-d}.$$

若 $n-d \geqslant 10$, 则它近似地服从 $N(0,1)$. 由于 $A(d)$ 的值太大或太小都不是所期望的, 因此要采用双边测试.

5.7.2 明密文独立性测试

明密文独立性测试是测试密文是否有不依赖于明文的统计特性. 主要考虑两方面的测试. 一方面, 若明文具有某种明显的统计特性, 算法具有较好的明密文独立性, 则明文与其对应的密文的距离应是随机的; 另一方面, 若明文是随机的, 则明文与其对应的密文的距离也应是随机的.

设待测分组密码算法的分组长度为 n 比特, 明文分组为

$$P=\{p_0,p_1,p_2,\cdots,p_{n-1}\}, \quad p_i\in\{0,1\}, \quad 0\leqslant i\leqslant n-1;$$

密文分组为

$$C=\{c_0,c_1,c_2,\cdots,c_{n-1}\}, \quad c_i\in\{0,1\}, \quad 0\leqslant i\leqslant n-1.$$

计算相应的明密文距离

$$D=W(P+C).$$

统计 D 中 Hamming 重量为 i 的分组数, 记为 H_i, 判断是否服从二项分布 $B\left(n,\dfrac{1}{2}\right)$.

5.7.3 算法对明文的雪崩效应

从数据变换的有效性考虑, 一个分组密码算法对明文的变化应是敏感的, 即明文的雪崩效应. 根据分组密码测试中的严格雪崩准则, 改变明文分组的任一比特, 应导致密文分组中大约一半比特的变化.

设待测分组密码算法的分组长度为 n 比特, 明文分组为

$$P=\{p_0,p_1,p_2,\cdots,p_{n-1}\}, \quad p_i\in\{0,1\}, \quad 0\leqslant i\leqslant n-1;$$

密文分组为

$$C=\{c_0,c_1,c_2,\cdots,c_{n-1}\}, \quad c_i\in\{0,1\}, \quad 0\leqslant i\leqslant n-1.$$

在固定密钥的情况下, 每次改变 P 中的某个 p_j, 则有

$$P_j=\{p_0,p_1,p_2,\cdots,p_j\oplus 1,\cdots,p_{n-1}\}, \quad p_i\in\{0,1\}, \quad 0\leqslant i\leqslant n-1.$$

得到其相应的密文

$$C_j=\{c_0',c_1',c_2',\cdots,c_{n-1}'\}, \quad c_i'\in\{0,1\}, \quad 0\leqslant i\leqslant n-1.$$

计算 C 与 C_j 间的 Hamming 距离

$$d_j=W(C+C_j), \quad 0\leqslant j\leqslant n-1.$$

根据随机性要求, 密文之间的距离分布应该符合二项分布 $B\left(n,\dfrac{1}{2}\right)$.

5.7.4 算法对密钥的雪崩效应

从密钥更换的有效性考虑, 一个分组密码算法对密钥的变化应是敏感的, 即密钥的雪崩效应. 根据分组密码测试中的严格雪崩准则, 改变密钥分组的任一比特, 应导致密文分组中大约一半比特的变化.

设待测分组密码算法的分组长度为 n 比特, 密钥长度为 m 比特, 明文分组为

$$P=\{p_0,p_1,p_2,\cdots,p_{n-1}\},\quad p_i\in\{0,1\},\quad 0\leqslant i\leqslant n-1;$$

密文分组为

$$C=\{c_0,c_1,c_2,\cdots,c_{n-1}\},\quad c_i\in\{0,1\},\quad 0\leqslant i\leqslant n-1;$$

密钥为

$$K=\{k_0,k_1,k_2,\cdots,k_{n-1}\},\quad k_i\in\{0,1\},\quad 0\leqslant i\leqslant n-1.$$

在固定明文的情况下, 每次改变 K 中的某个比特, 则有

$$K_i=\{k_0,k_1,\cdots,k_{i-1},k_i\oplus 1,k_{i+1},\cdots,k_{n-1}\},\quad 0\leqslant i\leqslant n-1.$$

得到其相应的密文

$$C_i=\{c'_0,c'_1,c'_2,\cdots,c'_{n-1}\},\quad c'_i\in\{0,1\},\quad 0\leqslant i\leqslant n-1.$$

计算 C 与 C_i 间的 Hamming 距离

$$d_i=W(C+C_i),\quad 0\leqslant i\leqslant n-1.$$

根据随机性要求, 密文之间的距离分布应该符合二项分布 $B\left(n,\dfrac{1}{2}\right)$.

习 题 5

1. 在固定密钥的情况下, 分组密码算法应该是一个置换, 比如 SPN 结构密码的 S 盒必须是可逆的. 但设计 Feistel 结构密码的轮函数 F 时, 并不一定要求函数 F 可逆, 为什么? 换言之, 在不知道轮函数 F 的可逆性时, 试讨论 Feistel 结构密码在固定密钥下的置换性.

2. 验证 Feistel 结构密码的加解密一致性.

3. 设明文分组序列 $x_1\cdots x_n$ 产生的密文分组序列为 $y_1\cdots y_n$. 假设一个密文分组 y_i 在传输中出现了错误 (即某些 1 变成了 0, 或者相反). 试证明: 不能正确解密的明文分组数目在应用 ECB 或 OFB 模式时为 1, 在应用 CBC 或 CFB 模式时为 2.

4. 如果有人使用 OFB 模式用相同的密钥加密了一些信息, 初始 IV 固定但保密, 试问能否用已知明文攻击解密出这些信息? 如果使用的是 CFB 模式呢? 如果是 CBC 模式呢?

5. 设 $f(x):F_2^n\to F_2$ 是一个 n 元布尔函数, 则其在 $\alpha\in F_2^n$ 处的 Walsh 谱定义为

$$W_f(\alpha)=\sum_{x\in F_2^n}(-1)^{f(x)+\alpha\cdot x}.$$

试证：Parseval 等式

$$\sum_{\alpha\in F_2^n} W_f(\alpha)^2 = 2^{2n}$$

成立.

6. 设 $f(x): F_2^n \to F_2$ 是一个 n 元布尔函数, 试证：f 的非线性度

$$N_f = 2^{n-1} - \frac{1}{2}\max_{\alpha\in F_2^n} |W_f(\alpha)|.$$

结合第 5 题结果证明：总有

$$N_f \leqslant 2^{n-1} - 2^{\frac{n}{2}} - 1$$

成立.

7. 试证：n 元布尔函数的代数免疫度不超过 $\left\lceil \frac{n}{2} \right\rceil$.

8. 对任意的 n 元布尔函数 $f(x)$, 都有 $N_f \leqslant 2^{n-1} - 2^{\frac{n}{2}} - 1$, 当 n 是偶数时, 存在 Bent 函数达到该上界; 当 n 是奇数时, 该上界是达不到的, 试讨论此时非线性度的最大值. 进一步, 由于 Bent 函数不平衡, 所以平衡函数的最大非线性度小于该上界, 试讨论平衡函数的最大非线性度. 这是两个 "公开问题".

9. 设 n 为一个正整数, 试讨论是否存在 F_2^n 上的 APN 置换 (注意, 当 n 是偶数时, 这也是一个 "公开问题").

10. 证明定理 5.2.

第 6 章　典型分组密码算法

上一章讨论了分组密码的设计原理, 包括分组密码的一般设计原则、结构特征、密码组件的设计原则, 以及轮函数和密钥扩展算法的设计原则等. 特别指出了目前分组密码算法主要采用 Feistel 结构、SPN 结构和 Lai-Massey 结构等三种结构形式, 例如: 采用 Feistel 结构的分组密码算法有 DES, LOKI, FEAL, Camellia, Twofish 等; 采用 SPN 结构的分组密码算法有 Rijndael, Square, Safer++, Serpent, SHARK 等; 采用 Lai-Massey 结构的分组密码算法有 IDEA 和 FOX 等. 本章主要介绍美国数据加密标准 DES、国际数据加密算法 IDEA、美国高级加密标准 Rijndael、欧洲分组密码标准算法 Camellia 和我国无线局域网标准算法 SMS4 等密码的加密算法、解密算法和密钥扩展算法.

6.1　DES 算法

1972 年, 美国国家标准局 (National Bureau of Standards, NBS) 启动一项旨在保护计算机数据安全的发展规划, 并于次年征求计算机数据加密算法. 1977 年, NBS 颁布了联邦信息加密标准 DES (Data Encryption Standard), 该算法由美国 IBM 公司研制, 其前身是 Lucifer 算法. 1978 年, DES 得到美国工业企业的认可; 1979 年, DES 得到美国银行协会的认可; 1980 年和 1984 年, DES 分别得到美国标准协会和国际标准化组织的认可.

从 1977 年开始, 美国国家保密局 (National Security Agency, NSA) 每隔 5 年组织对 DES 进行评估, 以考虑是否将其继续作为联邦加密标准. 算法的最后一次评估是在 1994 年, NBS 决定从 1998 年 12 月起不再使用 DES, 原因是随着计算机技术和通信技术的飞速发展, 人们可以利用的计算资源大大增加, 计算能力大大增强, 56 比特密钥的 DES 算法已经存在很大的安全风险. 就在 NBS 决定不再使用 DES 作为数据加密标准的第 3 年, 在美国 RSA 数据安全公司提出的 “秘密密钥挑战” 竞赛中, 由美国科罗拉多州的程序员 Verser 汇集 Internet 的闲散计算资源, 通过分布式计算程序, 在数万名志愿者的协同工作下, 从 1997 年 3 月 13 日至 6 月 17 日, 耗时近 96 天时间, 成功地找到了 DES 算法加密的密钥. 1998 年, 破译 DES 算法的专用硬件设备 (每台成本 25 万美元) 也被制造出来. 鉴于此, 美国国家标准技术研究所 (National Institute of Standard Technology, NIST, 前身为 NBS) 在全世界范围内公开征集高级加密标准 AES(Advanced Encryption Standard) 以取代 DES, 这就是美国 AES 计划. 虽然 DES 作为美国的数据加密标准已经成为历史, 但 DES 密码的出现, 是分组密码发展史甚至整个密码学发展史上的一件大事, DES 算法的设计与分析理论对于推动分组密码理论的发展和应用起到了十分重要的作用, 其设计思想至今对分组密码的设计仍有重要的参考价值.

DES 使用长度为 56 比特的密钥加密 (解密) 长度为 64 比特的明文 (密文), 获得长度为 64 比特的密文 (明文). DES 是一类典型的采用 Feistel 结构的迭代分组密码, 这类密码的最大特点是加解密保持一致. 因而, 算法实现时占用资源少, 效率高.

6.1.1 DES 加解密算法

首先介绍 DES 的加密算法. 假设明文为 X, 种子密钥为 K, 密文为 Y, 则 DES 的加密过程如图 6.1 所示.

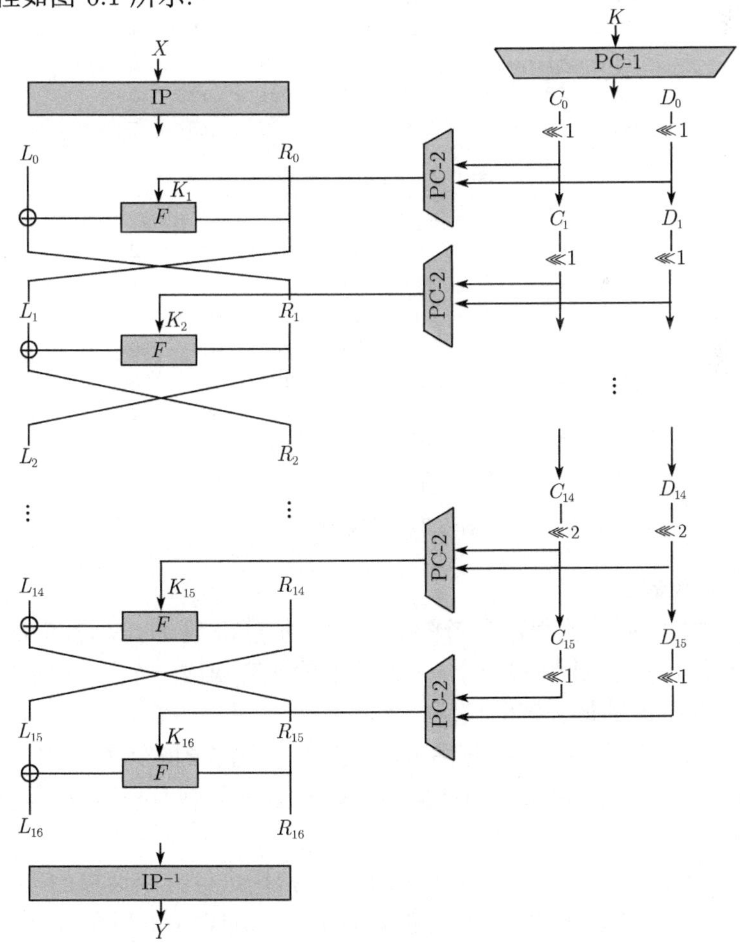

图 6.1 DES 算法加密流程示意图

加密算法主要包括两部分：初始置换 IP 及其逆置换 IP^{-1}、子密钥控制下的核心轮函数 F. 各轮子密钥是由密钥扩展算法 KS 生成的.

(1) 初始置换 IP 及其逆置换 IP^{-1}

初始置换 IP 如图 6.2 所示, 主要用于对 64 比特的明文 X 中的各位进行换位, 目的在于打乱明文 X 中各位的排列次序, 其含义为 IP(X) 的第 1 位为 X 的第 58 位, IP(X) 的第 2 位为 X 的第 50 位, IP(X) 的第 3 位为 X 的第 42 位, 其他依次类推. 逆置换 IP^{-1} 如图 6.3 所示, 主要用在算法的最后一步, 目的是使得 DES 算法加解密一致.

58	50	42	34	26	18	10	2
60	52	44	36	28	20	12	4
62	54	46	38	30	22	14	6
64	56	48	40	32	24	16	8
57	49	41	33	25	17	9	1
59	51	43	35	27	19	11	3
61	53	45	37	29	21	13	5
63	55	47	39	31	23	15	7

图 6.2　初始置换 IP

40	8	48	16	56	24	64	32
39	7	47	15	55	23	63	31
38	6	46	14	54	22	62	30
37	5	45	13	53	21	61	29
36	4	44	12	52	20	60	28
35	3	43	11	51	19	59	27
34	2	42	10	50	18	58	26
33	1	41	9	49	17	57	25

图 6.3　置换 IP^{-1}

(2) 核心轮函数 F

核心轮函数 F 计算流程可参考图 6.4, 它由扩展函数 E、S 盒和 P 置换三部分构成, 用于将一个 32 比特和一个 48 比特的输入变换成一个 32 比特的输出, 是每轮实现混乱和扩散的最关键的模块.

扩展函数 E 又称扩展变换 (见图 6.5), 它把 32 比特的输入扩展成 48 比特, 是一个与密钥无关的变换. 扩展后的结果与 48 比特的子密钥进行异或运算, 结果作为 S 盒的输入.

S 盒是一个非线性变换, 它将扩展结果与子密钥进行异或运算的 48 比特输入通过 8 个并置的 6 进 4 出的 S 盒压缩成 32 比特. 如表 6.1 所示, 8 个 S 盒的每个替换表都有 4 行 16 列, 每行都是所有长度为 4 的比特串对应的二进制整数全排列. 设 S 盒的输入为 $a_1a_2a_3a_4a_5a_6$, 则 $S(a_1a_2a_3a_4a_5a_6)$ 就是 S 盒表中第 a_1a_6 行和第 $a_2a_3a_4a_5$ 列交叉处的那个数, 这里将 a_1a_6 和 $a_2a_3a_4a_5$ 都看作对应二进制整数, 如第一个 S 盒 S_1 的输入为 010010, 则 S_1 (010010) 的值为 S_1 表中第 0 行与第 9 列交叉处的数 10, 即输出为 1010.

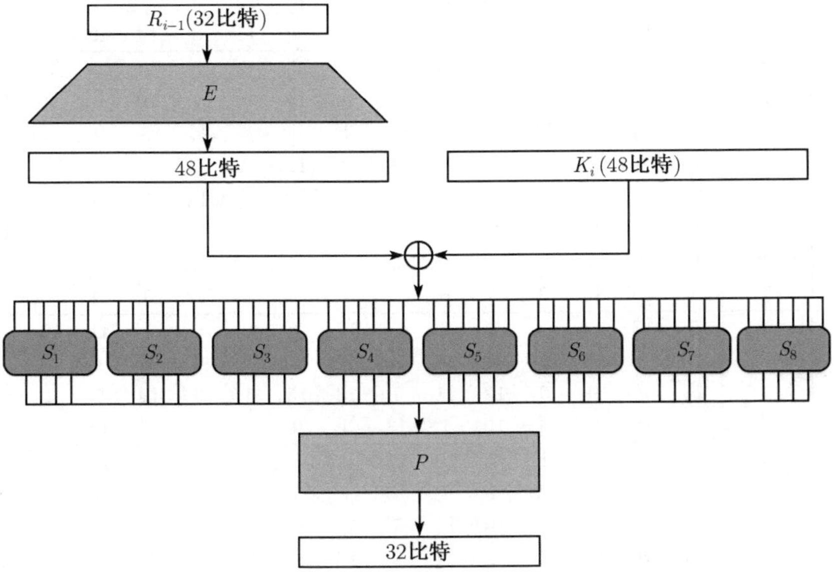

图 6.4 DES 算法轮函数 F 示意图

32	1	2	3	4	5
4	5	6	7	8	9
8	9	10	11	12	13
12	13	14	15	16	17
16	17	18	19	20	21
20	21	22	23	24	25
24	25	26	27	28	29
28	29	30	31	32	1

图 6.5 DES 算法中的扩展变换 E

P 置换如图 6.6 所示, 主要用于将 32 比特输入的各位进行换位, 假设 32 比特的输入为 Y, 则 $P(Y)$ 的第 1 位为 Y 的第 16 位, $P(Y)$ 的第 2 位为 Y 的第 7 位, $P(Y)$ 的第 3 位为 Y 的第 20 位, 其他依次类推. P 置换的结果就是核心轮函数 F 的输出.

表 6.1　DES 算法中的 8 个 S 盒

S 盒	行 \ 列	0	1	2	3	4	5	6	7	8	9	10	11	12	13	14	15
S_1	0	14	4	13	1	2	15	11	8	3	10	6	12	5	9	0	7
	1	0	15	7	4	14	2	13	1	10	6	12	11	9	5	3	8
	2	4	1	14	8	13	6	2	11	15	12	9	7	3	10	5	0
	3	15	12	8	2	4	9	1	7	5	11	3	14	10	0	6	13
S_2	0	15	1	8	14	6	11	3	4	9	7	2	13	12	0	5	10
	1	3	13	4	7	15	2	8	14	12	0	1	10	6	9	11	5
	2	0	14	7	11	10	4	13	1	5	8	12	6	9	3	2	15
	3	13	8	10	1	3	15	4	2	11	6	7	12	0	5	14	9
S_3	0	10	0	9	14	6	3	15	5	1	13	12	7	11	4	2	8
	1	13	7	0	9	3	4	6	10	2	8	5	14	12	11	15	1
	2	13	6	4	9	8	15	3	0	11	1	2	12	5	10	14	7
	3	1	10	13	0	6	9	8	7	4	15	14	3	11	5	2	12
S_4	0	7	13	14	3	0	6	9	10	1	2	8	5	11	12	4	15
	1	13	8	11	5	6	15	0	3	4	7	2	12	1	10	14	9
	2	10	6	9	0	12	11	7	13	15	1	3	14	5	2	8	4
	3	3	15	0	6	10	1	13	8	9	4	5	11	12	7	2	14
S_5	0	2	12	4	1	7	10	11	6	8	5	3	15	13	0	14	9
	1	14	11	2	12	4	7	13	1	5	0	15	10	3	9	8	6
	2	4	2	1	11	10	13	7	8	15	9	12	5	6	3	0	14
	3	11	8	12	7	1	14	2	13	6	15	0	9	10	4	5	3
S_6	0	12	1	10	15	9	2	6	8	0	13	3	4	14	7	5	11
	1	10	15	4	2	7	12	9	5	6	1	13	14	0	11	3	8
	2	9	14	15	5	2	8	12	3	7	0	4	10	1	13	11	6
	3	4	3	2	12	9	5	15	10	11	14	1	7	6	0	8	13
S_7	0	4	11	2	14	15	0	8	13	3	12	9	7	5	10	6	1
	1	13	0	11	7	4	9	1	10	14	3	5	12	2	15	8	6
	2	1	4	11	13	12	3	7	14	10	15	6	8	0	5	9	2
	3	6	11	13	8	1	4	10	7	9	5	0	15	14	2	3	12
S_8	0	13	2	8	4	6	15	11	1	10	9	3	14	5	0	12	7
	1	1	15	13	8	10	3	7	4	12	5	6	11	0	14	9	2
	2	7	11	4	1	9	12	14	2	0	6	10	13	15	3	5	8
	3	2	1	14	7	4	10	8	13	15	12	9	0	3	5	6	11

16	7	20	21	29	12	28	17
1	15	23	26	5	18	31	10
2	8	24	14	32	27	3	9
19	13	30	6	22	11	4	25

图 6.6　DES 算法中的 P 置换

下面用数学语言描述 DES 密码的加密流程:

步骤 1. 56 比特的种子密钥 K 经过密钥扩展算法得到轮密钥 $K_1, K_2, \cdots, K_{16}$, 这里 K_i 均为 48 比特, 具体过程参见下一小节.

步骤 2. 64 比特明文 X 通过一个固定的初始置换 IP, 得到 $X_0 = \mathrm{IP}(X) = L_0R_0$, 其中 L_0 为 X_0 左半部分 32 比特; R_0 为 X_0 右半部分 32 比特.

步骤 3. 进行轮密钥控制下的 16 次 F 函数迭代, 对 $i = 1, 2, \cdots, 15$, 即前 15 次迭代方式如下: $L_i = R_{i-1}, R_i = L_{i-1} \oplus F(R_{i-1}, K_i)$, 最后一次迭代方式如下:

$$L_{16} = L_{15} \oplus F(R_{15}, K_{16}), \quad R_{16} = R_{15}.$$

步骤 4. 应用初始逆置换 IP^{-1}, 得到密文 $Y = \mathrm{IP}^{-1}(L_{16}R_{16})$.

值得注意的是, 为了保证 DES 算法的加解密一致性, 加密算法的最后一轮变换略去 “左右变换”. 假设加密算法的轮密钥为 $(K_1, K_2, \cdots, K_{16})$, 若解密算法的轮密钥取为加密算法的轮密钥的逆序, 即 $(K_{16}, K_{15}, \cdots, K_1)$, 则 DES 的解密流程采用与加密流程完全相同的结构和轮函数.

6.1.2 密钥扩展算法

在 DES 算法加解密过程中, 每一轮迭代都要使用一个 48 比特的子密钥, 子密钥都是从用户输入的 64 比特的初始密钥来产生的, 这 64 比特的初始密钥中只包含 56 比特的种子密钥 K, 因为输入初始密钥的第 8, 16, 24, 32, 40, 48, 56, 64 比特均为校验位, 其作用是使得每一个字节 (8 比特长) 含有奇数个 1. 由 56 比特的种子密钥产生 16 个 48 比特的子密钥的过程称为 DES 算法的密钥扩展算法, 其流程描述如下:

步骤 1. 用置换选择函数 $PC-1$(图 6.7) 置换种子密钥的 56 比特密钥, 记 $PC-1(K) = C_0D_0$, C_0 与 D_0 分别为 $PC-1(K)$ 左半部分 28 比特和右半部分 28 比特.

57	49	41	33	25	17	9
1	58	50	42	34	26	18
10	2	59	51	43	35	27
19	11	3	60	52	44	36
63	55	47	39	31	23	15
7	62	54	46	38	30	22
14	6	61	53	45	37	29
21	13	5	28	20	12	4

图 6.7 DES 算法中的置换 $PC-1$

步骤 2. 对 $i = 1, \cdots, 16$, 进行如下变换:

$$C_i = C_{i-1} \lll r_i,$$
$$D_i = D_{i-1} \lll r_i,$$
$$K_i = PC-2(C_iD_i),$$

其中 $\lll$ 表示循环左移, r_i 是跟轮数相关的循环移位常量, 取值为 1 或 2, 见图 6.8. $PC-2$ 表示从 56 比特中选取 48 比特的变换, 见图 6.9, K_i 为轮密钥.

迭代轮数	i	1	2	3	4	5	6	7	8	9	10	11	12	13	14	15	16
循环左移量	r_i	1	1	2	2	2	2	2	2	1	2	2	2	2	2	2	1

图 6.8　DES 密钥扩展算法中的循环左移量

14	17	11	24	1	5	3	28
15	6	21	10	23	19	12	4
26	8	16	7	27	20	13	2
41	52	31	37	47	55	30	40
51	45	33	48	44	49	39	56
34	53	46	42	50	36	29	32

图 6.9　DES 算法中的置换 $PC-2$

6.2　IDEA 算法

国际数据加密算法 IDEA (International Data Encryption Algorithm) 的前身是推荐加密标准 PES (Proposed Encryption Standard), 由 Xuejia Lai 和 Massay 在 1990 年欧密会上首次提出. 由于该算法采用了全新的结构和轮函数, 而且其 128 比特的密钥长度被认为比 DES 算法的 56 比特具有更多的安全余量, 因此设计者希望采用 PES 作为新的加密标准. 在 1991 年的欧洲密码年会上, 设计者针对 PES 算法的轮函数作出调整, 使得算法能更有效地抵抗差分密码攻击, 修订版本的算法称为改进的推荐加密标准 IPES (Improved Proposed Encryption Standard). 1992 年, IPES 正式改名为 IDEA. IDEA 的主要设计思想是通过混合不同群上的运算来实现混淆, 利用特殊设计的乘加结构实现扩散. 由于采用特殊的轮函数, 算法的软件实现和硬件实现效率都比较高. Ascom-Tech AG 公司在欧洲和美国为 IDEA 申请了专利, 但是任何非商业用途的使用都不需要支付专利使用费, 不会像 DES 算法一样会因出口受限问题而在使用上受到约束, 因此 IDEA 得到了像 PGP 这样一些著名网络软件的青睐.

6.2.1　加解密算法

IDEA 由 8 轮相同的混合变换和最后一个输出变换组成, 其数据分组长度为 64 比特, 种子密钥 K 长度为 128 比特, 由种子密钥 K 经过密钥扩展算法产生 52 个 16 比特的子密钥, 每轮混合变换用掉 6 个子密钥, 最后一个输出变换用掉 4 个子密钥.

IDEA 同 DES 一样, 同一个流程既可用于加密, 又可用于解密. IDEA 的设计思想是 "混合使用来自于不同代数群中的运算". 它所使用的不同代数群中的运算包括如下三种运算:

- 异或运算, 即二元域上的加法运算, 通常用 " $\oplus$" 表示;
- 模 2^{16} 加运算, 用 "$\boxplus$" 表示;
- 模 $2^{16}+1$ 乘运算, 用 "$\odot$" 表示.

值得注意的是, 由于 $2^{16}+1$ 是一个素数, 所以模 $2^{16}+1$ 乘运算是可逆的, 每一个非零元都有唯一的乘法可逆元. 对于零元来说, 在模 $2^{16}+1$ 乘法中, 需要将零元 0 当作 2^{16} 处理, 比如

$$(0,0,\cdots,0)\odot(1,0,\cdots,0)=2^{16}\odot 2^{15}=2^{15}+1=(1,0,\cdots,0,1)\mod (2^{16}+1).$$

如图 6.10 所示, IDEA 将 64 比特的明文输入分成 4 个子块, 每个子块都是 16 比特, 整个过程需要 8 轮迭代来完成. 算法的每轮迭代都是在 4 个子块之间进行, 主要执行与 6 个 16 比特的子密钥相混合的上述三种运算. 在每一轮迭代运算中, 输出的第二、第三子块交换, 具体迭代运算过程如下: 假设第 i 轮的输入为 $(X_1^{(i)},X_2^{(i)},X_3^{(i)},X_4^{(i)})$, 输出为 $(Y_1^{(i)},Y_2^{(i)},Y_3^{(i)},Y_4^{(i)})$, 参与运算的轮密钥为 $Z_1^{(i)},Z_2^{(i)},Z_3^{(i)},Z_4^{(i)},Z_5^{(i)},Z_6^{(i)}$, 则 IDEA 的第 $i(1\leqslant i\leqslant 8)$ 轮函数定义如下:

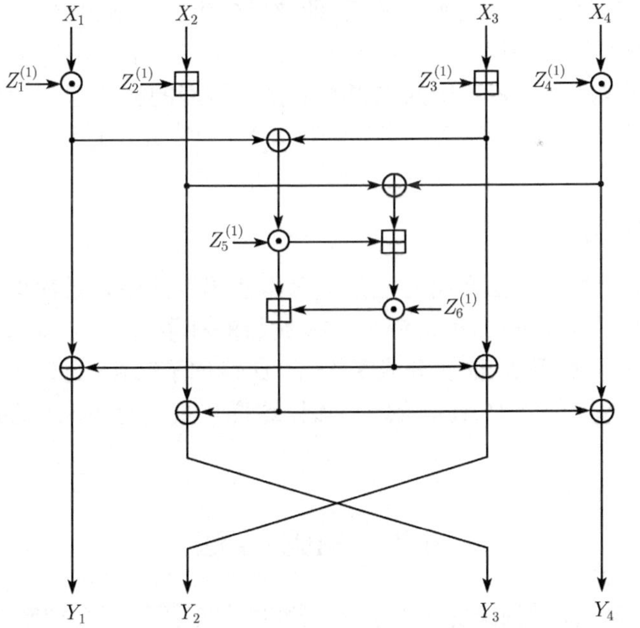

图 6.10 IDEA 密码的轮函数

$$T_1=Z_1^{(i)}\odot X_1^{(i)},\quad T_2=Z_2^{(i)}\boxplus X_2^{(i)},\quad T_3=Z_3^{(i)}\boxplus X_3^{(i)},\quad T_4=Z_4^{(i)}\oplus X_4^{(i)},$$
$$T_5=T_1\oplus T_3,\qquad T_6=T_2\oplus T_4,$$
$$T_7=T_5\odot Z_5^{(i)},\qquad T_8=T_6\boxplus T_7,$$

$$T_9 = T_8 \odot Z_6^{(i)}, \qquad T_{10} = T_7 \boxplus T_9,$$
$$T_{11} = T_1 \oplus T_9, \qquad T_{13} = T_3 \oplus T_9,$$
$$T_{12} = T_2 \oplus T_{10}, \qquad T_{14} = T_4 \oplus T_{10},$$
$$Y_1^{(i)} = T_{11}, \quad Y_2^{(i)} = T_{12}, \quad Y_3^{(i)} = T_{13}, \quad Y_4^{(i)} = T_{14}.$$

将上述变换迭代 8 次之后, 再做如下输出变换:

$$C_1 = Y_1^{(8)} \odot Z_1^{(9)}, \quad C_2 = Y_2^{(8)} \boxplus Z_2^{(9)}, \quad C_3 = Y_3^{(8)} \boxplus Z_3^{(9)}, \quad C_4 = Y_4^{(8)} \odot Z_4^{(9)}.$$

则 (C_1, C_2, C_3, C_4) 就是 $(X_1, X_2, X_3, X_4) = (X_1^{(1)}, X_2^{(1)}, X_3^{(1)}, X_4^{(1)})$ 对应的密文.

IDEA 算法的解密过程与加密过程本质上是相同的, 唯一不同的是每轮使用的子密钥不同, 解密子密钥 $K_j^{(r)}$ 通过加密子密钥由下面的公式给出:

$$(K_1^{(r)}, K_2^{(r)}, K_3^{(r)}, K_4^{(r)}) = ((Z_1^{(10-r)})^{-1}, -Z_3^{(10-r)}, -Z_2^{(10-r)}, (Z_4^{(10-r)})^{-1}), \quad r = 2, 3, \cdots, 8,$$
$$(K_1^{(r)}, K_2^{(r)}, K_3^{(r)}, K_4^{(r)}) = ((Z_1^{(10-r)})^{-1}, -Z_2^{(10-r)}, -Z_3^{(10-r)}, (Z_4^{(10-r)})^{-1}), \quad r = 1, 9,$$
$$(K_5^{(r)}, K_6^{(r)}) = (Z_5^{(9-r)}, Z_6^{(9-r)}), \quad r = 1, 2, \cdots, 8.$$

这里 Z^{-1} 表示 Z 模 $2^{16}+1$ 的乘法逆元, 即 $Z \odot Z^{-1} \equiv 1 \mod (2^{16}+1)$, 而 $-Z$ 表示 Z 的模 2^{16} 的加法负元, 即 $-Z \oplus Z \equiv 0 \mod 2^{16}$. 读者只需要将密文 (C_1, C_2, C_3, C_4) 作为加密流程的输入, 而将各轮的加密密钥换成相应的解密密钥, 那么加密变换的输出一定为明文 $(X_1, X_2, X_3, X_4) = (X_1^{(1)}, X_2^{(1)}, X_3^{(1)}, X_4^{(1)})$, 这就是 IDEA 的加解密一致性.

6.2.2　密钥扩展方案

IDEA 的密钥扩展算法在所有已知的分组密码算法中是最简单的, 其加密过程中所需要的 52 个 16 比特的子密钥由 128 比特的种子密钥 K 通过如下规则给出: 将 128 比特的种子密钥 K 依次分成 8 个 16 比特的子密钥, 之后把主密钥 K 左循环移 25 位, 再分成 8 个 16 比特的子密钥, 这样一直进行下去, 直到产生 52 个子密钥.

6.3　AES 算法

1997 年 1 月, 美国国家标准与技术研究所发布征集高级加密标准 (Advanced Encryption Standard), 新的加密标准将取代旧的数据加密标准 DES 算法, 成为美国新的分组密码标准. 经过三年多的分析和评估, 由比利时密码专家 Daemen 和 Rijmen 所提交的 Rijndael 算法幸运地成为了 AES 最终的赢家. Rijndael 的设计思想来源于之前的 Shark 和 Square 密码, 它们均采用清晰的 "代替–置换" 结构, 选择具有良好密码学性质的组件, 并能提供密码算法抵抗差分和线性密码攻击的可证明安全, 这是具有 SPN 结构的分组密码的最大特点. Rijndael 完全基于字节的设计思路和高效的密钥扩展方案, 使得它从众多算法当中脱颖而出, 成为 AES 竞赛最终的获胜算法. Rijndael 的分组长度和密钥长度均是可变的, 可独立设置为 32 比特的倍数, 最小为 128, 最大为 256. 如果用 N_b 和 N_k 分别表示明文长度和密钥长度, r 表示轮数, 则它们之间的关系为

$$r = \max\left\{\frac{N_b}{32}, \frac{N_k}{32}\right\} + 6.$$

本节只介绍分组长度和密钥长度均为 128 比特的 10 轮 AES 算法, 即标准的 AES 算法. 其他分组长度和密钥长度的 AES 算法只是迭代轮数和密钥扩展算法不同, 可参考文献 [7, 22].

6.3.1 加解密算法

Rijndael 的密码变换都是面向字节的运算, 首先将输入的明文分组 $x = x_1x_2\cdots x_{128}$ 划分为 16 个字节, 并且把字节数据块按 $a_{00}a_{10}a_{20}a_{30}a_{01}a_{11}a_{21}a_{31}a_{02}a_{12}a_{22}a_{32}a_{03}a_{13}a_{23}a_{33}$ 顺序映射为状态字节矩阵, 在加密操作结束时, 密文按同样的顺序从状态中抽取, 映射顺序为

$$\begin{pmatrix} a_{00} & a_{01} & a_{02} & a_{03} \\ a_{10} & a_{11} & a_{12} & a_{13} \\ a_{20} & a_{21} & a_{22} & a_{23} \\ a_{30} & a_{31} & a_{32} & a_{33} \end{pmatrix}.$$

Rijndael 密码的加密流程如下:

步骤 1. 由密钥扩展算法将 128 比特的种子密钥扩展成 11 个 128 比特的轮密钥, 每一个轮密钥同样被表示成与明文状态矩阵大小相同的矩阵;

步骤 2. 初始白化: 将明文状态矩阵与第 0 轮的轮密钥进行加法运算;

步骤 3. 进行 9 轮完全相同的变换, 每一轮变换都是以上一轮的输出为输入, 依次执行字节替换、行移位、列混合和轮密钥加四种运算.

步骤 4. 最后一轮的迭代变换与前面 9 轮变换有所不同, 这一轮变换依次执行字节替换、行移位和轮密钥加, 而没有列混合;

步骤 5. 最后一轮输出的结果按照顺序从状态中抽取出来就是密文.

Rijndael 算法的轮变换是将 16 字节的输入通过字节替换、行移位、列混合和轮密钥加四种运算变成 16 字节的输出, 这些运算是实现混乱和扩散的关键.

字节替换: 字节替换 (SubBytes) 是作用在状态中每个字节上的一种非线性变换, 这个变换是可逆的且由以下两部分组成:

(1) 把字节的值用它的乘法逆代替, 其中 "00" 的逆就是它自己;

(2) 经 (1) 处理后的字节值再进行如下定义的仿射变换：

$$\begin{bmatrix} y_0 \\ y_1 \\ y_2 \\ y_3 \\ y_4 \\ y_5 \\ y_6 \\ y_7 \end{bmatrix} = \begin{bmatrix} 1 & 1 & 1 & 1 & 1 & 0 & 0 & 0 \\ 0 & 1 & 1 & 1 & 1 & 1 & 0 & 0 \\ 0 & 0 & 1 & 1 & 1 & 1 & 1 & 0 \\ 0 & 0 & 0 & 1 & 1 & 1 & 1 & 1 \\ 1 & 0 & 0 & 0 & 1 & 1 & 1 & 1 \\ 1 & 1 & 0 & 0 & 0 & 1 & 1 & 1 \\ 1 & 1 & 1 & 0 & 0 & 0 & 1 & 1 \\ 1 & 1 & 1 & 1 & 0 & 0 & 0 & 1 \end{bmatrix} \begin{bmatrix} x_0 \\ x_1 \\ x_2 \\ x_3 \\ x_4 \\ x_5 \\ x_6 \\ x_7 \end{bmatrix} \oplus \begin{bmatrix} 0 \\ 1 \\ 1 \\ 0 \\ 0 \\ 0 \\ 1 \\ 1 \end{bmatrix},$$

其中 (1) 中每一个非零字节的乘法逆是指把它看成有限域 F_{2^8} 中非零元素时的乘法逆元素. 注意, 这时 F_{2^8} 的生成多项式是 $m(x) = x^8 + x^4 + x^3 + x + 1$, 即 $F_{2^8} = F_2[x]/(m(x))$. 字节替换相当于轮函数中的 S 盒, 其相应的 S 盒变换表如下, 实际加密过程通常是通过查表运算获取字节替换的运算结果 (表 6.2).

表 6.2　AES 加密算法 S 盒

	0	1	2	3	4	5	6	7	8	9	*a*	*b*	*c*	*d*	*e*	*f*
0	63	7c	77	7b	f2	6b	6f	c5	30	01	67	2b	fe	d7	ab	76
1	ca	82	c9	7d	fa	59	47	f0	ad	d4	a2	af	9c	a4	72	c0
2	b7	fd	93	26	36	3f	f7	cc	34	a5	e5	f1	71	d8	31	15
3	04	c7	23	c3	18	96	05	9a	07	12	80	e2	eb	27	b2	75
4	09	83	2c	1a	1b	6e	5a	a0	52	3b	d6	b3	29	e3	2f	84
5	53	d1	00	ed	20	fc	b1	5b	6a	cd	be	39	4a	4c	58	cf
6	d0	ef	aa	fb	43	4d	33	85	45	f9	02	7f	50	3c	9f	a8
7	51	a3	40	8f	92	9d	38	f5	bc	b6	da	21	10	ff	f3	d2
8	cd	0c	13	ec	5f	97	44	17	c4	a7	7e	3d	64	5d	19	73
9	60	81	4f	dc	22	2a	90	88	46	ee	b8	14	de	5e	0b	db
a	e0	32	3a	0a	49	06	24	5c	c2	d3	ac	62	91	95	e4	79
b	e7	c8	37	6d	8d	d5	4e	a9	6c	56	f4	ea	65	7a	ae	08
c	ba	78	25	2e	1c	a6	b4	c6	e8	dd	74	1f	4b	bd	8b	8a
d	70	3e	b5	66	48	03	f6	0e	61	35	57	b9	86	c1	1d	9e
e	e1	f8	98	11	69	d9	8e	94	9b	1e	87	e9	ce	55	28	df
f	8c	a1	89	0d	bf	e6	42	68	41	99	2d	0f	b0	54	bb	16

行移位变换：行移位 (ShiftRow) 变换是一个字节换位, 它将状态中的每一行按不同的移位值进行循环左移. 显然, 该变换是一个线性变换, 具体如下所示：第 0 行移动 0 字节, 第 1 行移动 1 字节, 第 2 行移动 2 字节, 第 3 行移动 3 字节.

$$\begin{pmatrix} a_{00} & a_{01} & a_{02} & a_{03} \\ a_{10} & a_{11} & a_{12} & a_{13} \\ a_{20} & a_{21} & a_{22} & a_{23} \\ a_{30} & a_{31} & a_{32} & a_{33} \end{pmatrix} \to \begin{pmatrix} a_{00} & a_{01} & a_{02} & a_{03} \\ a_{11} & a_{12} & a_{13} & a_{10} \\ a_{22} & a_{23} & a_{20} & a_{21} \\ a_{33} & a_{30} & a_{31} & a_{32} \end{pmatrix}.$$

列混合变换：列混合 (MixColumn) 变换把状态中每一列看作有限域 F_{2^8} 上的一个次数不超过 3 的多项式, 比如, 第一列对应的多项式为 $a_{30}x^3+a_{20}x^2+a_{10}x+a_{00}$,

将它与一个固定多项式 $c(x)='03'x^3+'01'x^2+'01'x+'02'$ 相乘, 然后进行模 x^4+1 运算. 用辗转相除法容易验证 $(c(x),\ x^4+1)=1$, 这一点是为了保证列混合运算的可逆性. 注意到固定多项式 $c(x)='03'x^3+'01'x^2+'01'x+'02'$ 的系数非常具有特色, 它们使得多项式的乘法运算变得非常简单. 事实上, 设某一列对应的多项式具有某个系数字节 $(b_7b_6b_5b_4b_3b_2b_1b_0)$, 则

$$(b_7b_6b_5b_4b_3b_2b_1b_0)\times'01'=(b_7b_6b_5b_4b_3b_2b_1b_0),$$

$$(b_7b_6b_5b_4b_3b_2b_1b_0)\times'02'=(b_6b_5b_4b_3b_2b_1b_00)+(000b_7b_70b_7b_7),$$

$$(b_7b_6b_5b_4b_3b_2b_1b_0)\times'03'=(b_7b_6b_5b_4b_3b_2b_1b_0)\times'01'+(b_7b_6b_5b_4b_3b_2b_1b_0)\times'02'.$$

通过简单的计算, 可以将列混合运算表示为如下的矩阵形式, 由此可知列混合运算也是一个线性变换.

$$\begin{pmatrix} a_{00} & a_{01} & a_{02} & a_{03} \\ a_{10} & a_{11} & a_{12} & a_{13} \\ a_{20} & a_{21} & a_{22} & a_{23} \\ a_{30} & a_{31} & a_{32} & a_{33} \end{pmatrix} \to \begin{pmatrix} b_{00} & b_{01} & b_{02} & b_{03} \\ b_{10} & b_{11} & b_{12} & b_{13} \\ b_{20} & b_{21} & b_{22} & b_{23} \\ b_{30} & b_{31} & b_{32} & b_{33} \end{pmatrix},$$

$$\begin{pmatrix} b_{0j} \\ b_{1j} \\ b_{2j} \\ b_{3j} \end{pmatrix} = \begin{pmatrix} 02 & 03 & 01 & 01 \\ 01 & 02 & 03 & 01 \\ 01 & 01 & 02 & 03 \\ 03 & 01 & 01 & 02 \end{pmatrix} \begin{pmatrix} a_{0j} \\ a_{1j} \\ a_{2j} \\ a_{3j} \end{pmatrix}.$$

密钥加: 密钥加 (AddRoundKey) 变换是将轮密钥与列混合变换后的状态矩阵作矩阵的异或运算.

由于 Rijndael 算法是 SPN 结构的分组密码, 所以它的解密算法应该是加密算法的逆运算, 这时轮密钥仍然是 $K_0, K_1, \cdots, K_{10}$, 只是解密流程的每一步都是加密流程相应步骤的逆运算.

6.3.2 密钥扩展方案

密钥扩展算法是 Rijndael 算法的重要组成部分, 它通过 128 比特的种子密钥产生加解密过程使用的 $4\times4\times(10+1)=176$ 个字节的子密钥, 种子密钥包含在开始的 4 个字中 (一个字等价于 4 个字节), 其他的字由它前面的字经过处理后得到, 其伪 C 语言代码如下:

```
KeyExpansion(word CipherKey[Nk], word W[Nb×(Nr+1)])
        {
         for(i = 0; i < Nk; i++)
            W[i] = CipherKey[i];
```

```
        for(j = Nk; j < Nb* (Nr+ 1); j += Nk)
    {
        W[j] = W[j - Nk] ⊕ SubByte (RotByte (W[j - 1])) ⊕ Rcon[j / Nk];
        for ( i =1; ( i < Nk) && ( i+j < Nb* (Nr+ 1) ); i ++)
        W[i+j] = W[i+j- Nk] ⊕ W[i+j-1 ];
    }
    }
```

其中 $\oplus$ 表示两个字的异或运算; SubByte 是指对一个字中的四个字节分别进行字节替换, 它比异或运算 $\oplus$ 具有更高的优先级; RotByte 指字中的四个字节向左循环移动一个字节. 另外, Rcon[i] = (RC[i], '00', '00', '00'), RC[1] = '01', RC[i] = x time (RC[i-1]).

6.4 Camellia 算法

Camellia 算法是由日本 NTT 公司和 Mitsubishi 电子公司联合研发的一种分组长度为 128 比特, 密钥长度为 128, 192 和 256 比特可选长度的分组密码, 最初于 2000 年公布. Camellia 算法以其在各种软件和硬件平台上的高效率这一显著特点成为 NESSIE 计划中获胜的分组密码算法, 2003 年被选为日本电子政务密码, 2004 年成为 IETF 算法标准, 2005 年成为 ISO/IEC 标准算法. Camellia 算法是当前继 AES 算法后最具有竞争优势的分组密码算法.

6.4.1 加解密算法

Camellia 算法采用了 Feistel 结构, 密钥长度为 128, 192 和 256 比特可选. 密钥长度为 128 比特时, 加密轮数为 18 轮, 密钥长度为 192 比特或 256 比特时, 加密轮数为 24 轮. 在第 1 轮输入前和最后一轮输出后各增加了一个轮密钥加变换并在每 6 轮变换后进行了一次 FL/FL^{-1} 变换. 为叙述方便, 下面只分析 128 比特 Camellia 算法的加密算法、解密算法和密钥扩展算法, 192 比特和 256 比特的 Camellia 算法类似. 图 6.11 给出了 128 比特 Camellia 算法加密过程示意图.

Camellia 算法的加密流程为:

步骤 1. 利用密钥扩展算法由 128 比特的种子密钥产生初始和末尾白化、18 轮迭代变换, 以及 2 轮 FL 变换所需要的 26 个子密钥, 每个子密钥的长度均为 64 比特.

步骤 2. 将 128 比特输入明文 m 与初始白化密钥 $kw_1\|kw_2$ 进行异或运算, 然后分为左边 64 比特 $x_L^{(0)}$ 和右边 64 比特 $x_R^{(0)}$, 即 $x_L^{(0)}\|x_R^{(0)} = m \oplus (kw_1\|kw_2)$.

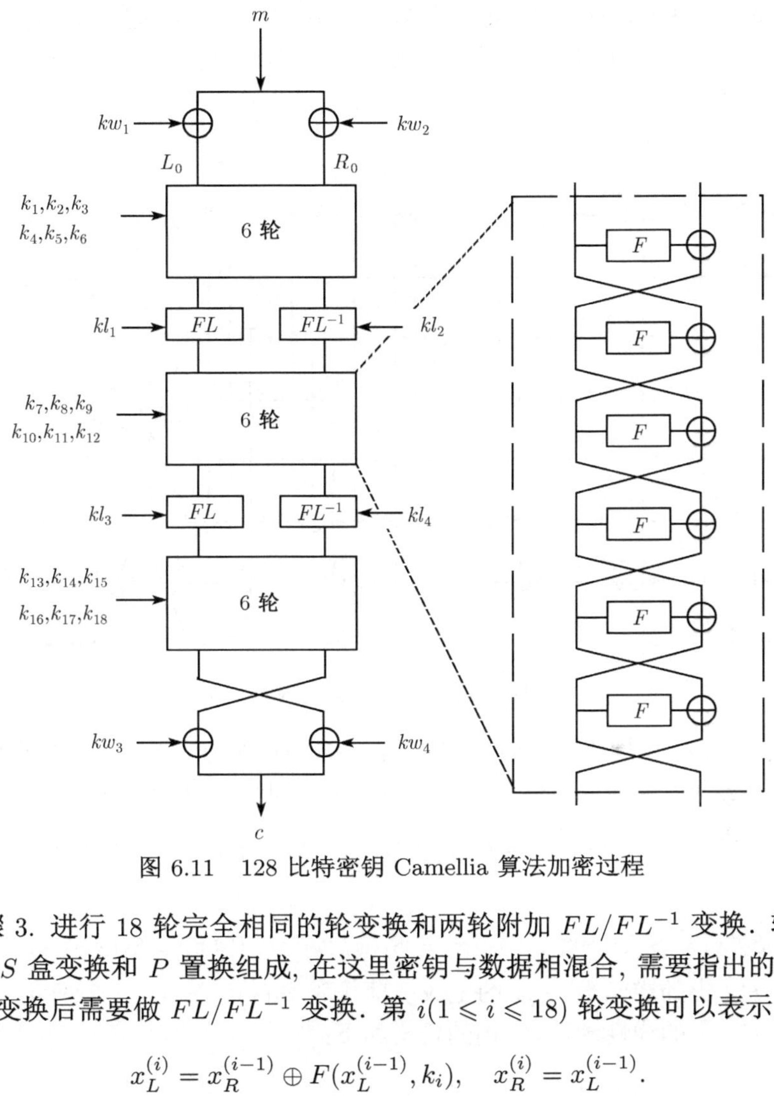

图 6.11 128 比特密钥 Camellia 算法加密过程

步骤 3. 进行 18 轮完全相同的轮变换和两轮附加 FL/FL^{-1} 变换. 轮变换由密钥加、S 盒变换和 P 置换组成, 在这里密钥与数据相混合, 需要指出的是在第 6 和 12 轮变换后需要做 FL/FL^{-1} 变换. 第 $i(1 \leqslant i \leqslant 18)$ 轮变换可以表示为

$$x_L^{(i)} = x_R^{(i-1)} \oplus F(x_L^{(i-1)}, k_i), \quad x_R^{(i)} = x_L^{(i-1)}.$$

这里轮函数 F 采用 SPN 结构, 由密钥加、S 盒变换和 P 置换组成, 即 $F = P \circ S \circ K$. 在第 $i = 6, 12$ 轮后做如下 FL/FL^{-1} 变换:

$$x'^{(i)}_L = x_R^{(i-1)} \oplus F(x_L^{(i-1)}, k_i), \quad x'^{(i)}_R = x_L^{(i-1)},$$

$$x_L^{(i)} = FL(x'^{(i)}_L, kl_{i/3-1}), \quad x_R^{(i)} = FL^{-1}(x'^{(i)}_R, kl_{i/3}),$$

这里 kl_1, kl_2, kl_3, kl_4 均为用于附加变换 FL/FL^{-1} 的子密钥.

步骤 4. 最后一轮的输出 $x_L^{(18)}$ 和 $x_R^{(18)}$ 与末尾白化密钥 kw_3 和 kw_4 进行异或运算, 得到密文 $C = (x_R^{(18)} \| x_L^{(18)}) \oplus (kw_3 \| kw_4)$.

Camellia 算法的轮函数 F 采用了 SPN 结构, 即 $F = P \circ S \circ K$. 这里 S 函数是一个非线性 S 盒变换, P 函数是一个线性置换, K 函数表示密钥加变换. F 函数的示意图如图 6.12.

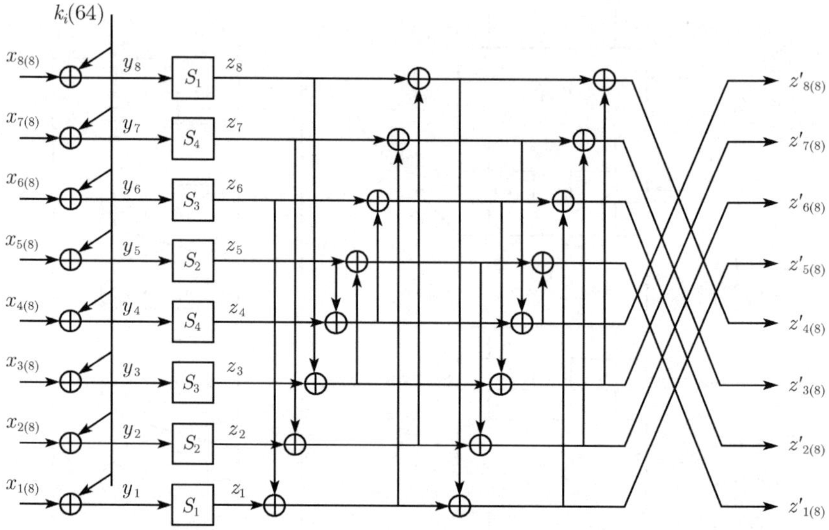

图 6.12 Camellia 轮函数

其中 x_i, y_i, z_i, z_i' 均为 8 比特字符串 $(1 \leqslant i \leqslant 8)$, 即为一个字节. F 函数中使用了 8 个 S 盒变换, 其中 S_1, S_2, S_3 和 S_4 是四个不同的 S 盒, 它们的定义如下:

$$S_1(x) = h(g(f(0xc5 \oplus x))) + 0x6e,$$

而

$$S_2(x) = S_1(x) \lll_1, \quad S_3(x) = S_1(x) \ggg_1, \quad S_4(x) = S_1(x \lll_1),$$

这里 g 是 F_{2^8} 上的逆函数 (F_{2^8} 的生成多项式取 $m(x) = x^8 + x^6 + x^5 + x^3 + 1$), f 和 h 均为 F_{2^8} 上的线性函数, 它们的定义如下:

$$f : F_{2^8} \to F_{2^8},$$

$$\begin{pmatrix} a_1 \\ a_2 \\ a_3 \\ a_4 \\ a_5 \\ a_6 \\ a_7 \\ a_8 \end{pmatrix} \to \begin{pmatrix} 0 & 1 & 0 & 0 & 0 & 1 & 0 & 0 \\ 1 & 0 & 0 & 0 & 0 & 0 & 1 & 0 \\ 0 & 0 & 1 & 0 & 1 & 0 & 0 & 1 \\ 0 & 0 & 1 & 0 & 0 & 0 & 0 & 1 \\ 0 & 0 & 0 & 1 & 0 & 0 & 1 & 0 \\ 0 & 1 & 0 & 0 & 1 & 0 & 0 & 0 \\ 1 & 0 & 0 & 0 & 0 & 0 & 0 & 1 \\ 0 & 0 & 0 & 1 & 0 & 1 & 0 & 0 \end{pmatrix} \begin{pmatrix} a_1 \\ a_2 \\ a_3 \\ a_4 \\ a_5 \\ a_6 \\ a_7 \\ a_8 \end{pmatrix};$$

$$h: F_{2^8} \to F_{2^8},$$
$$\begin{pmatrix} a_1 \\ a_2 \\ a_3 \\ a_4 \\ a_5 \\ a_6 \\ a_7 \\ a_8 \end{pmatrix} \to \begin{pmatrix} 0&1&0&0&1&1&0&0 \\ 0&1&0&0&0&1&0&0 \\ 0&0&0&1&0&0&1&0 \\ 0&1&0&0&0&0&0&1 \\ 0&0&1&0&0&0&1&0 \\ 1&0&0&0&0&0&0&1 \\ 1&0&0&0&1&0&0&0 \\ 0&0&1&0&0&1&0&0 \end{pmatrix} \begin{pmatrix} a_1 \\ a_2 \\ a_3 \\ a_4 \\ a_5 \\ a_6 \\ a_7 \\ a_8 \end{pmatrix}.$$

P 置换 $\{0,1\}^{64} \to \{0,1\}^{64}$ 将 $(z_1, \cdots, z_8)$ 映射为 $(z_1', \cdots, z_8')$, 具体表达式为

$$\begin{aligned}
z_1' &= z_1 \oplus z_3 \oplus z_4 \oplus z_6 \oplus z_7 \oplus z_8, \\
z_2' &= z_1 \oplus z_2 \oplus z_4 \oplus z_5 \oplus z_7 \oplus z_8, \\
z_3' &= z_1 \oplus z_2 \oplus z_3 \oplus z_5 \oplus z_6 \oplus z_8, \\
z_4' &= z_2 \oplus z_3 \oplus z_4 \oplus z_5 \oplus z_6 \oplus z_7, \\
z_5' &= z_1 \oplus z_2 \oplus z_6 \oplus z_7 \oplus z_8, \\
z_6' &= z_2 \oplus z_3 \oplus z_5 \oplus z_7 \oplus z_8, \\
z_7' &= z_3 \oplus z_4 \oplus z_5 \oplus z_6 \oplus z_8, \\
z_8' &= z_1 \oplus z_4 \oplus z_5 \oplus z_6 \oplus z_7.
\end{aligned}$$

FL/FL^{-1} 变换 $(\{0,1\}^{64} \times \{0,1\}^{64} \to \{0,1\}^{64})$ 将 $(x_L \| x_R, kl_L \| kl_R) \to y_L \| y_R$, 如图 6.13 所示, FL 变换的具体表达式为

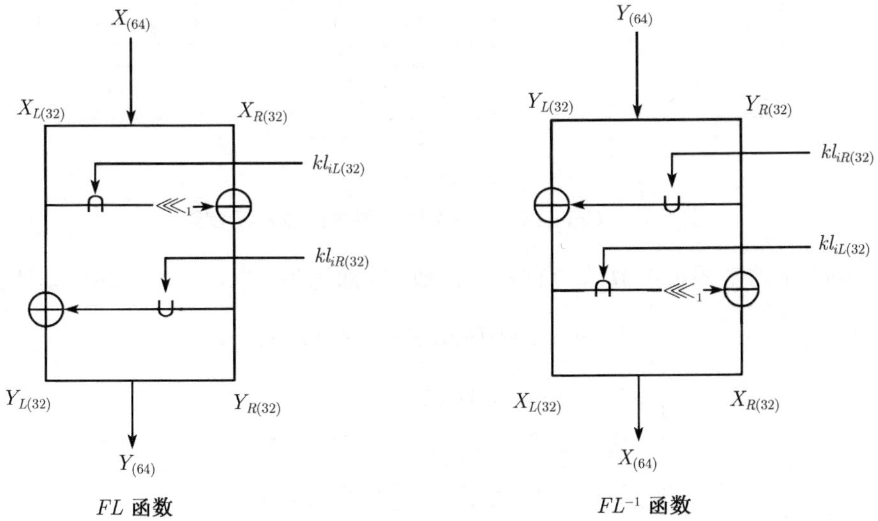

图 6.13 Camellia 的 FL/FL^{-1} 函数

$$y_R = ((x_L \bigcap kl_L) \lll_1) \oplus x_R,$$

$$y_L = (y_R \bigcup kl_R) \oplus x_L,$$

其中 $x \bigcap y$ 表示按位逻辑与运算, 即若 $x, y \in \{0,1\}$, 则 $x \bigcap y = 1$ 当且仅当 $x = y = 1$; $x \bigcup y$ 表示按位逻辑或运算, 即 $x \bigcup y = 0$ 当且仅当 $x = y = 0$, 类似可得 FL^{-1} 的表达式, 它们满足 $FL^{-1}(FL(x,k),k) = x$.

6.4.2　密钥扩展算法

图 6.14 给出了 Camellia 算法的密钥扩展算法的计算流程. 密钥扩展算法中初始密钥为 256 比特 k_Lk_R. 当种子密钥 k 的长度为 128 比特时, 取 k_L 为 k, 并定义右边 128 比特的 k_R 为全 0 比特. 当种子密钥长度为 192 比特时, k 的左边 128 比特为 k_L, k 的右边 64 比特及其补集赋予 k_R. 当种子密钥长度为 256 比特时, 其整个密钥 k 就是密码扩展算法的初始密钥. 密钥扩展算法通过初始密钥, 产生两个 128 比特密钥 k_A 和 k_B, 然后通过对 k_L, k_R, k_A 和 k_B 进行移位变换, 得到各轮的轮密钥, 其中 k_B 在 128 位的 Camellia 算法中未使用.

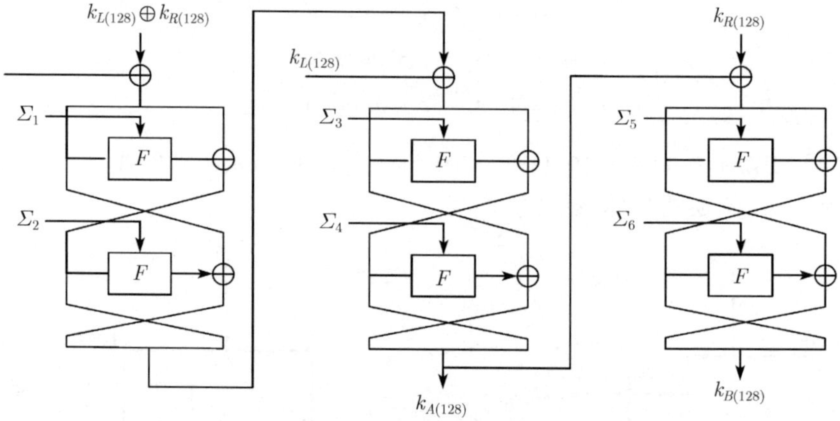

图 6.14　Camellia 算法密钥扩展算法流程示意图

Camellia 的密钥扩展算法中有六个常数, 分别记为 $\Sigma_i (i = 1, \cdots, 6)$, 具体值为

$$\Sigma_1 = 0xA09E667F3BCC908B,$$

$$\Sigma_2 = 0xB67AE8584CAA73B2,$$

$$\Sigma_3 = 0xC6EF372FE94F82BE,$$

$$\Sigma_4 = 0x54FF53A5F1D36F1C,$$

$$\Sigma_5 = 0x10E527FADE682D1D,$$

$$\Sigma_6 = 0xB05688C2B3E6C1FD.$$

子密钥 kw_i, kl_i, k_i 与初始密钥 k_L, k_R, k_A 和 k_B 的关系如表 6.3 所示, 其中表 6.3 的左半部分是 128 比特密钥加密算法密钥编排方案, 而右半部分是 192 和 256 比特密钥加密算法密钥编排方案.

表 6.3 Camellia 密钥扩展算法轮函数的选取

128 比特密钥			192 和 256 比特密钥		
	subkey	value		subkey	value
	kw_1	$(k_L \lll 0)_L$		kw_1	$(k_L \lll 0)_L$
	kw_2	$(k_L \lll 0)_R$		kw_2	$(k_L \lll 0)_R$
F(轮 1)	k_1	$(k_A \lll 0)_L$	F(轮 1)	k_1	$(k_B \lll 0)_L$
F(轮 2)	k_2	$(k_A \lll 0)_R$	F(轮 2)	k_2	$(k_B \lll 0)_R$
F(轮 3)	k_3	$(k_L \lll 15)_L$	F(轮 3)	k_3	$(k_R \lll 15)_L$
F(轮 4)	k_4	$(k_L \lll 15)_R$	F(轮 4)	k_4	$(k_R \lll 15)_R$
F(轮 5)	k_5	$(k_A \lll 15)_L$	F(轮 5)	k_5	$(k_A \lll 15)_L$
F(轮 6)	k_6	$(k_A \lll 15)_R$	F(轮 6)	k_6	$(k_A \lll 15)_R$
FL	kl_1	$(k_A \lll 30)_L$	FL	kl_1	$(k_R \lll 30)_L$
FL^{-1}	kl_2	$(k_A \lll 30)_R$	FL^{-1}	kl_2	$(k_R \lll 30)_R$
F(轮 7)	k_7	$(k_L \lll 45)_L$	F(轮 7)	k_7	$(k_B \lll 30)_L$
F(轮 8)	k_8	$(k_L \lll 45)_R$	F(轮 8)	k_8	$(k_B \lll 30)_R$
F(轮 9)	k_9	$(k_A \lll 45)_L$	F(轮 9)	k_9	$(k_L \lll 45)_L$
F(轮 10)	k_{10}	$(k_L \lll 60)_R$	F(轮 10)	k_{10}	$(k_L \lll 45)_R$
F(轮 11)	k_{11}	$(k_A \lll 60)_L$	F(轮 11)	k_{11}	$(k_A \lll 45)_L$
F(轮 12)	k_{12}	$(k_A \lll 60)_R$	F(轮 12)	k_{12}	$(k_A \lll 45)_R$
FL	kl_3	$(k_L \lll 77)_L$	FL	kl_3	$(k_L \lll 60)_L$
FL^{-1}	kl_4	$(k_L \lll 77)_R$	FL^{-1}	kl_4	$(k_L \lll 60)_R$
F(轮 13)	k_{13}	$(k_L \lll 94)_L$	F(轮 13)	k_{13}	$(k_R \lll 60)_L$
F(轮 14)	k_{14}	$(k_L \lll 94)_R$	F(轮 14)	k_{14}	$(k_R \lll 60)_R$
F(轮 15)	k_{15}	$(k_A \lll 94)_L$	F(轮 15)	k_{15}	$(k_B \lll 60)_L$
F(轮 16)	k_{16}	$(k_A \lll 94)_R$	F(轮 16)	k_{16}	$(k_B \lll 60)_R$
F(轮 17)	k_{17}	$(k_L \lll 111)_L$	F(轮 17)	k_{17}	$(k_L \lll 77)_L$
F(轮 18)	k_{18}	$(k_L \lll 111)_R$	F(轮 18)	k_{18}	$(k_L \lll 77)_R$
	kw_3	$(k_A \lll 111)_L$	FL	kl_5	$(k_A \lll 77)_L$
	kw_4	$(k_A \lll 111)_R$	FL^{-1}	kl_6	$(k_A \lll 77)_R$
			F(轮 19)	F(轮 19)	$(k_R \lll 94)_L$
			F(轮 20)	F(轮 20)	$(k_R \lll 94)_R$
			F(轮 21)	F(轮 21)	$(k_A \lll 94)_L$
			F(轮 22)	F(轮 22)	$(k_A \lll 94)_R$
			F(轮 23)	F(轮 23)	$(k_L \lll 111)_L$
			F(轮 24)	F(轮 24)	$(k_L \lll 111)_R$
				kw_3	$(k_B \lll 111)_L$
				kw_4	$(k_B \lll 111)_R$

6.5 SMS4 算法

SMS4 算法是我国官方 2006 年 2 月公布的第一个商用分组密码标准, 是中国无线局域网安全标准推荐使用的分组密码算法. SMS4 算法的分组长度和密钥长度均为 128 比特, 加密算法采用 32 轮的非平衡 Feistel 结构, 该结构最先出现在分组密码 LOKI 的密钥扩展算法中. SMS4 算法通过 32 轮非线性迭代之后加上一个反序变换, 这样只需逆序使用加密密钥作为解密密钥, 就能使得解密与加密保持一致. SMS4 的加密密钥扩展算法亦采用 32 轮的非平衡 Feistel 结构.

6.5.1 加密算法

如图 6.15 所示, 在 SMS4 加密过程中, 128 比特的明文被分为 4 个 32 比特的字, 记为 (X_0, X_1, X_2, X_3), 密文亦分为 4 个字, 记为 (Y_0, Y_1, Y_2, Y_3), 假设 32 比特的中间变量为 X_i, $4 \leqslant i \leqslant 35$, 则加密流程如下:

(1) $X_{i+4} = F(X_i, X_{i+1}, X_{i+2}, X_{i+3}, rk_i)$

$$= X_i \oplus T(X_{i+1} \oplus X_{i+2} \oplus X_{i+3} \oplus rk_i), \quad i = 0, \cdots, 31,$$

(2) $(Y_0, Y_1, Y_2, Y_3) = R(X_{32}, X_{33}, X_{34}, X_{35}) = (X_{35}, X_{34}, X_{33}, X_{32})$,

其中 F 是轮函数, T 是合成置换, rk_i 是第 $i+1$ 轮的轮密钥, R 是反序变换.

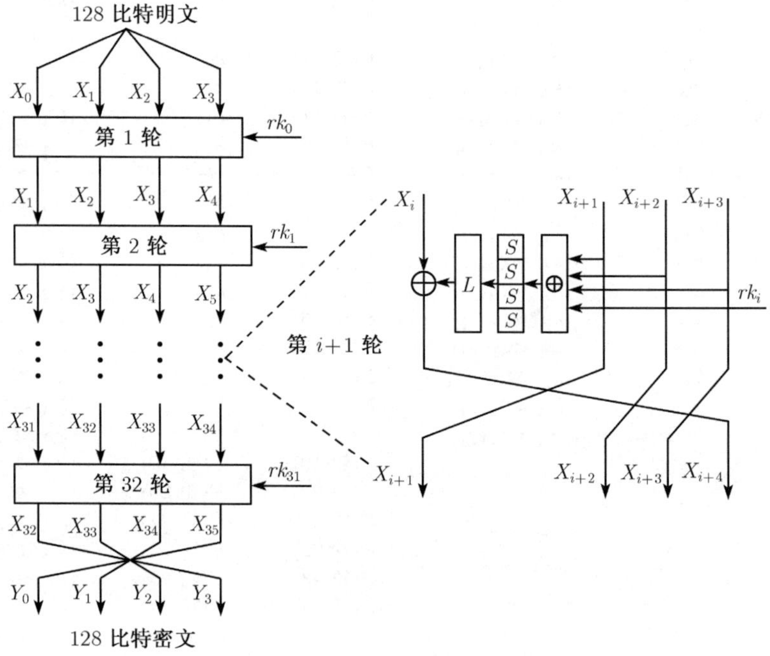

图 6.15 SMS4 算法加密流程

合成置换 T 是从 F_2^{32} 到 F_2^{32} 的一个可逆变换, 由非线性变换 τ 和线性变换 L 复合而成, 即 $T(\cdot) = L(\tau(\cdot))$.

非线性变换 τ 由 4 个并行的 S 盒构成. 每个 S 盒是从 F_2^8 到 F_2^8 的一个非线性变换 S, 通过查表实现, 见表 6.4. 例如当 S 盒的输入为 'ef' 时, S 盒的输出为表 6.4

中第 e 行与第 f 列交叉处的值, 即 S ('ef')='84', 若输入记为 $A=(a_0,a_1,a_2,a_3)\in(F_2^8)^4$, 输出记为 $B=(b_0,b_1,b_2,b_3)\in(F_2^8)^4$, 则

$$B=\tau(A)\Leftrightarrow(b_0,b_1,b_2,b_3)=(S(a_0),S(a_1),S(a_2),S(a_3)).$$

表 6.4 SMS4 算法的 S 盒

	0.	1.	2.	3.	4.	5.	6.	7.	8.	9.	a.	b.	c.	d.	e.	f.
0.	d6	90	e9	fe	cc	e1	3d	b7	16	b6	14	c2	28	fb	2c	05
1.	2b	67	9a	76	2a	be	04	c3	aa	44	13	26	49	86	06	99
2.	9c	42	50	f4	91	ef	98	7a	33	54	0b	43	ed	cf	ac	62
3.	e4	b3	1c	a9	c9	08	e8	95	80	df	94	fa	75	8f	3f	a6
4.	47	07	a7	fc	f3	73	17	ba	83	59	3c	19	e6	85	4f	a8
5.	68	6b	81	b2	71	64	da	8b	f8	eb	0f	4b	70	56	9d	35
6.	1e	24	0e	5e	63	58	d1	a2	25	22	7c	3b	01	21	78	87
7.	d4	00	46	57	9f	d3	27	52	4c	36	02	e7	a0	c4	c8	9e
8.	ea	bf	8a	d2	40	c7	38	b5	a3	f7	f2	ce	f9	61	15	a1
9.	e0	ae	5d	a4	9b	34	1a	55	ad	93	32	30	f5	8c	b1	e3
a.	1d	f6	e2	2e	82	66	ca	60	c0	29	23	ab	0d	53	4e	6f
b.	d5	db	37	45	de	fd	8e	2f	03	ff	6a	72	6d	6c	5b	51
c.	8d	1b	af	92	bb	dd	bc	7f	11	d9	5c	41	1f	10	5a	d8
d.	0a	c1	31	88	a5	cd	7b	bd	2d	74	d0	12	b8	e5	b4	b0
e.	89	69	97	4a	0c	96	77	7e	65	b9	f1	09	c5	6e	c6	84
f.	18	f0	7d	ec	3a	dc	4d	20	79	ee	5f	3e	d7	cb	39	48

线性变换 L 是 F_2^{32} 上的线性变换, 它的输入是非线性变换 τ 的输出 B, 若线性变换 L 的输出记为 C, 则

$$C=L(B)=B\oplus(B\lll 2)\oplus(B\lll 10)\oplus(B\lll 18)\oplus(B\lll 24).$$

6.5.2 解密算法

SMS4 的解密算法与加密算法采用相同的结构和轮函数, 不同之处是轮密钥的使用顺序相反.

若加密时轮密钥的使用顺序为 $(rk_0,rk_1,\cdots,rk_{30},rk_{31})$, 则解密时轮密钥的使用顺序为 $(rk_{31},rk_{30},\cdots,rk_1,rk_0)$, 理由如下：定义变换 $\tau_k(a,b,c,d)=(b,c,d,a+\tau(b+c+d+k))$ 和变换 $\sigma(a,b,c,d)=(d,c,b,a)$. 容易验证, σ^2 为恒等变换且 $\sigma\circ\tau_k\circ\sigma\circ\tau_k$ 亦为恒等变换, 故 $\tau_k^{-1}=\sigma\circ\tau_k\circ\sigma$.

根据 $\tau_k(\cdot)$ 和 $\sigma(\cdot)$, 32 轮完整 SMS4 算法的加密流程可以描述如下：

$$Y=E_K(X)=\sigma\circ\tau_{rk_{31}}\circ\tau_{rk_{30}}\circ\cdots\circ\tau_{rk_1}\circ\tau_{rk_0}(X).$$

从而解密流程为

$$\begin{aligned}X=E_K^{-1}(Y)&=(\sigma\circ\tau_{rk_{31}}\circ\tau_{rk_{30}}\circ\cdots\circ\tau_{rk_1}\circ\tau_{rk_0})^{-1}(Y)\\&=\left(\tau_{rk_0}^{-1}\circ\tau_{rk_1}^{-1}\circ\cdots\circ\tau_{rk_{30}}^{-1}\circ\tau_{rk_{31}}^{-1}\circ\sigma^{-1}\right)(Y)\\&=\left(\sigma\circ\tau_{rk_0}\circ\sigma\circ\sigma\circ\tau_{rk_1}\circ\sigma\circ\cdots\circ\sigma\circ\tau_{rk_{30}}\circ\sigma\circ\sigma\circ\tau_{rk_{31}}\circ\sigma\circ\sigma^{-1}\right)(Y)\\&=(\sigma\circ\tau_{rk_0}\circ\tau_{rk_1}\circ\cdots\circ\tau_{rk_{30}}\circ\tau_{rk_{31}})(Y).\end{aligned}$$

由此可知, 解密轮密钥使用顺序为 $(rk_{31}, rk_{30}, \cdots, rk_1, rk_0)$.

6.5.3　密钥扩展算法

SMS4 的密钥扩展算法将 128 比特的种子密钥扩展生成 32 个轮密钥, 首先将 128 比特的种子密钥 MK 分为 4 个字, 记为 (MK_0, MK_1, MK_2, MK_3), 其中 $MK_i \in F_2^{32}$, $i = 0, 1, 2, 3$. 给定系统参数 $FK = (FK_0, FK_1, FK_2, FK_3)$, 其中 $FK_i \in F_2^{32}$, $i = 0, 1, 2, 3$; 固定参数 $CK = (CK_0, CK_1, \cdots, CK_{31})$, 其中 $CK_i \in F_2^{32}$, $i = 0, 1, 2, \cdots, 31$. 假设中间变量 $K_i \in F_2^{32}$, $i = 0, 1, \cdots, 35$, 轮密钥为 $rk_i \in F_2^{32}$, $i = 0, \cdots, 31$, 则密钥扩展算法如下:

(1) $(K_0, K_1, K_2, K_3) = (MK_0 \oplus FK_0, MK_1 \oplus FK_1, MK_2 \oplus FK_2, MK_3 \oplus FK_3)$;

(2) $rk_i = K_{i+4} = K_i \oplus T'(K_{i+1} \oplus K_{i+2} \oplus K_{i+3} \oplus CK_i), i = 0, 1, \cdots, 31$.

变换 T'、系统参数 FK 和固定参数 CK 分别如下: 变换 T' 与加密算法轮函数中的合成置换 T 基本相同, 只将其中的线性变换 L 换为

$$L' : L'(B) = B \oplus (B \lll 13) \oplus (B \lll 23),$$

即 $T'(\cdot) = L'(\tau(\cdot))$.

系统参数

$$(FK_0, FK_1, FK_2, FK_3) = (A3B1BAC6, 56AA3350, 677D9197, B27022DC).$$

固定参数

$$CK_i = (ck_{i,0}, ck_{i,1}, ck_{i,2}, ck_{i,3}) \in (F_2^8)^4, \quad ck_{i,j} = (4i + j) \times 7(\text{mod} 256).$$

具体值如表 6.5 所示.

表 6.5　SMS4 算法中固定参数 CK_i 的值

00070e15	1c232a31	383f464d	545b6269
70777e85	8c939aa1	a8afb6bd	c4cbd2d9
e0e7eef5	fc030a11	181f262d	343b4249
50575e65	6c737a81	888f969d	a4abb2b9
c0c7ced5	dce3eaf1	f8ff060d	141b2229
30373e45	4c535a61	686f767d	848b9299
a0a7aeb5	bcc3cad1	d8dfe6ed	f4fb0209
10171e25	2c333a41	484f565d	646b7279

习　题　6

1. 验证 DES 算法的加解密一致性.

2. 试验证 DES 算法存在补密钥, 即若 $E_k(P) = C$, 则 $E_{\overline{k}}(\overline{P}) = \overline{C}$, 这里 $\overline{a} = a \oplus (11 \cdots 1)$ 表示 a 的补. 试利用此特性将对 DES 算法的穷尽搜索攻击的密钥测试量从 2^{56} 降为 2^{55}.

3. 若加密算法 E 使用密钥 k 时为对合的, 即满足对于任意明文 m, 有 $E_k(E_k(m)) = m$, 则称 k 为 E 的弱密钥. 试找出 DES 算法的 4 个弱密钥.

4. 若密钥 k 不是加密算法 E 的弱密钥, 但存在密钥 $k' \neq k$, 使得对于任意明文 m, 有 $E_k(E_{k'}(m)) = m$, 则称 k 为 E 的半弱密钥, 称 k, k' 为 E 的半弱密钥对. 试找出 DES 算法的 6 个半弱密钥对.

5. 在 IDEA 的模乘运算中, 为什么将模数取为 $2^{16} + 1$ 而不是 2^{16}? 在 IDEA 的模加运算中, 为什么将模数取为 2^{16} 而不是 $2^{16} + 1$?

6. 假设有 128 比特的 AES 密钥, 用十六进制表示为

1A2B5F73C20D83B9E65A4B3C246F1C5D.

由上述种子密钥构造一个完整的密钥编排方案.

7. 使用上题中的 128 比特密钥, 在 10 轮 AES 下计算下列明文 (以十六进制表示) 的加密结果:

348E2A7B5C694D3F5AE4392BB6A8C1B2.

8. 验证 AES 解密算法的正确性.

9. 对 Camellia 算法实现第 6 题和第 7 题.

第 7 章　分组密码的分析方法

7.1　分组密码分析概述

近年来, 随着美国 AES 计划和欧洲 NESSIE 计划的实施, 分组密码的设计与分析已经成为密码学领域中的热点问题. 为分析和评估各类分组密码算法的安全性, 人们提出了许多密码攻击方法, 包括基于数学理论的攻击方法, 如差分密码攻击、线性密码攻击、积分攻击、插值攻击和代数攻击等; 也包括基于物理实现的攻击方法, 比如时间攻击、能量攻击、缓存攻击和故障攻击等. 目前分组密码攻击算法主要有如下一些典型方法:

(1) 差分密码分析是分组密码最重要的分析方法之一 [23]. 该攻击是 Biham 和 Shamir 在 1991 年针对 DES 算法提出的一种攻击手段, 通过观察具有特定输入差分的明文对经过加密后的密文对的差分形式来恢复密钥. 这一攻击方法对很多密码是有效的, 并有很多变种攻击方法, 如不可能差分分析、高阶差分分析、截断差分分析等.

(2) 截断差分密码分析是差分分析的变种, 首先由 Knudsen 提出 [24]. 与经典差分不同的是, 截断差分仅仅考虑差分的部分性质, 如常用的字节差分特征只考虑差分的有无, 而不考虑差分的具体值, 这种方法对基于字节构造的分组算法十分有效, 因此对此类密码, 截断差分也是一个主要的潜在安全威胁.

(3) 不可能差分密码分析是差分密码分析的一个变种, 由 Biham 和 Knudsen 分别独立提出 [25~27]. Knudsen 在 1998 年设计了 DEAL 算法, 该密码是 Feistel 结构密码, 其轮函数采用了 DES 算法. 在对算法的安全性进行研究时, 人们发现, 若 Feistel 结构密码的轮函数是双射, 则算法存在 "天然的 5 轮不可能差分", 从而对 6 轮密码的安全性构成威胁; 在 CRYPTO1999 上 Biham 等在研究 Skipjack 算法安全性时系统地提出了不可能差分的概念, 并在 FSE1999 上系统讲述了如何采用 "中间相遇" 的方法寻找不可能差分. 不可能差分密码分析是对简化轮数的 Rijndael 算法和 Camellia 算法最有效的攻击手段, 也是目前研究的热点之一.

(4) 相关密钥攻击由 Biham 等首先提出 [28,29], 该方法与其他密码分析方法不同之处在于它更多地考虑了密钥扩展算法的性质, 攻击的假设更加苛刻, 但攻击复杂度不会因为攻击轮数的增加而增加. 该方法曾成功用于攻击 LOKI 等密码算法. 在这个思想提出后, 密码学者对一系列分组密码的密钥扩展算法进行了研究. 相关密钥攻击又可分为相关密钥差分攻击和相关密钥滑动攻击. 若密钥扩展算法的密码学性质强, 如不同轮密钥之间不具有简单的递归性质、线性逼近, 甚至相等的情况, 一般而言, 算法是可以抵抗相关密钥攻击的.

(5) 线性攻击是日本学者 Matsui 于 1993 年提出的攻击方法 [30], 通过计算输入比特、输出比特和密钥之间满足某一线性关系的概率, 若此概率与 0.5 的偏差较大, 则可利用该线性关系恢复部分密钥. 线性攻击与差分攻击一起, 成为衡量分组密码安全性的两个最重要指标.

(6) Square 攻击是 Daemen, Knudsen 和 Rijmen 针对 Square 密码提出的一种攻击 [31], 通过活跃字节的变化规律来猜测正确密钥. 这一攻击对大多以字节为变换单位的减轮密码是有效的, 在对 AES 算法的安全性分析结果中, 该攻击方法也给出了比较好的结果. Knudsen 提出的积分攻击是 Square 攻击的更一般形式 [32], 其活跃字节的变换集合可以是任意集合, 而不一定是 Square 攻击中所使用的整个空间. 高阶差分也可以看作一种特殊的积分攻击形式; Biryukov 和 Shamir 提出的 Multiset 攻击与 Lucks 提出的 Saturation 攻击均属于这一类攻击; Z'aba 等在 FSE2008 上提出的基于比特的积分攻击 [33] 和 Sun 等在 FSE2009 上提出的高次积分攻击 [34] 可以看作是积分攻击的必要补充. 由于积分攻击对很多算法都很有效, 因此积分攻击也是目前研究的热点之一.

(7) 代数攻击是由 Courtois 和 Pieprzyk 提出的 [35,36], 该攻击主要通过求解一个有限域上的多变元多项式方程组来恢复密钥. 尽管部分密码学者认为这是对 AES 算法最具威胁的潜在攻击算法, 但也有部分学者对此表示质疑. 该攻击对序列密码比较有效, 由此导致了密码学界对布尔函数的代数免疫度的研究.

(8) 边信道攻击 [37,38]. 这种攻击方法通常与算法的物理实现手段一起结合使用, 代表方法有故障分析、能量分析、时间攻击、缓冲攻击、电磁攻击等.

总之, 最近五年对分组密码算法分析比较好的结果都是在已有分析结果的基础上, 或者考虑轮密钥之间的相关性, 或者采用一些优化技术来获得轮密钥信息. 如对 Rijndael 算法的不可能差分分析就结合了算法的密钥扩展算法, 取得了以前所没有得到的结果.

当设计出一个新的密码算法后, 密码设计者都试图用已知的攻击方法对新的算法进行攻击, 从而不断改进其安全强度. 但是, 已知的攻击手段毕竟有限, 即使一个算法能抗所有已知攻击, 也不能下结论认为算法一定安全, 必须根据新密码的结构特性, 研究可能会出现的新攻击方法, 反复论证后方可下结论.

7.2 差分密码分析

差分密码分析是攻击迭代分组密码最有效的方法之一, 也是衡量一个分组密码安全性的重要指标之一. 它通过研究具有特定差分的明文对在加密过程中的差分传播状态来恢复某些密钥值. 经过近 20 年的发展, 差分密码分析出现了许多变种形式, 比如高阶差分攻击、截断差分攻击、不可能差分攻击等, 但万变不离其宗, 这些变种算法本质上都是研究差分在加解密过程中的概率传播特性.

7.2.1　差分密码分析原理

差分密码分析属于选择明文攻击方法, 与一般统计方法不同, 它是研究明文对的概率传播特性, 而不是单个明文的统计规律. 分组密码的 S 盒通常都是非线性的, 输入与输出之间的关系往往比较复杂, 经过若干次含有 S 盒变换或者复杂运算的轮函数的迭代后, 明文与密文之间的关系相当复杂, 难以从统计的角度来寻找密文与明文之间的依赖关系. 1991 年, Biham 发现了 DES 密码的 S 盒的输入差分与输出差分之间分布不均匀性, 利用这种不均匀性, 通过研究一组特定的差分值在加密过程中的概率传播特性, 将分组密码与随机置换区分开, 从而可以进行恢复密钥攻击.

定义 7.1 (差分或差分值)　设 $X, X^* \in F_2^n$, 则 X 和 X^* 的差分定义为 $\Delta X = X \oplus X^*$, 这里 $\oplus$ 为异或运算.

假设 r 轮迭代分组密码的轮函数为 F, 轮密钥分别为 $K_1, K_2, \cdots, K_r$, 在密钥的作用下, 输入明文 X 和 X^* 经过 r 轮迭代输出的中间值分别为 $(Y_1, Y_2, \cdots, Y_r)$ 和 $(Y_1^*, Y_2^*, \cdots, Y_r^*)$, 这里 (Y_r, Y_r^*) 为密文对, 那么迭代过程中所产生的差分分别为 $\Delta Y_j = Y_j \oplus Y_j^* (0 \leqslant j \leqslant r)$, 这里 $\Delta Y_0 = \Delta X$ 为输入差分, $\Delta Y_r = \Delta Y$ 为输出差分. 差分密码攻击本质上就是研究差分 $\Delta Y_0, \Delta Y_1, \cdots, \Delta Y_r$ 的传播概率. 图 7.1 给出的就是分组密码的差分传播示意图.

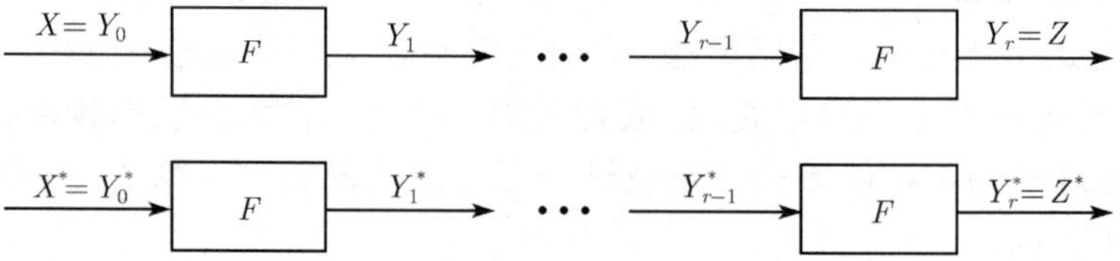

图 7.1　迭代分组密码的差分传播

定义 7.2 (差分概率)　迭代分组密码的一条 i 轮差分 (α, β) 所对应的概率 $P(\alpha \to \beta)$, 是指在输入 X, 轮密钥 $K_1, K_2, \cdots, K_i$ 取值相互独立且均匀分布的情形下, 当输入对 (X, X^*) 的差分值满足 $X \oplus X^* = \alpha$, 经过 i 轮加密后, 输出对 (Y_i, Y_i^*) 的差分值满足 $Y_i \oplus Y_i^* = \beta$ 的概率. 特别地, 当 $i = 1$ 时, $P(\alpha \to \beta)$ 表示轮函数差分传播的概率特性.

对于一般的加密算法, 研究其差分传播的概率特性并不容易, 但对于随机置换, 有如下的性质: 对 $\{0,1\}^n$ 上的随机置换 $\Re$, 任意给定差分 $(\alpha, \beta), \alpha \neq 0, \beta \neq$

$0, P(\alpha \to \beta) = \dfrac{1}{2^n - 1} \approx \dfrac{1}{2^n}$. 如果找到了一条 $r-1$ 轮差分, 其概率大于 $\dfrac{1}{2^n}$, 说明这条差分可以将 $r-1$ 轮的加密算法与随机置换区分开, 利用该区分器 (称为差分区分器), 就可以对分组密码进行密钥恢复攻击.

假设攻击者攻击 r 轮迭代分组密码, 方法是借助有效的 $r-1$ 轮差分区分器来恢复第 r 轮的轮密钥 (或部分比特), 攻击步骤如下:

步骤 1. 寻找一条 $r-1$ 轮的高概率差分 (α, β), 其概率为 p.

步骤 2. 根据差分区分器的输出, 决定攻击者要恢复的第 r 轮轮密钥 k_r 或者其部分比特, 设攻击的密钥量为 l 比特. 对每个可能的候选密钥 $gk_i(1 \leqslant i \leqslant 2^l)$, 设置相应的计数器 $\lambda_i(1 \leqslant i \leqslant 2^l)$, 初始化清零.

步骤 3. 均匀随机地选取明文 X, 令 $X^* = X \oplus \alpha$, 对 X 和 X^* 分别加密获得相应的密文 Z 和 Z^*. 这里选择明文对的数目为 $m \approx c \cdot \dfrac{1}{p}$, c 为某个常数.

步骤 4. 根据差分区分器的输出特点, 先对步骤 3 中所获得的全部密文对进行过滤, 保留过滤后的密文对 (Z, Z^*), 用每一个候选密钥 $gk_i(1 \leqslant i \leqslant 2^l)$ 对其进行解密, 并计算解密之后的差分值 $\Delta = F^{-1}(Z, gk_i) \oplus F^{-1}(Z^*, gk_i)$, 若 $\Delta = \beta$, 则给相应的计数器 λ_i 加 1.

步骤 5. 若 2^l 个计数器中的某一个值明显大于其他计数值, 则将该值所对应的密钥 gk_i(或其部分比特) 作为攻击获得的正确密钥值.

差分密码攻击能够实施的前提是寻找一条 $r-1$ 轮的高概率差分 (α, β), 如何寻找高概率差分是差分密码攻击的难点问题. 在对实际密码进行差分攻击时, 人们往往是寻找高概率的差分特征, 常用的一种做法是寻找高概率的迭代差分特征.

定义 7.3 (差分特征) 迭代分组密码的一条 i 轮差分特征 $\Omega = (\beta_0, \beta_1, \cdots, \beta_i)$, 其中 $\beta_0 = \alpha, \beta_i = \beta$ 是指当输入对 (X, X^*) 的差分值满足 $X \oplus X^* = \beta_0$ 时, 在 i 轮加密的过程中, 中间状态 (Y_j, Y_j^*) 的差分值满足 $Y_j \oplus Y_j^* = \beta_j$, 其中 $1 \leqslant j \leqslant i$. 特别地, 1 轮差分 (α, β) 与差分特征 (β_0, β_1) 的概念是一致的, 此时它表征了轮函数的差分传播特性.

定义 7.4 (差分特征概率) 迭代分组密码的一条 i 轮差分特征 $\Omega = (\beta_0, \beta_1, \cdots, \beta_i)$ 所对应的概率 $DP(\Omega)$, 是指在输入 X, 轮密钥 $K_1, K_2, \cdots, K_i$ 取值相互独立且均匀分布的情形下, 当输入对 (X, X^*) 的差分值为 $X \oplus X^* = \alpha$, 在 i 轮加密的过程中, 中间状态 (Y_j, Y_j^*) 的差分值满足 $Y_j \oplus Y_j^* = \beta_j$ 的概率, 其中 $1 \leqslant j \leqslant i$. 在上述假设下, 差分特征的概率等于各轮差分传播概率的乘积.

差分特征也称为差分路径或差分轨迹, 它与差分的区别在于: 差分仅仅给定输入和输出差分值, 中间状态的差分值未指定; 差分特征不仅给定了输入输出差分值, 还指定了中间状态的差分值. 一般来说, 寻找一条差分特征往往比寻找一条差分更为容易, 因为当给定输入差分时, 攻击者必须跟踪轮函数的迭代过程, 才能最终达到某个输出差分, 而这一过程的完成就会对应一条差分特征. 在进行差分密码攻击时, 寻找高概率的差分特征比寻找高概率的差分相对容易一些. 事实上, 当 $i=1$ 时, i 轮差分特征和 i 轮差分描述的概念一致, 都表征轮函数 F 的差分传播概率特性. 根据差分概率或者差分特征概率的定义, 轮函数的差分传播概率为

$$P(\alpha \to \beta) = \operatorname*{Prob}_{X,K}(F(X,K) \oplus F(X \oplus \alpha, K) = \beta),$$

上式表示输入差分 α 经轮函数 F 传播到输出差分 β 的概率. 但是当 $i>1$ 时, i 轮差分特征 $\Omega=(\beta_0,\beta_1,\cdots,\beta_i)$ 的概率为

$$P_\Omega = \prod_{j=1}^{i} P(\beta_{j-1} \to \beta_j),$$

其中 $P(\beta_{j-1} \to \beta_j)$ 表示第 j 轮轮函数的差分传播概率, 这表明差分特征概率是可以计算的. 但是差分 (α,β) 概率的理论值应该如下计算:

$$P(\alpha \to \beta \,|K=k) = \frac{\#\{x\,|E_k(x) \oplus E_k(x \oplus \alpha) = \beta\}}{2^n},$$

这里 E_k 表示 $i>1$ 轮迭代分组密码. 显然, 差分 (α,β) 的概率存在精确值, 但一般情况下却无法计算, 因为密钥 k 是未知的. 在实际计算时, 总是假设固定轮密钥下的差分传播概率与各轮密钥相互独立且随机均匀分布的条件下的差分传播概率是相等的, 即可以用 $\operatorname*{Prob}_{X,K_1,K_2,\cdots,K_i}(\alpha \to \beta)$ 来近似计算 $P(\alpha \to \beta\,|K=k)$. 显然, 计算 $\operatorname*{Prob}_{X,K_1,K_2,\cdots,K_i}(\alpha \to \beta)$ 比计算 $P_\Omega = \prod\limits_{j=1}^{i} P(\beta_{j-1} \to \beta_j)$ 难度要大得多. 由于差分 (α,β) 会包含很多条概率不等的差分特征, 它们的起点为 α, 终点为 β. 所有这些差分特征中一般会包含一条概率较大的差分特征, 记为 Ω_0, 它对整个差分 (α,β) 的贡献最大, 可以形象地认为这条差分特征 "统治" 着整条差分, 在进行差分密码分析时, 常用这条高概率的差分特征来替代差分.

定义 7.5 (差分特征的级联) 给定两条差分特征 $\Omega_1=(\beta_0,\beta_1,\cdots,\beta_s)$ 和 $\Omega_2=(\gamma_0,\gamma_1,\cdots,\gamma_t)$, 如果 $\beta_s=\gamma_0$, 则称 $\Omega=(\beta_0,\beta_1,\cdots,\beta_s,\gamma_1,\gamma_2,\cdots,\gamma_t)$ 为 Ω_1 和 Ω_2 的级联, 记为 $\Omega=\Omega_1\|\Omega_2$.

当 $\Omega=(\beta_0,\beta_1,\cdots,\beta_s,\gamma_1,\gamma_2,\cdots,\gamma_t)$ 为 $\Omega_1=(\beta_0,\beta_1,\cdots,\beta_s)$ 和 $\Omega_2=(\gamma_0,\gamma_1,\cdots,\gamma_t)$ 的级联时, 则 Ω 的特征概率等于 Ω_1 的特征概率与 Ω_2 的特征概率的乘积, 即 $P_\Omega=P_{\Omega_1}\times P_{\Omega_2}$.

定义 7.6 (迭代差分特征) 如果一条 i 轮差分特征 $\Omega=(\beta_0,\beta_1,\cdots,\beta_i)$ 满足 $\beta_0=\beta_i$, 就称 Ω 是一条 i 轮迭代差分特征.

若 Ω 是迭代差分特征, 则它自身可进行级联, 而且可以级联多次. 迭代差分特征往往比一般的差分特征更加有效, 因为根据加密算法的雪崩效应, 随着轮数的增

加, 大部分差分特征对应的概率都会迅速递减. 而对于迭代特征, 随着轮数的增加, 相应概率递减的速率要小得多, 因此基于其构造的差分区分器将更加有效.

7.2.2 DES 的差分密码分析

对 DES 算法的差分密码攻击主要基于如下思想:

(1) DES 算法轮函数中的 S 盒的输入差分与该 S 盒所在轮的轮密钥无关, 而输出差分则依赖于该轮的轮密钥. 如果知道 S 盒的输入对, 同时又知道该 S 盒的输出差分, 那么可以确定进入该 S 盒的轮密钥.

(2) 如果能找到一条高概率 $r-1$ 轮差分特征, 并借助此差分特征获得第 r 轮某些 S 盒的输入值和输出差分值, 那么就可以恢复第 r 轮的部分轮密钥.

下面首先介绍 S 盒的差分分析原理, 然后讨论 3 轮和 6 轮 DES 算法的差分密码攻击.

(1) DES 的 S 盒的差分分析

S 盒 $S_j(1 \leqslant j \leqslant 8)$ 的输入对 (B_j, B_j^*) 的差分为 $B_j \oplus B_j^* \in F_2^6$, 相应输出对 $(S_j(B_j), S_j(B_j^*))$ 的差分为 $S_j(B_j) \oplus S_j(B_j^*) \in F_2^4$. 对任意 $B_j' \in \{0,1\}^6$, 记

$$\Delta(B_j') = \{(B_j, B_j^*)|B_j \oplus B_j^* = B_j'\} = \{(B_j, B_j \oplus B_j')|B_j \in \{0,1\}^6\},$$

则 $|\Delta(B_j')| = 2^6$. 对集合 $\Delta(B_j')$ 中的每一对元素, 可以计算出 S_j 的一个输出差分值, 于是, 一共可计算 $2^6 = 64$ 个输出差分值, 它们分布在 $2^4 = 16$ 种可能取值上, 将这些分布列成表, 称为 S 盒的差分分布表. 差分分布表中差分分布的不均匀性将是差分密码攻击的基础. 比如, 考虑 DES 算法的第一个 S 盒 S_1, 取 $B_1' = 110100$, 则

$$\Delta(B_1') = \{(000000, 110100), (000001, 110101), (000010, 110110), \cdots, (111111, 001011)\},$$

这里 $|\Delta(B_1')| = 2^6 = 64$. S_1 的差分分布表为

0000	0001	0010	0011	0100	0101	0110	0111
0	8	16	6	2	0	0	12

1000	1001	1010	1011	1100	1101	1110	1111
6	0	0	0	0	8	0	6

类似地, 可以给出其他 7 个 S 盒的差分分布表.

设 B_j' 为任意 6 比特串, C_j' 为任意 4 比特串, 对 $j(1 \leqslant j \leqslant 8)$, 定义如下符号:

$$IN_j(B_j', C_j') = \{B_j \in F_2^6 | S_j(B_j) \oplus S_j(B_j \oplus B_j') = C_j'\},$$

$$N_j(B_j', C_j') = |IN_j(B_j', C_j')|,$$

这里 $IN_j(B_j', C_j')$ 表示使得 S_j 的输入差分为 B_j', 输出差分为 C_j' 的全体输入的集合, $N_j(B_j', C_j')$ 表示这些输入对的数目. 比如, 对第一个 S 盒而言, 当输入差分为

$B_1' = 110100$, 输出差分为 $C_1' = 1101$ 时,

$$IN_1(B_1', C_1') = \{000110, 010000, 010110, 011100, 100010, 100100, 101000, 110010\}.$$

注意到 S_j 的输入是由扩展变换后的结果 E_j 与进入该 S 盒的密钥 J_j 的异或, 即 $B_j = E_j \oplus J_j$, 于是

$$B_j' = B_j \oplus B_j^* = (E_j \oplus J_j) \oplus (E_j^* \oplus J_j) = E_j \oplus E_j^* = E_j',$$

即 (E_j, E_j^*) 的差分值 E_j' 与 (B_j, B_j^*) 的差分值 B_j' 一致, 从而

$$IN(B_j', C_j') = IN(E_j', C_j').$$

利用扩展变换的输出对 (E_j, E_j^*) 代替 S_j 盒的输入对 (B_j, B_j^*), 就可以通过 (E_j, E_j^*) 和 S_j 的输出差分 C_j' 来构造 S_j 的测试集

$$\text{test}_j(E_j, E_j^*, C_j') = \{B_j \oplus E_j | B_j \in IN_j(E_j', C_j')\} = IN_j(E_j', C_j') \oplus E_j,$$

不难验证, 进入第 j 个 S 盒的密钥 $J_j \in \text{test}_j(E_j, E_j^*, C_j')$, 这是由于 $B_j = E_j \oplus J_j$, 故

$$J_j = B_j \oplus E_j \in \text{test}_j(E_j, E_j^*, C_j'),$$

又 $\left|\text{test}_j(E_j, E_j^*, C_j')\right| = |IN_j(E_j', C_j')| = N_j(E_j', C_j')$, 故 J_j 必为 $N_j(E_j', C_j')$ 个长度为 6 的比特串中的一个.

例 7.1 设 $E_1 = 000001, E_1^* = 110101, C_1' = 1101$, 则

$$\begin{aligned}
&\text{test}_1(E_1, E_1^*, C_1') \\
=& \text{test}_1(000001, 110101, 1101) = IN_1(110100, 1101) \oplus 000001 \\
=& \{000110, 010000, 010110, 011100, 100010, 100100, 101000, 110010\} \oplus 000001 \\
=& \{000111, 010011, 010111, 011101, 100011, 100101, 101001, 110011\}.
\end{aligned}$$

(2) 3 轮 DES 的差分密码分析

下面利用 S 盒的差分分布性质来攻击 3 轮 DES. 如图 7.2 所示, L_0R_0 和 $L_0^*R_0^*$ 是两对明文, 对应的密文分别为 L_3R_3 和 $L_3^*R_3^*$. 根据 DES 算法的加密流程, 可以得到密文和明文的关系如下:

$$R_3 = L_2 \oplus F(R_2, K_3) = R_1 \oplus F(R_2, K_3) = L_0 \oplus F(R_0, K_1) \oplus F(R_2, K_3),$$

$$R_3^* = L_2^* \oplus F(R_2^*, K_3) = R_1^* \oplus F(R_2^*, K_3) = L_0^* \oplus F(R_0^*, K_1) \oplus F(R_2^*, K_3).$$

故 R_3 和 R_3^* 的差分为

$$R_3' = R_3 \oplus R_3^* = L_0' \oplus F(R_0, K_1) \oplus F(R_2, K_3) \oplus F(R_0^*, K_1) \oplus F(R_2^*, K_3),$$

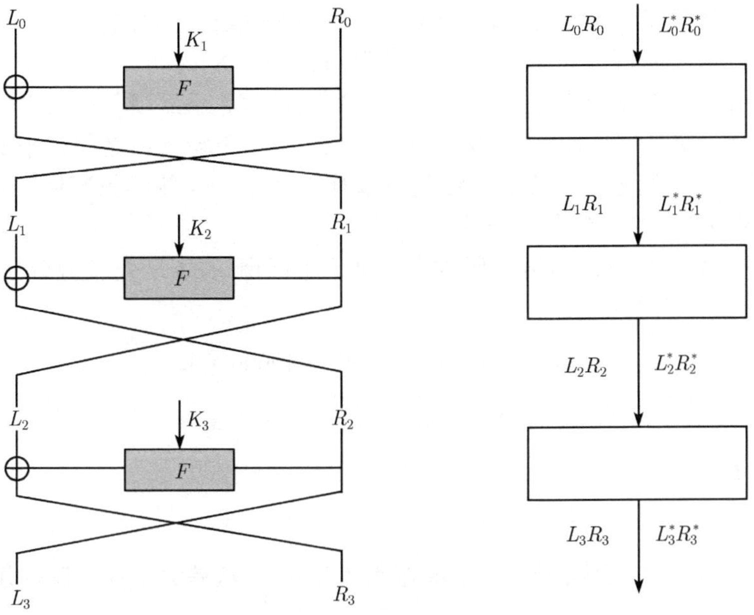

图 7.2 对 3 轮 DES 的差分分析示意图

由于是选择明文攻击, 可取 $R_0 = R_0^*$, 此时

$$R_3' = R_3 \oplus R_3^* = L_0' \oplus F(R_2, K_3) \oplus F(R_2^*, K_3),$$

从而

$$F(R_2, K_3) \oplus F(R_2^*, K_3) = R_3' \oplus L_0'.$$

假设 C 和 C^* 分别是第 3 轮 8 个 S 盒针对两组明文的输出, 即

$$F(R_2, K_3) = P(C), \quad F(R_2^*, K_3) = P(C^*),$$

因此

$$P(C) \oplus P(C^*) = P(C \oplus C^*) = R_3' \oplus L_0'.$$

由于 P 是公开的可逆线性变换, 故 $C \oplus C^* = P^{-1}(R_3' \oplus L_0')$, 这样就得到了第 3 轮 8 个 S 盒的输出差分.

下面计算第 3 轮 8 个 S 盒变换前扩散变换的输出 E 和 E^*, 根据 3 轮 Feistel 结构的特点, 有

$$E = E(R_2) = E(L_3), \quad E^* = E(R_2^*) = E(L_3^*).$$

于是, 可以给出计算第 3 轮轮密钥的算法如下:

步骤 1. 取明文输入为 L_0R_0, $L_0^*R_0^*$, 使得 $R_0 = R_0^*$, 相应的输出为 L_3R_3, $L_3^*R_3^*$;

步骤 2. 计算 $C' = C \oplus C^* = P^{-1}(R_3' \oplus L_0')$;

步骤 3. 计算 $E=E(R_2)=E(L_3)$ 和 $E^*=E(R_2^*)=E(L_3^*)$;

步骤 4. 对 $j\in\{1,2,3,4,5,6,7,8\}$, 计算 $\text{test}_j(E_j,E_j^*,C_j')$.

取定一组明文, 就可以得到第 j 个 S 盒的测试集 $\text{test}_j(E_j,E_j^*,C_j')$, 这时进入 S_j 的轮密钥一定具有性质 $J_j\in\text{test}_j(E_j,E_j^*,C_j')$. 由于轮密钥是固定不变的, 只要多选几组明文对, 通过求交集的方法就可以唯一确定第 3 轮的轮密钥.

(3) 6 轮 DES 的差分密码分析

对 6 轮 DES 算法的差分密码攻击是基于上面所讲的 S 盒差分分布性质和下面的一条 3 轮差分特征 Ω:

$$L_0'=40080000,\quad R_0'=40000000,$$

$$L_1'=04000000,\quad R_1'=00000000,$$

$$L_2'=00000000,\quad R_2'=04000000,$$

$$L_3'=04000000,\quad R_3'=40080000,$$

注意到, 从差分 $L_0'R_0'$ 到差分 $L_1'R_1'$ 的概率为 $p=\dfrac{1}{4}$, 从差分 $L_1'R_1'$ 到差分 $L_2'R_2'$ 的概率为 $p=1$, 从差分 $L_2'R_2'$ 到差分 $L_3'R_3'$ 的概率为 $p=\dfrac{1}{4}$, 所以 3 轮差分特征 Ω 的概率为 $\dfrac{1}{16}$.

选择满足 $L_0'=40080000$ 和 $R_0'=40000000$ 的明密文对 (L_0R_0,L_6R_6) 和 $(L_0^*R_0^*,L_6^*R_6^*)$, 则根据 6 轮 DES 算法的加密流程可以得到

$$R_6=L_5\oplus F(R_5,K_6)=R_4\oplus F(R_5,K_6)=L_3\oplus F(R_3,K_4)\oplus F(R_5,K_6),$$

$$R_6^*=L_5^*\oplus F(R_5^*,K_6)=R_4^*\oplus F(R_5^*,K_6)=L_3^*\oplus F(R_3^*,K_4)\oplus F(R_5^*,K_6),$$

从而

$$R_6'=L_3'\oplus F(R_3,K_4)\oplus F(R_3^*,K_4)\oplus F(R_5,K_6)\oplus F(R_5^*,K_6).$$

由于 R_6' 是已知的, 从差分特征 Ω 中估计 $L_3'=04000000$ 和 $R_3'=40080000$ 的概率为 $\dfrac{1}{16}$. 如果情况确实如此, 那么第 4 轮 S 盒的输入差分可以通过扩展函数计算得到

$$001000,000000,000001,010000,00\cdots00.$$

这表明 S_2, S_5, S_6, S_7 和 S_8 的输入差分全为 000000, 因此这 5 个 S 盒的输出差分也全为 0000.

下面考虑第 6 轮中 8 个 S 盒的输入差分与输出差分. 这时扩展变换的输出值为

$$E=E_1E_2E_3E_4E_5E_6E_7E_8=E(R_5)=E(L_6),$$

$$E^*=E_1^*E_2^*E_3^*E_4^*E_5^*E_6^*E_7^*E_8^*=E(R_5^*)=E(L_6^*),$$

从而第 6 轮 8 个 S 盒的输入差分为

$$E' = E \oplus E^* = E(L_6) \oplus E(L_6^*).$$

再根据 DES 密码的加密流程, 设 (C_j, C_j^*) 为第 6 轮第 $j(1 \leqslant j \leqslant 8)$ 个 S 盒的输出对, 则有

$$F(R_5, K_6) = P(C_1C_2C_3C_4C_5C_6C_7C_8), \quad F(R_5^*, K_6) = P(C_1^*C_2^*C_3^*C_4^*C_5^*C_6^*C_7^*C_8^*),$$

注意到 $P^{-1}(R_6' \oplus L_3') = P^{-1}(F(R_3, K_4) \oplus F(R_3^*, K_4) \oplus F(R_5, K_6) \oplus F(R_5^*, K_6))$, 而且第 4 轮中 S_2, S_5, S_6, S_7 和 S_8 的输出差分全为 0, 故对这 5 个 S 盒来说, $F(R_3, K_4) \oplus F(R_3^*, K_4) = 0$, 于是 $P^{-1}(R_6' \oplus L_3')$ 中与 S_2, S_5, S_6, S_7 和 S_8 对应位置的值就是这些 S 盒的输出差分, 即若令 $C_1'C_2'C_3'C_4'C_5'C_6'C_7'C_8' = P^{-1}(R_6' \oplus L_3')$, 则 $C_2', C_5', C_6', C_7', C_8'$ 就是第 6 轮中 S_2, S_5, S_6, S_7 和 S_8 的输出差分, 并且成立概率为 $\dfrac{1}{16}$.

下面给出求 6 轮 DES 算法第 6 轮轮密钥的算法:

步骤 1. 选择明文输入对 $(L_0R_0, L_0^*R_0^*)$ 和 $(L_6R_6, L_6^*R_6^*)$, 使得 $L_0' = 40080000$, $R_0' = 40000000$;

步骤 2. 计算 $C_1'C_2'C_3'C_4'C_5'C_6'C_7'C_8' = P^{-1}(R_6' \oplus L_3')$;

步骤 3. 计算 $E = E(L_6)$ 和 $E^* = E(L_6^*)$;

步骤 4. 对 $j \in \{2,5,6,7,8\}$ $j \in \{2,5,6,7,8\}$, 计算 $\text{test}_j\{E_j, E_j^*, C_j'\}$.

类似于 3 轮攻击, 我们能确定 J_2, J_5, J_6, J_7, J_8 中 30 比特密钥. 问题在于对于 6 轮 DES 的攻击, 输出差分是正确的概率仅为 $\dfrac{1}{16}$. 如果从特征 Ω 的正确对开始运作, 则正确的密钥 J_j 一定在集合 $\text{test}_j\{E_j, E_j^*, C_j'\}$ 中, 如果从特征 Ω 的错误对开始运作, 则 C_j' 的值将不正确. 因此, 可设集合 test_j 是随机的, 对于特征 Ω, 大约有 $\dfrac{1}{16}$ 的对为正确对, 剩下的为错误对. 至于选取多少明文, 才能保证找到最后一轮的轮密钥, 就涉及差分密码攻击的数据复杂度和计算复杂度问题, 具体见文献 [39].

7.3 线性密码分析

在 1993 年欧洲密码年会上, 日本学者 Matsui 提出了对 DES 算法的一种新的攻击方法 ——“线性密码分析”. 与差分密码分析不同的是, 线性密码分析属于已知明文攻击的范畴, 通过研究明文和密文间的线性关系来恢复密钥. 经过十几年的发展和完善, 线性密码分析与差分密码分析方法已经成为现代分组密码设计时必须考虑的重要准则.

7.3.1 线性密码分析原理

线性密码分析是一种已知明文攻击方法, 其基本思想是寻找一个密码算法的有效的线性近似表达式. 假如能够在明文比特、密文比特以及密钥比特之间找到一个概率线性关系, 也就是说, 存在一个比特子集使得其中元素的异或表现出非随机的分布 (偏离 1/2 的概率取某一个固定值), 那么就可以用一定量的明密文对来推测一些密钥比特的取值.

假设 P 为输入明文, C 为输出密文, K 为密钥, 则线性密码分析的目的在于对一个给定的密码算法, 找出下述 "有效的" 线性表达式:

$$P[i_1, i_2, \cdots, i_a] \oplus C[j_1, j_2, \cdots, j_b] = K[k_1, k_2, \cdots, k_c],$$

这里 $i_1, i_2, \cdots, i_a, j_1, j_2, \cdots, j_b, k_1, k_2, \cdots, k_c$ 表示固定的比特位置. 其中

$$P[i_1, i_2, \cdots, i_a] = P[i_1] \oplus P[i_2] \oplus \cdots \oplus P[i_a],$$

$$C[j_1, j_2, \cdots, j_b] = C[j_1] \oplus C[j_2] \oplus \cdots \oplus C[j_b],$$

$$K[k_1, k_2, \cdots, k_c] = K[k_1] \oplus K[k_2] \oplus \cdots \oplus K[k_c].$$

对于随机给定的明文 P 和密文 C, 线性表达式

$$P[i_1, i_2, \cdots, i_a] \oplus C[j_1, j_2, \cdots, j_b] = K[k_1, k_2, \cdots, k_c]$$

成立的概率记为 p.

若 $p \neq 1/2$, $|p-1/2|$ 越大, 则该线性表达式越有效, 因此称 $|p-1/2|$ 为线性攻击的效率. 如果能找到明文比特和最后一轮输入比特之间的高概率的线性关系, 就可以对分组密码进行密钥恢复攻击.

假设攻击者攻击 r 轮分组密码算法, 为获得第 r 轮的轮密钥 (或部分比特), 攻击步骤如下:

步骤 1. 寻找一条 $r-1$ 轮的高概率 "有效的" 线性表达式, 其概率为 p;

步骤 2. 决定攻击者要恢复的第 r 轮轮密钥 k_r(或其部分比特), 设攻击的密钥量为 l 比特. 对每个可能的候选密钥 $gk_i(1 \leqslant i \leqslant 2^l)$, 设置相应的计数器 $\lambda_i(1 \leqslant i \leqslant 2^l)$, 初始化清零;

步骤 3. 均匀随机地选取明文 X, 加密 X 获得相应的密文 Z. 这里选择明文的数目为 $m \approx c \cdot \dfrac{1}{(p-\frac{1}{2})^2}$, c 为某个常数;

步骤 4. 对每一个密文 Z, 用每一个候选密钥 $gk_i(1 \leqslant i \leqslant 2^l)$ 对其 "解密" 得到 Y_{r-1}, 判断 "有效的" 线性表达式是否成立, 若成立, 则给相应的计数器 λ_i 加 1;

步骤 5. 将 2^l 个计数器中 $\left|\dfrac{\lambda_i}{m}-\dfrac{1}{2}\right|$ 的最大值所对应的密钥 gk_i (或其部分比特) 作为攻击获得的正确密钥值.

7.3.2 DES 密码线性分析

S 盒是 DES 算法唯一的非线性部件, 是整个 DES 算法的核心. S 盒的线性近似方法是研究若干个输入比特的异或值与若干个输出比特的异或值相符的概率.

对于一个给定的 S 盒 $S_i(1 \leqslant i \leqslant 8)$, $0 \leqslant \alpha \leqslant 63$, $1 \leqslant \beta \leqslant 15$, 定义 S_i 的线性度指标如下:

$$NS_i(\alpha,\beta)=\left|\left\{x|0 \leqslant x \leqslant 63, \sum_{s=0}^{5} x[s]\cdot\alpha[s]=\sum_{t=0}^{3} S_i(x)[t]\cdot\beta[t]\right\}\right|.$$

$NS_i(\alpha,\beta)$ 度量了 S 盒 S_i 的非线性程度, 对线性逼近 $\sum_{s=0}^{5} x[s]\cdot\alpha[s]=\sum_{t=0}^{3} S_i(x)[t]\cdot\beta[t]$ 而言, 若 $NS_i(\alpha,\beta)\neq 32$, 则称 S 盒 S_i 的输入和输出比特之间有相关性存在. 比如, 通过计算可知 $NS_5(16,15)=12$, 这表明 S_5 的第 4 个输入比特与所有输出比特的异或值相符的概率为 $\dfrac{12}{64}\approx 0.19$. 对于固定密钥 K 和随机给定明文 X, 通过 F 函数中 E 扩展和 P 置换, 可以将 S 盒的线性逼近式推广到轮函数上, 即得到下面方程以 $\dfrac{12}{64}\approx 0.19$ 的概率成立:

$$X[15]\oplus F(X,K)[7,18,24,29]=K[22].$$

上式称为轮函数 F 的线性逼近式. 再将轮函数 F 的线性逼近式扩展到整个 DES 算法上, 就可以对 DES 算法进行线性攻击了. 下面给出一个 3 轮 DES 算法线性攻击的例子.

例 7.2 3 轮 DES 的线性密码分析.

如图 7.3 所示, 将轮函数 F 的线性逼近式运用到 DES 算法的第一轮, 得

$$P_L[15]\oplus F_1(X_1,K_1)[7,18,24,29]=K_1[22],$$

即

$$P_L[15]\oplus X_2[7,18,24,29]\oplus P_H[7,18,24,29]=K_1[22].$$

该式成立的概率为 $\dfrac{12}{64}\approx 0.19$.

将轮函数 F 的线性逼近式运用到 DES 第三轮得

$$C_L[15]\oplus F_3(X_3,K_3)[7,18,24,29]=K_3[22],$$

即

$$C_L[15]\oplus X_2[7,18,24,29]\oplus C_H[7,18,24,29]=K_3[22].$$

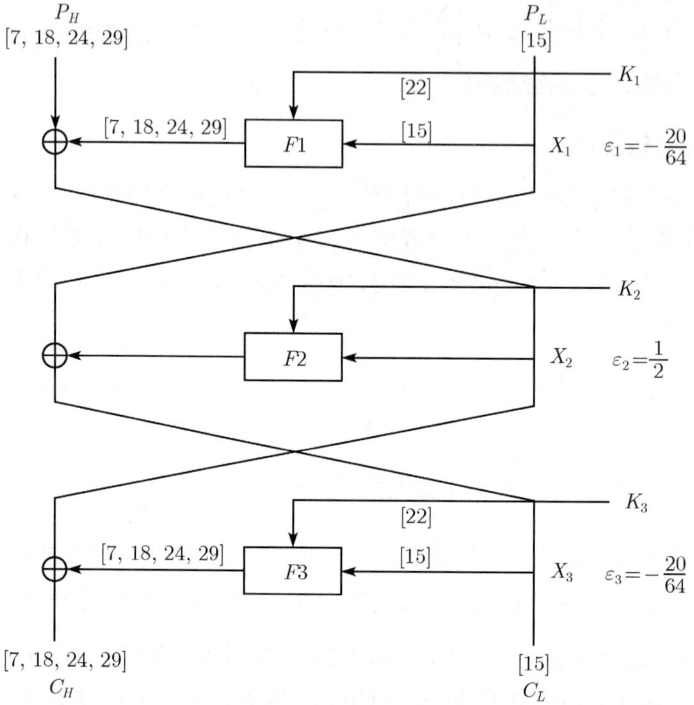

图 7.3　3 轮 DES 算法线性攻击

该式成立的概率也是 $\dfrac{12}{64} \approx 0.19$. 将上面两个线性表达式相加得到

$$P_H[7,18,24,29] \oplus C_H[7,18,24,29] \oplus P_L[15] \oplus C_L[15] = K_1[22] \oplus K_3[22].$$

这就是 3 轮 DES 的一个线性逼近式. 对于给定的随机明文 P 和相应密文, 上式成立的概率为 $\left(\dfrac{12}{64}\right)^2 + \left(1-\dfrac{12}{64}\right)^2 \approx 0.70$, 然后利用上面的算法, 求出 $K_1[22] \oplus K_3[22]$, 通过一系列明密文对分析后, 可得关于 $K_1[22]$ 和 $K_3[22]$ 的一系列方程, 从而可得到 $K_1[22]$ 和 $K_3[22]$. 这只是利用一个线性逼近式来确定某些密钥比特, 如果有许多这样的高概率的线性逼近式, 就可以得到较多的密钥比特, 从而对 DES 算法进行攻击.

7.4　Square 攻击

Square 攻击是继差分密码分析和线性密码分析后, 密码学界公认的一种比较有效的密码分析方法. 它是 Daemen 等针对 SQUARE 密码提出的一种攻击方法, 这种攻击方法更多地与算法的结构有关, 而与算法部件的具体取值关系不大. 作为主要分析基于字节运算的密码算法安全性的分析方法, Square 攻击从其出现就受到密码学界的广泛关注. 2001 年, Lucks 在分析 Twofish 算法的安全性时, 首次将 Square 攻击的方法用于 Feistel 密码, 提出了 Saturation 攻击; 同年, Biryukov 和 Shamir 在分析 SPN 结构安全性时, 提出了 Multiset 攻击, 并指出, 对于一个 4 轮 SPN 型密码, 即使算法采用的 S 盒和线性变换都不公开, 利用 Multiset 攻击的思想, 仍然可以恢复出一个与原算法等价的算法. 2002 年, Knudsen 等提出了积分攻击, 从而将上述攻击都纳入到积分攻击的范畴, Z'aba 等在 FSE2008 上提出的基于比特的积分攻击和 Sun 等在 FSE2009 上提出的高次积分攻击可以看作积分攻击的必要补充.

7.4.1 Square 攻击原理

Square 攻击及其相关术语是由 Daemen 等引入的, 下面首先给出一些基本概念. 这些概念是在分析 Square 密码时引入的, 但也可以推广到更一般的情形.

定义 7.7 设 T 是一个由 256 个字节向量构成的集合, 集合中的元素记为 $t^{(i)}=(t^{(i,1)},t^{(i,2)},\cdots,t^{(i,n)})$, $i\in\{0,1,\cdots,255\}$, 其中 $t^{(i,j)}$ 为 $t^{(i)}$ 的第 j 个字节, 称这 256 个向量为状态. 若 T 中所有状态的第 j 个字节均不相同, 即

$$t^{(i,j)}\neq t^{(i',j)},\quad \forall i,i'\in\{0,1,\cdots,255\},\quad i\neq i',$$

则称集合 T 的第 j 个字节为活跃字节; 若 T 中所有状态的第 j 个字节均相等, 即

$$t^{(i,j)}= t^{(i',j)},\quad \forall i,i'\in\{0,1,\cdots,255\},\quad i\neq i',$$

则称集合 T 的第 j 个字节为稳定字节. 若 T 中所有状态的第 j 个字节的模二加和为 0, 即

$$\bigoplus_{i\in\{0,1,\cdots,255\}} t^{(i,j)}=0,$$

则称集合 T 的第 j 个字节为平衡字节.

定义 7.8 状态集合 T 称为一个 Λ 集, 若 T 中所有状态的字节要么为活跃字节, 要么为稳定字节, 即

$$\forall X,Y\in\Lambda,\quad \begin{cases} x_i\neq y_i, & \text{如果第 } i \text{ 字节为活跃字节},\\ x_i=y_i, & \text{否则}\end{cases}$$

其中 x_i,y_i 分别表示 X 和 Y 的第 i 个字节.

下面给出 Λ 集的一些常用的性质, 它们是寻找一个密码算法的 Square 区分器所遵循的基本原则. 由于这些性质的证明比较简单, 因此省略详细证明, 读者可自行检验其正确性.

性质 7.1 活跃/稳定字节通过双射 (如 S 盒和密钥加) 后, 仍然是活跃/稳定的.

性质 7.2 平衡字节通过非线性双射后, 通常无法确定其属性.

性质 7.3 活跃字节与活跃字节的和不一定为活跃字节, 但一定是平衡字节; 活跃字节与稳定字节的和仍然为活跃字节; 两个平衡字节的和为平衡字节.

性质 7.4 若活跃字节通过的非线性变换不是双射, 通常无法确定变换后字节的属性.

Square 攻击通过对满足特定形式的明文加密, 然后对密文求和 (称之为积分), 通过积分值的不随机性将一个密码算法与随机置换区分开. 首先看随机的情形.

命题 7.1 若 $X_i, 1 \leqslant i \leqslant t$ 为 F_2^n 上均匀分布的随机变量, 则 $\sum_{i=1}^{t} X_i = 0$ 的概率为 $\frac{1}{2^n}$.

对 r 轮迭代分组密码实施 Square 攻击的一般流程如下:

步骤 1. 计算某个特殊的 $r-1$ 轮积分值, 即寻找 Square 区分器;

步骤 2. 根据 Square 区分器, 选择相应的明文集合, 对其进行加密;

步骤 3. 猜测第 r 轮的轮密钥, 部分解密后验证所得中间值的和是否满足 $r-1$ 轮积分值, 若不满足, 则淘汰该密钥;

步骤 4. 如果有必要, 重复上述步骤 2 和步骤 3, 直到密钥唯一确定.

7.4.2 AES 算法的 Square 攻击

关于 AES 算法的详细描述见上一章, 为了叙述方便, 以下各状态均采用下面的表示方式:

$$P = \begin{pmatrix} x & C_4 & C_8 & C_{12} \\ C_1 & C_5 & C_9 & C_{13} \\ C_2 & C_6 & C_{10} & C_{14} \\ C_3 & C_7 & C_{11} & C_{15} \end{pmatrix},$$

这里 x 为 F_2^8 中任意向量, $C_1, C_2, \cdots, C_{15}$ 为 F_2^8 中固定向量.

首先寻找 AES 算法 3 轮 Square 区分器, 然后利用该 3 轮区分器, 对 4 轮和 5 轮 AES 算法进行 Square 攻击.

(1) 3 轮 Square 区分器

根据 Square 攻击的基本原理, 首先需要构造一个 Square 区分器, AES 算法的一个 3 轮 Square 区分器的具体形式见图 7.4, 图中 $\oplus$ 表示密钥加运算, S 表示 S 盒运算, $\lll$ 表示行移位运算, M 表示列混合运算.

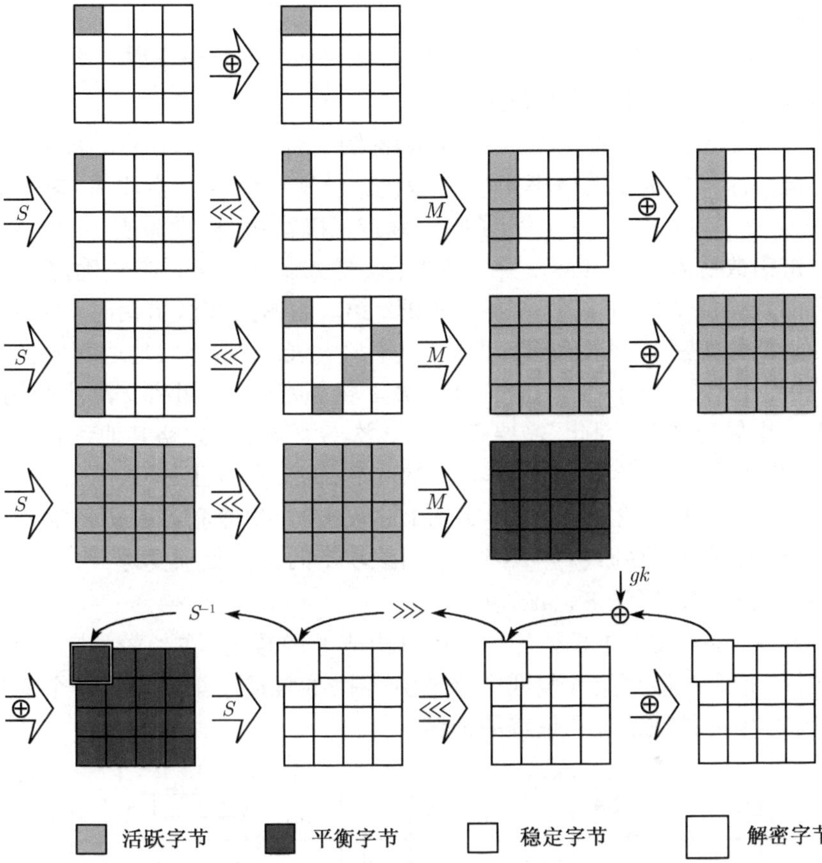

图 7.4 AES 算法 3 轮 Square 区分器

定理 7.1 AES 算法中, 若输入只有一个活跃字节, 其他字节都是稳定字节, 则第三轮输出的每个字节都是平衡字节.

根据定理 7.1, 可以对 4 轮、5 轮和 6 轮的 AES 算法实施 Square 攻击.

(2) 对 4 轮 AES 算法 Square 攻击

首先以恢复第四轮首字节密钥 $K_{(4,0)}$ 为例, 给出 4 轮 AES 算法的 Square 攻击:

步骤 1. 选择一个 Λ 集, 该 Λ 集仅有第一个字节为活跃字节, 其他字节均为稳定字节. 对其进行 4 轮加密, 不妨记密文为 $C_0, \cdots, C_{255}$.

步骤 2. 猜测第四轮的首字节密钥 $K_{(4,0)}$ 的值, 不妨记为 gk, 计算 $s_{gk} = \sum_{i=0}^{255} S^{-1}(C_{(i,0)} \oplus gk)$, 其中 $C_{(i,0)}$ 表示密文 C_i 的第一个字节.

步骤 3. 检验 $s_{gk} = 0$ 是否成立, 若成立, 则相应的 gk 值作为 $K_{(4,0)}$ 的一个候选值, 否则淘汰.

步骤 4. 如果上述步骤没有唯一确定 $K_{(4,0)}$ 的值, 则重新选取一个 Λ 集, 重复上述步骤, 直到 $K_{(4,0)}$ 唯一确定为止.

下面计算上述攻击的复杂度. 对于正确密钥 $K_{(4,0)}$, $s_{gk}=0$ 肯定成立; 对于错误的密钥值, $s_{gk}=0$ 成立的概率为 2^{-8}. 因此, 经过一个 Λ 集淘汰后, 剩下的错误密钥数目为 $(2^8-1)\times 2^{-8}\approx 1$, 为了唯一确定正确密钥, 假设需要 N 个 Λ 集, 则剩下错误密钥数目为 $(2^8-1)\times 2^{-8N}$, 因此, 只要 $N=2$ 就可以唯一确定正确密钥. 从而攻击的数据复杂度为 2 个 Λ 集, 即 2^9. 第一组密文淘汰密钥时, 需要用所有的密钥对其部分解密, 因此需要查 $2^8\times 2^8$ 次 S^{-1} 表, 在忽略其他运算所耗时间的情况下, 相当于 $(2^8\times 2^8)/(4\times 16)=2^{10}$ 次 4 轮加密; 第二组密文淘汰密钥时, 此时仅剩下 2 个候选密钥, 因此, 需要查 $2^8\times 2$ 次 S^{-1} 表, 在忽略其他运算所耗时间的情况下, 相当于 $(2^8\times 2)/(4\times 16)=2^3$ 次 4 轮加密. 因此上述攻击的时间复杂度为 $2^{10}+2^3\approx 2^{10}$ 次 4 轮加密运算. 实施上述攻击时, 每个猜测密钥值都要对密文解密, 因此需要空间来存储一个 Λ 集. 从而该攻击的空间复杂度为 2^8.

(3) 对 5 轮 AES 算法 Square 攻击

在 4 轮 Square 攻击末尾处加一轮可以构造 5 轮攻击, 在 5 轮加密过程中, 第 4 轮一个字节信息扩散到第 5 轮四个字节中, 图 7.5 描述了第 4 轮第一个字节在 4, 5 轮加密过程中的扩散情况和依赖的密钥.

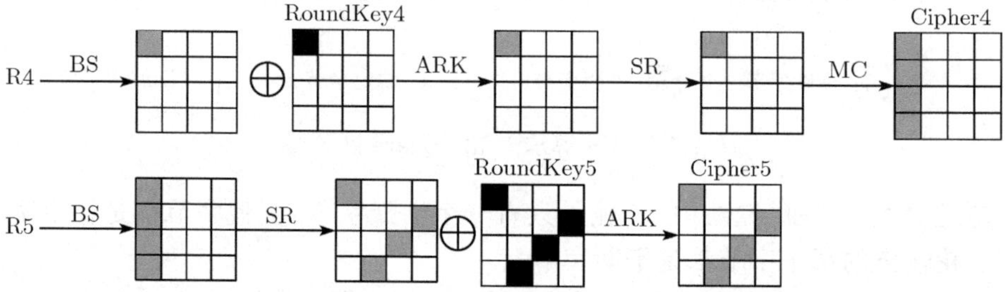

图 7.5　对 5 轮 AES 算法 Square 攻击

由图 7.5 的描述知, 由 Cipher5(A,H,K,N), RoundKkey5(A,H,K,N) 和 RoundKey4(A) 可以得到 Cipher3(A), 因此通过选取明文 Λ 集, 对其 Cipher5(A,H,K,N) 进行解密, 根据猜测的密钥 RoundKkey5(A,H,K,N) 和 RoundKey4(A) 来验证等式 $\sum_{t=0}^{255}\text{Cipher3}(A)=0$ 是否成立, 进而可得 4 个字节轮密钥, 这里 A,H,K,N 分别表示图 7.5 中相应 Cipher5 状态中四个阴影字节.

这个 5 轮攻击需要检测 2^{40} 个密钥值, 并且需重复 4 次, 因为对于一个单一的 Λ 集, 错误密钥被留下的概率为 2^{-8}, 所以需要 5 个 Λ 集就可以很高概率的确定正

确密钥; 攻击的时间复杂度可以按如下方式估计:

$$4 \times [2^{40} \times 2^8 + 2^{32} \times 2^8 + 2^{24} \times 2^8 + 2^{16} \times 2^8 + 2^8 \times 2^8] \times \frac{5}{16 \times 5} \approx 2^{46},$$

即大约需要 2^{46} 次 5 轮加密运算; 因为对于一个单一的 Λ 集, 错误密钥被留下的概率为 2^{-8}, 故对每个 Λ 集, 需要存储的通过验证的密钥个数约为 2^{32}, 即攻击的空间复杂度为 2^{32}.

对 AES 算法的 5 轮攻击还可以如下进行. 若输入明文为如下形式:

$$P = \begin{pmatrix} x & C_4 & C_8 & C_{12} \\ C_1 & y & C_9 & C_{13} \\ C_2 & C_6 & z & C_{14} \\ C_3 & C_7 & C_{11} & w \end{pmatrix}, \tag{7.1}$$

其中 (x, y, z, w) 遍历 $F_{2^8}^4$, C_i 均为常数. 根据 AES 算法的加密流程可知, 第 2 轮的输入为

$$P^* = \begin{pmatrix} x^* & D_4 & D_8 & D_{12} \\ y^* & D_5 & D_9 & D_{13} \\ z^* & D_6 & D_{10} & D_{14} \\ w^* & D_7 & D_{11} & D_{15} \end{pmatrix},$$

其中 (x^*, y^*, z^*, w^*) 遍历 $F_{2^8}^4$, D_i 均为常数. 根据 AES 算法 3 轮积分区分器可知, 对于 (x^*, y^*, z^*, w^*) 的任意一组取值,

$$P^* = \begin{pmatrix} x^* & D_4 & D_8 & D_{12} \\ y^* & D_5 & D_9 & D_{13} \\ z^* & D_6 & D_{10} & D_{14} \\ w^* & D_7 & D_{11} & D_{15} \end{pmatrix},$$

经过 3 轮加密后每个字节均平衡, 因此, 若按照式 (7.1) 选择明文, 则第 4 轮输出的每个字节均为平衡字节. 这就是 AES 算法的一个 4 轮区分器. 利用这个区分器对 5 轮 AES 算法实施攻击的过程与利用 3 轮积分区分器对 4 轮 AES 算法实施攻击的过程是一样的, 请读者自行给出.

与分析对 4 轮 AES 积分攻击的过程一样可知, 上述攻击所需数据量为 2^{33}, 时间复杂度不超过 $2 \times 2^8 \times 2^8 = 2^{17}$ 次查表运算, 相当于 $2^{17}/(5 \times 16) \approx 2^{11}$ 次 5 轮加密运算, 存储不超过 2^8.

7.5 代数攻击

近年来, 代数攻击 (Algebraic Attack) 的分析手段成为了密码分析学的研究热点, 取得了一系列研究成果和突破. 代数攻击的基本思想源于 Shannon, 他认为一

个密码算法可以表示为一个大的多变元多项式方程组, 求解这个方程组就可以解得密钥. 代数攻击丰富了密码分析技术, 它不同于所有以往的基于统计的密码分析技术, 而是依据密码内在的代数结构采用了代数的分析技术. 更准确地说, 攻击者把一个加密变换表示为一个大的多变元多项式方程组, 然后求解这个方程组以求得加密密钥. 代数攻击主要用于分析分组密码和流密码. 代数攻击方法在密码算法设计和安全性分析的研究中发挥了重要作用, 对密码算法的设计和分析产生了深远影响.

7.5.1 代数攻击原理

代数攻击的核心思想是: 设法建立初始密钥、明文和密文比特三者之间的一系列低次代数方程, 然后通过 Gauss 消元法或 XL 算法、XSL 算法、Grobner 基、F4、F5 等算法来求解该低次方程组. 这一攻击的主要特点是采用了基于代数思想的方法与技巧, 将一个密码算法的安全性完全归约为求解一个超定的多变元方程组 (即该方程组中的方程个数多于变量的个数) 的问题.

设 $F: F_2^n \to F_2^m$ 表示分组密码的 S 盒, 输入为 $(x_1, \cdots, x_n)$, 输出为 $(y_1, \cdots, y_m)$. 对 $r+1$ 轮的分组密码实施代数攻击的一般流程如下:

步骤 1. 选取合适的正整数 d;

步骤 2. 建立若干个关于 S 盒的输入 $(x_1, \cdots, x_n)$ 和输出 $(y_1, \cdots, y_m)$ 的隐含方程

$$g(x_1, \cdots, x_n; y_1, \cdots, y_m) = 0,$$

这里 $g(x_1, \cdots, x_n; y_1, \cdots, y_m)$ 的代数次数不能大于 d;

步骤 3. 利用步骤 2 得到的关于 S 盒输入和输出的隐含方程, 建立关于初始密钥和明文、密文比特之间的代数方程组;

步骤 4. 利用 Gauss 消元或 XL 算法、XSL、Grobner 基、F4、F5 等算法来求解该方程组, 恢复密钥.

设上面流程中关于输入和输出方程 $g(x_1, \cdots, x_n; y_1, \cdots, y_m) = 0$ 的个数为 N_r, 并且这些方程中出现的单项式的个数为 N_t. 当 N_r 接近 N_t 时, 可以用线性消元方法约去大部分的项, 获得更简单的稀疏甚至线性的方程. 所以若 N_r/N_t 接近 1, 则关于 S 盒建立的代数方程求解相对简单, 这个时候可以认为 S 盒是 "劣质的". 实际中关于 S 盒能建立的隐含方程的个数 N_r 一般是远小于 N_t 的.

7.5.2 对 AES 算法的代数攻击

本节介绍对 128 比特明文分组 AES 算法的代数攻击.

AES 算法的 S 盒由 F_{2^8} 上的求逆变换和 F_{2^8} 上的一个仿射变换混合构成, 可以记 $S = f \cdot g$, 其中 $y = g(x) = \dfrac{1}{x}$ 和 $z = f(y)$ 分别是逆函数和仿射函数. $\forall x \neq 0$, 由

$y=\dfrac{1}{x}$ 得 $1=xy$, 由于 F_{2^8} 中的任意元素都可以表示为 $\sum_{i=0}^{7} b_i\alpha^i$, 其中 $b_i \in F_2$, α 为有限域 F_{2^8} 的生成元, 即 $F_{2^8}=F_2(\alpha)$. 记 $x=\sum_{i=0}^{7} x_i\alpha^i, y=\sum_{i=0}^{7} y_i\alpha^i (x_i, y_i$ 表示 x, y 第 i 位上的值), 利用 $1=xy$ 和仿射变换的输出 $z=\sum_{i=0}^{7} z_i\alpha^i$ 与输入 $y=\sum_{i=0}^{7} y_i\alpha^i$ 的如下关系:

$$\begin{cases} y_7 = z_6 + z_4 + z_1, \\ y_6 = z_5 + z_3 + z_0, \\ y_5 = z_7 + z_4 + z_2, \\ y_4 = z_6 + z_3 + z_1, \\ y_3 = z_5 + z_2 + z_0, \\ y_2 = z_7 + z_4 + z_1 + 1, \\ y_1 = z_6 + z_3 + z_0, \\ y_0 = z_7 + z_5 + z_2 + 1. \end{cases}$$

可以得到如下二次方程:

$$\begin{aligned} 0 =& z_0x_4 + z_0x_5 + z_0x_1 + x_0z_6 + x_0z_4 + x_0z_1 + x_2z_7 + x_2z_4 + x_2z_2 + x_3z_6 + x_3z_3 \\ & + x_3z_1 + x_4z_6 + x_4z_5 + x_4z_4 + x_4z_2 + x_4z_1 + x_5z_6 + x_5z_7 + x_5z_5 + x_5z_3 + x_6z_6 \\ & + x_6z_7 + x_6z_5 + x_6z_4 + x_6z_2 + x_7z_5 + x_7z_3 + x_1z_5 + x_1z_3 + x_5 + x_7, \\ 0 =& z_0x_0 + z_0x_3 + z_0x_4 + x_0z_5 + x_0z_3 + x_2z_6 + x_2z_3 + x_2z_1 + x_3z_6 + x_3z_5 + x_3z_4 \\ & + x_3z_2 + x_3z_1 + x_4z_6 + x_4z_7 + x_4z_5 + x_4z_3 + x_5z_6 + x_5z_7 + x_5z_5 + x_5z_4 + x_5z_2 \\ & + x_6z_5 + x_6z_3 + x_7z_6 + x_7z_2 + x_7z_1 + x_1z_7 + x_1z_4 + x_1z_2 + x_4 + x_6, \\ 0 =& z_0x_2 + z_0x_3 + z_0x_7 + x_0z_7 + x_0z_4 + x_0z_2 + x_2z_6 + x_2z_5 + x_2z_4 + x_2z_2 + x_2z_1 \\ & + x_3z_6 + x_3z_7 + x_3z_5 + x_3z_3 + x_4z_6 + x_4z_7 + x_4z_5 + x_4z_4 + x_4z_2 + x_5z_5 + x_5z_3 \\ & + x_6z_6 + x_6z_2 + x_6z_1 + x_7z_5 + x_7z_1 + x_1z_6 + x_1z_3 + x_1z_1 + x_3 + x_5 + x_7, \\ 0 =& z_0x_2 + z_0x_6 + z_0x_7 + z_0x_1 + x_0z_6 + x_0z_3 + x_0z_1 + x_2z_6 + x_2z_7 + x_2z_5 + x_2z_3 \\ & + x_3z_6 + x_3z_7 + x_3z_5 + x_3z_4 + x_3z_2 + x_4z_5 + x_4z_3 + x_5z_6 + x_5z_2 + x_5z_1 + x_6z_5 \\ & + x_6z_1 + x_7z_6 + x_7z_7 + x_7z_1 + x_1z_6 + x_1z_5 + x_1z_4 + x_1z_2 + x_1z_1 + x_2 + x_4 \\ & + x_6 + x_7, \\ 0 =& z_0x_0 + z_0x_4 + z_0x_6 + z_0x_7 + x_0z_5 + x_0z_2 + x_2z_6 + x_2z_5 + x_3z_6 + x_3z_5 + x_3z_1 \end{aligned}$$

$$
\begin{aligned}
&+ x_4z_5 + x_4z_4 + x_5z_6 + x_5z_7 + x_5z_3 + x_5z_1 + x_6z_5 + x_6z_4 + x_6z_2 + x_6z_1 + x_7z_6\\
&+ x_7z_7 + x_7z_3 + x_1z_6 + x_1z_7 + x_3 + x_6 + x_1,\\
0 =& z_0x_3 + z_0x_4 + z_0x_6 + z_0x_1 + x_0z_7 + x_0z_4 + x_0z_1 + x_2z_6 + x_2z_7 + x_2z_5 + x_2z_4\\
&+ x_2z_2 + x_2z_1 + x_3z_6 + x_3z_5 + x_3z_4 + x_3z_3 + x_3z_1 + x_4z_7 + x_4z_5 + x_4z_4 + x_4z_3\\
&+ x_4z_2 + x_5z_6 + x_5z_7 + x_5z_4 + x_5z_3 + x_5z_2 + x_5z_1 + x_6z_5 + x_6z_4 + x_6z_3 + x_6z_2\\
&+ x_7z_7 + x_7z_4 + x_7z_3 + x_7z_2 + x_7z_1 + x_1z_6 + x_1z_3 + x_0 + x_2 + x_7,\\
0 =& z_0x_0 + z_0x_2 + z_0x_3 + z_0x_5 + x_0z_7 + x_0z_6 + x_0z_3 + x_2z_6 + x_2z_5 + x_2z_4 + x_2z_3\\
&+ x_2z_1 + x_3z_7 + x_3z_5 + x_3z_4 + x_3z_3 + x_3z_2 + x_4z_6 + x_4z_7 + x_4z_4 + x_4z_3 + x_4z_2\\
&+ x_4z_1 + x_5z_5 + x_5z_4 + x_5z_3 + x_5z_2 + x_6z_7 + x_6z_4 + x_6z_3 + x_6z_2 + x_6z_1 + x_7z_4\\
&+ x_7z_3 + x_7z_2 + x_1z_6 + x_1z_7 + x_1z_5 + x_1z_4 + x_1z_2 + x_1z_1 + x_6 + x_7 + x_1,\\
1 =& x_0 + x_6 + z_0x_2 + z_0x_5 + z_0x_6 + z_0x_7 + x_0z_5 + x_0z_2 + x_2z_5 + x_2z_3 + x_3z_7 + x_3z_4\\
&+ x_3z_2 + x_4z_6 + x_4z_3 + x_4z_1 + x_5z_6 + x_5z_5 + x_5z_4 + x_5z_2 + x_5z_1 + x_6z_6 + x_6z_7\\
&+ x_6z_5 + x_6z_3 + x_7z_6 + x_7z_7 + x_7z_5 + x_7z_4 + x_7z_2 + x_1z_6 + x_1z_4 + x_1z_1.
\end{aligned}
$$

由于当 $x = 0$ 时, $xy = 0 \neq 1$, 所以此时最低位比特为 1 而不是 0. 因此, 上述方程组中前 7 个方程恒成立, 而第 8 个方程只有当 $x \neq 0$ 时成立, 即其成立概率为 $1 - \dfrac{1}{2^8}$.

另外, 对任意 $x \in F_{2^8}$, 有 $x \cdot 1 = x \cdot xy$, 从而对任意 $x \in F_{2^8}$, 有

$$
\begin{cases}
x = x^2y,\\
x^2 = x^4y^2,\\
\cdots\cdots\cdots\\
x^{128} = xy^{128}.
\end{cases}
$$

由 x 和 y 的对称性, 可以得到

$$
\begin{cases}
x^{128} = xy^{128},\\
y^{128} = yx^{128}.
\end{cases}
$$

由于 $x \mapsto x^{128}$ 为线性的, $x \mapsto x^{128}$ 可写为 8 个多元线性函数的集合, 从而上面每个等式都可获得 8 个二次方程, 故由 S 盒可再获得 16 个二次方程. 再利用

$$
\begin{cases}
y^3 = xy^4,\\
x^3 = yx^4,
\end{cases}
$$

可获得 16 个二次方程, 除去那个成立概率为 $1 - \dfrac{1}{2^8}$ 的方程, 这样可以得到一个方

程个数为 $N_r=39$, 单项式个数为 $N_t=137$ 的方程组.

因此, 对第 i 轮加密有 $N_r\times4\times4$ 个关于变量 $Z_{i-1,j},K_{i-1,j}$ 和 $K_{i,k}$ 的二次方程式

$$\sum\alpha_{i,j,k}[K_{i-1,j}]Z_{i,k}+\sum\alpha_{i,j,k}Z_{i-1,k}Z_{i,k}+\sum\beta_{i,j}Z_{i,j}+\sum\alpha_{i,j,k}[K_{i,j}]+\gamma=0.$$

再考虑第一轮加密明文是已知的, 得第一轮的方程为

$$\sum\alpha_{i,j}[K_{0,j}]Z_{1,k}+\sum\beta_{i,j}Z_{1,j}+\sum\gamma_i[K_{0,i}]+\delta=0.$$

由于最后一轮加密密文是已知的, 从而该轮的二次方程为

$$\begin{aligned}&\sum\alpha_{i,j}[K_{10,j}]Z_{10,k}+\sum\alpha_{i,j}[K_{9,j}][K_{10,j}]\\+&\sum\beta_iZ_{9,j}+\sum\beta_i[K_{9,i}]+\sum\gamma_i[Z_{10,j}]+\delta=0.\end{aligned}$$

这样, 将得到 $N_r\times4\times4\times10$ 个二次方程和 $4\times N_s\times9\times4$ 个变量 $Z_{i,j}$. 考虑到密钥扩展, 每一轮加密的轮密钥有如下方程:

$$X_{i+1,j}=Z_{i,j}\oplus[K_{i,j}].$$

除去初始的 128 个密钥, 还有 $448-128=320$ 个冗余真密钥变量, 对于每一冗余真密钥变量有 23 个二次方程, 它们是由前一列密钥、一列密钥的 4 次 S 盒变换、常数列相异或而成, 因此这些方程有如下形式:

$$\sum\alpha_{i,j,k,l}[K_{i,j}][K_{k,l}]+\sum\beta_{i,j}[K_{i,j}]+\gamma=0.$$

这些方程的个数为 $N_r\times320/8$ 个, 加上关于各轮加密的二次方程, 得到一个含 $N_r\times4\times4\times10+N_r\times320/8=8000$ 个方程, $4\times8\times9\times4+448=1600$ 个变量的方程组. 求解出这个方程组, 就可以获得 AES 算法的密钥. 然而, 到目前为止, 在现有的计算资源和计算能力下, 还没有一个很好地求解这个二次方程组的方法. 所以, 尽管部分密码学者认为代数攻击是对 AES 算法最有威胁的一种分析方法, 目前它对 AES 算法仍然是无效的.

习 题 7

1. 证明堆积引理: 设 $X_1,\cdots,X_k$ 是取值于 $\{0,1\}$ 的独立离散随机变量, 用 ε_i 表示 X_i 的偏差, $i=1,\cdots,k$, 用 $\varepsilon_{1,2,\cdots,k}$ 表示随机变量 $X_1\oplus\cdots\oplus X_k$ 的偏差, 则

$$\varepsilon_{1,2,\cdots,k}=2^{k-1}\prod_{j=1}^{k}\varepsilon_j.$$

2. 设 X_1,X_2 及 X_3 是取值于 $\{0,1\}$ 的独立离散随机变量, 用 ε_i 表示 X_i 的偏差, $i=$

1, 2, 3. 证明：$X_1 \oplus X_2$ 与 $X_2 \oplus X_3$ 相互独立当且仅当 $\varepsilon_1 = \varepsilon_3 = 0$ 或 $\varepsilon_2 = \pm\frac{1}{2}$.

3. 对 DES 的每一个 S 盒, 计算下列随机变量的偏差 (应注意到这些偏差在绝对值上都比较大)：

$$X_2 \oplus Y_1 \oplus Y_2 \oplus Y_3 \oplus Y_4.$$

4. DES 的 S 盒 S_4 具有一些不寻常的性质：

(1) 证明：S_4 的第二行能由第一行通过下列映射获得：

$$(y_1, y_2, y_3, y_4)| \to (y_2, y_1, y_4, y_3) \oplus (0, 1, 1, 0),$$

这里的项都用二进制串来表示.

(2) 证明：S_4 的任何一行都能通过一个类似的操作变换成另一行.

5. 编程实现 S 盒差分分布表的计算, 并对 DES 算法、IDEA 算法、AES 算法、Camellia 算法、SMS4 算法的 S 盒分别进行计算.

6. 编程实现 S 盒最优线性逼近关系的计算, 并对 DES 算法、IDEA 算法、AES 算法、Camellia 算法、SMS4 算法的 S 盒分别进行计算.

7. 试证明关于 Λ 集的性质 7.1～ 性质 7.4.

8. 设 m 为一个正整数且使得 $2^m + 1$ 为素数, g 为 $Z^*_{2^m+1}$ 的生成元, E 为定义在 Z_{2^m} 上的映射：

$$E(x) = ((g^x \bmod (2^m + 1)) \bmod 2^m,$$

则 (1) 试证 E 为 Z_{2^m} 上的置换;

(2) 若 X 服从均匀分布, 则

$$\Pr(E(X) \equiv X \bmod 2) = \frac{1}{2}.$$

第 8 章　公钥密码算法及其相关问题

与私钥密码算法相比, 公钥密码算法在现代通信系统中具有更为广泛的应用. 私钥密码算法主要通过对数据的加解密处理来实现对信息的安全保护, 公钥密码算法除了对信息进行加解密变换外, 还可以用来进行身份认证、数字签名和密钥管理等. 公钥密码算法的特点是加密密钥和解密密钥不同, 加密密钥可以公开, 通常称为公钥, 解密密钥需要保密, 通常称为私钥. 在利用公钥密码算法进行加解密变换时, 通信双方无需再协商密钥, 发送方只需要查到接收方的公钥, 就可以对发送的消息进行加密变换, 接收方利用自己的私钥就可以实施解密变换, 得到明文信息. 在利用公钥密码算法进行签名时, 签名者利用自己的私钥对消息签名, 验证者只需利用签名者的公钥来验证信息. 需要指出的是, 在对数据进行加解密处理时, 公钥密码算法一般比私钥密码算法慢许多, 如 RSA 算法比 DES 算法硬件实现时大约慢 1000 倍, 软件实现时大约慢 100 倍. 因此, 为了在通信系统中实现快速数据加密, 实际通信时往往采用混合密码体制, 即使用公钥密码算法来传递随机产生的会话密钥, 再由私钥密码算法利用会话密钥来加解密大数据量的信息. 公钥密码体制的安全性基于由公钥计算私钥是一件十分困难的问题. 尽管人们仍然没有严格证明哪一类问题是困难问题, 但通过多年的实践和计算, 人们发现了许多在现有计算资源的条件下不能有效求解的问题. 基于这些难解的问题, 人们设计了多种公钥密码体制: 基于大整数分解困难性的公钥密码体制、基于离散对数求解困难性的公钥密码体制、基于有限域上非线性方程组求解困难性的公钥密码体制、基于背包问题求解困难性的公钥密码体制、基于一般线性码译码困难性的公钥密码体制, 等等. 多年来, 人们对各种公钥密码体制的安全性和实现效益进行了深入分析, 经过比较和实践的检验, RSA 体制和椭圆曲线密码体制是目前最受人们推崇的公钥密码体制, 已经成为许多国家和地区的公钥密码标准算法. 本章将介绍这两种著名的公钥密码算法加解密原理及其相关的数学问题.

8.1　RSA 算法

8.1.1　RSA 算法原理

算法 8.1　RSA 公钥密码算法可以描述如下:

Ⅰ. 密钥建立过程

为了生成用户的基本参数, 用户 Alice 执行以下步骤:

步骤 1. 随机选取两个大素数 p 和 q (大约为十进制 100 位或更大);

步骤 2. 计算 $n = pq$ 和 Euler 函数 $\varphi(n) = (p-1)(q-1)$;

步骤 3. 随机选取整数 e, 满足 $1 \leqslant e < \varphi(n)$ 且 $(e, \varphi(n)) = 1$, 并计算整数 d, 使得

$$ed \equiv 1 \bmod \varphi(n);$$

步骤 4. 公开她的公钥 (n, e), 安全地销毁 p, q 和 $\varphi(n)$, 并保留 d 作为她的私钥.

II. 加密

为了秘密地将明文 $m < n$ 发送给 Alice, 发送者 Bob 根据下式生成密文 c:

$$c \equiv m^e \bmod n.$$

III. 解密

为了解密密文 c, Alice 根据下式计算明文:

$$m \equiv c^d \bmod n.$$

IV. 签名

如果 Alice 想对明文 m 签名, 那么 Alice 用私钥 d 加密明文 m, 得到

$$s \equiv m^d \bmod n,$$

并将 (m, s) 发给 Bob.

V. 验证

Bob 收到 (m, s) 后, 利用 Alice 的公钥 e 计算

$$m' \equiv s^e \bmod n.$$

若 $m' = m$, 则证明消息 m 确实是由 Alice 发送的.

下面分析 RSA 算法加密和签名的正确性. 若用 $Z^*_{\varphi(n)}$ 表示不超过 $\varphi(n)$ 并且与 $\varphi(n)$ 互素的正整数的集合, 则当 $e \in Z^*_{\varphi(n)}$, 即 $(e, \varphi(n)) = 1$ 时, 由辗转相除法, 必有唯一正整数 $d \in Z^*_{\varphi(n)}$, 使得 $ed \equiv 1 \bmod \varphi(n)$, 于是存在整数 t, 使得 $ed = t\varphi(n) + 1$.

当 $(m, n) = 1$ 时, 由 Fermat 小定理, 即 $m^{\varphi(n)} \equiv 1 \bmod n$ 知

$$c^d \equiv m^{ed} \equiv m^{t\varphi(n)} m \equiv m \bmod n.$$

从而此时解密是正确的.

当 $(m, n) \neq 1$ 时, 有 $m = up$ 或 vq, $1 \leqslant u < q$, $1 \leqslant v < p$. 不妨设 $m = up$, 于是

$$c^d \equiv m^{ed} \equiv u^{ed}p^{ed} \equiv u^{t(p-1)(q-1)+1}p^{t(p-1)(q-1)+1} \equiv up \equiv m \bmod q,$$

同时

$$c^d \equiv (up)^{ed} \equiv 0 \equiv m \bmod p.$$

从而由中国剩余定理知 $c^d \equiv m \bmod n$ 成立, 即此时解密也是正确的.

同理可验证签名的正确性.

8.1.2 RSA 算法安全性分析

若不知道大整数 n 的标准分解式, 则由 n 很难计算出 Euler 函数 $\varphi(n)$, 于是由公钥 e 很难计算出私钥 d. 反过来, 若知道 n 的标准分解式, 则计算 $\varphi(n) = (p-1)(q-1)$ 是容易的, 从而利用辗转相除法可以由 $e, \varphi(n)$ 求出 d. 进一步, 分解 $n = pq$ 与计算 $\varphi(n)$ 事实上是等价的. 若知道 $\varphi(n)$, 则由

$$pq = n, p + q = n - \varphi(n) + 1$$

可知 p, q 是二次方程 $x^2 + (\varphi(n) - n - 1)x + n = 0$ 的根, 从而可以计算出 p, q, 得到 n 的因子分解 $n = pq$. 因此, 任何尝试求出 $\varphi(n)$ 以攻击 RSA 的方法实质上是与分解 $n = pq$ 相一致的. 显然, RSA 算法的安全性与整数分解问题 (IFP) 密切相关. 若 IFP 可以解决, 则 RSA 可以攻破; 但反之, 若 RSA 可以攻破, 是否就意味着 IFP 可以解决呢？也就是说, 破译 RSA 是否和大整数分解问题等价呢？这个问题从 RSA 公钥密码提出后就一直受到人们的关注. 1998 年, Bonch 和 Venkatesam 在欧密会上指出 [40], 任何一个把分解 n 转化成较少的 (对数个) 低指数 RSA(即 e 较小) 求解问题的算法, 一定可以转化为一个实用的分解 n 的多项式时间的算法. 因此, 如果大整数分解是困难问题的话, 那么就不可能把大整数分解问题转化为数目较少的低指数 RSA 求解问题, 这就意味着 IFP 比低指数 RSA 破解困难. 2008 年, Aggarwal 和 Maurer 指出 Z_n 中任何一个破译 RSA 的一个一般环算法都可以转化为分解相应的 RSA 模 N 的算法 [41]. 因此任何想不分解 n 而破译 RSA 的算法都不是一般算法, 必须利用到输入的特殊性质, 从而认为破译 RSA 很可能是和 IFP 是等价的.

为了保证 RSA 系统的安全性, 必须选用足够大的 n, 这就要求产生足够大的素数 p 和 q, 这里遇到的问题实际上是要求能够判断一个整数是否是素数, 即素性判定问题, 后面的章节会专门讨论这个问题.

在选择 p 和 q 时, 也有些其他因素要考虑, 以便使 n 难于分解. 譬如, 当 p 和 q 很接近时, n 就容易分解, 这是因为

$$n = pq = \left(\frac{p+q}{2}\right)^2 - \left(\frac{p-q}{2}\right)^2,$$

当 $\frac{p-q}{2}$ 很小时, $t=\frac{p+q}{2}$ 就很接近 $\sqrt{n}$, 因此逐个检查大于 $\sqrt{n}$ 的 t, 看它能否是一个平方数. 若有 $t^2-n=s^2$, 则可得到 n 的因子分解

$$n=t^2-s^2=(t+s)(t-s).$$

所以 p 和 q 不能太接近. 一般地, 选择 p 和 q 使其二进制表示长度相差几比特是可行的.

p 和 q 的选择也必须考虑到可能的基于重复加密的攻击. 这个方法是从密文 c 开始反复计算它的 e 次幂, 即计算 $c^e=m^{e^2}, c^{e^2}=m^{e^3}, \cdots$, 一旦出现 $c^{e^t}\equiv c \bmod n$, 就有 $c^{e^{t-1}}\equiv m \bmod n$, 即在出现 c 之前的计算结果就是明文 m. 当 t 不是很大时, 这种攻击也是有效的. $c^{e^{t-1}}\equiv m \bmod n$, 即 $m^{e^t}\equiv m \bmod n$, 亦即 n 整除 $m^{e^t-1}-1$. 设 m 模 n 的乘法阶为 k, 即 k 为满足 $m^k\equiv 1 \bmod n$ 的最小正整数, 则有 $e^t\equiv 1 \bmod k$. 因此, 为了抵抗这种攻击, 首先必须使 k 尽可能大. 进一步, e 模 k 的乘法阶是 $\varphi(k)$ 的因子, 所以最好 $\varphi(k)$ 中有大的素因子. 又由于 k 是 m 模 n 的乘法阶, 因而 $k\,|\,\varphi(n)=(p-1)(q-1)$, 所以最好选取 p 和 q 使得 $p-1$ 和 $q-1$ 分别有大素因子 p' 和 q', 并且 $p'-1$ 和 $q'-1$ 也有大素因子, 则上述攻击成功的概率可以忽略.

如果公开密钥 e 取较低的值, 会使 RSA 体制的加密及签名验证加快, 但这也会导致不安全. 比如, 若 $e=3$, 则当 $m<n^{\frac{1}{e}}$ 时, 则加密 $c\equiv m^e \bmod n$ 将不会用到模约化运算, 即此时实际上有 $c=m^e=m^3$, 则通过在整数范围内求 e 次根可以很快地求得 m. 现在普遍认为 RSA 加密应该避免使用很小的加密指数. 类似地, 如果解密指数 d 很小, 则 RSA 也是不安全的. 当 $d<n^{\frac{1}{4}}$ 时, Wiener 基于对 $\frac{e}{n}$ 的连分式展开发现了一种求 d 的方法, 这个结果由 Bonch 改进到 $d<n^{0.292}$.

在 RSA 公钥系统中, 如果不同的用户使用相同的 RSA 模数 n, 那么存在对于 RSA 算法的共模攻击, 系统将不安全 (见习题 5). 所以使用 RSA 算法的公钥系统需要给不同用户分配不同的 RSA 模数.

8.2　离散对数问题和 ElGamal 体制

与基于大整数分解困难性的 RSA 算法不同, ElGamal 体制和椭圆曲线密码体制都是基于离散对数问题求解困难性的. 1976 年, Diffie 和 Hellman 在 “密码学中的新方向” 一文中提出了一个密钥交换协议, 该协议允许人们在不安全的信道上通过交换信息协商出安全密钥. 该协议的提出使人们开始注意到离散对数问题在密码学中的应用, 随后, 人们相继提出了基于离散对数问题的 ElGamal 公钥密码体制和基于椭圆曲线离散对数问题的 ECC 公钥密码体制.

8.2.1 Diffie-Hellman 协议和离散对数问题

算法 8.2 (基本 Diffie-Hellman 协议) 设 p 为大素数, g 为 F_p^* 的生成元, 下面协议将使 Alice 和 Bob 可以在非安全信道上确定一个安全密钥:

步骤 1. Alice 选择一个随机整数 $1 < a < p-1$, 计算 $g_a \equiv g^a \bmod p$, 发送 g_a 给 Bob;

步骤 2. Bob 选择一个随机整数 $1 < b < p-1$, 计算 $g_b \equiv g^b \bmod p$, 发送 g_b 给 Alice;

步骤 3. Alice 计算 $k_a \equiv (g_b)^a \bmod p$, 以 k_a 作为与 Bob 通信的密钥;

步骤 4. Bob 计算 $k_b \equiv (g_a)^b \bmod p$, 以 k_b 作为与 Alice 通信的密钥.

由于

$$(g_b)^a \equiv g^{ba} \equiv g^{ab} \equiv (g_a)^b \bmod p,$$

所以 $k_a = k_b$, 这说明 Alice 和 Bob 成功协商出了一个共同的密钥 $k = k_a = k_b$ 用于通信. 如果一个攻击者在获取 Diffie-Hellman 密钥交换协议中传递的信息之后, 想要恢复出密钥的话, 就要从 g_a, g_b, p 和 g 计算出密钥 $k \equiv g^{ab} \bmod p$. 这个计算问题称为 “Diffie-Hellman 问题”. 求解 DH 问题的一个明显方法是从 g_a 和 g 计算 a, 这里, 在 F_p^* 上由 g 和 $g_a \equiv g^a \bmod p$ 计算 a 就是 F_p^* 上的离散对数问题 (Discrete Logarithm Problem, DLP). 因此, 若 DLP 问题可解, 则 DH 问题可解, 从而 Diffie-Hellman 协议将不安全. 但是反过来, 如果 DH 可解, 是否就意味着 DLP 可解呢? 也就是说, DH 问题与 DLP 问题计算上是否等价呢? 人们对此进行了大量的研究, 给出了某些情况下两者之间的等价性. 但一般来说, 两者是否等价仍然没有给出严格的证明. 目前人们普遍认为这两者是等价的. Diffie-Hellman 协议和离散对数问题的定义都可以从 F_p^* 推广到一般的有限循环群上, 或者更一般的有限群上 (此时需要用一个高阶元代替生成元). 方便起见, 这里以有限循环群为例给出离散对数问题的定义, 这也是常见的一种定义.

定义 8.1 有限循环群上的 DLP 问题是指给定一个阶为 n 的有限乘法循环群 G, G 的一个生成元 α 及一个元素 $\beta \in G$, 寻找整数 $x(0 \leqslant x \leqslant n-1)$, 使得 $\alpha^x = \beta$, 也记为 $x = \log_\alpha \beta$.

如果用有限乘法循环群来代替 F_p^*, Diffie-Hellman 协议中将执行 $\alpha_t = \alpha^t$、$\alpha_l = \alpha^l$ 和 $k = (\alpha_t)^l = (\alpha_l)^t = \alpha^{tl}$ 等群中运算. 为了安全, 首先要求群 G 的阶 n 比较大, 然后要求 t 和 l 也应该取得比较大, 此时 α^t 和 α^l 可以通过 “平方–乘” 算法得以有效的计算.

算法 8.3 (“平方–乘” 算法) 设 G 为一个 n 阶循环群, α 为 G 的一个生成元, $l < n$ 是一个自然数, 下面算法用 $O(\log l)$ 次运算即可求出 $\gamma = \alpha^l$:

步骤 1. 令 $\gamma = 1$;

步骤 2. 重复下面的步骤直到 $l = 0$;

步骤 3. 若 l 是奇数, 则用 $l-1$ 替代 l, $\gamma\alpha$ 替代 γ; 若 l 是偶数, 用 $l/2$ 替代 l, α^2 替代 α.

注意到在上述算法中, $\gamma\alpha^l$ 是一个不变量就知道该算法的正确性成立.

8.2.2 ElGamal 公钥密码体制及其变型

由于 Diffie-Hellman 密钥交换协议还不完全是公钥密码算法, 人们随后设计了许多基于离散对数问题的公钥密码算法. 比较著名的一个是 1985 年 ElGamal 在 Diffie-Hellman 密钥交换协议的基础上设计的公钥密码体制. ElGamal 公钥密码体制包括加解密算法和签名验证算法. ElGamal 的工作在研究和应用领域激起了很强的兴趣, 并持续到今日. 在 ElGamal 的开创性工作之后, 出现了几个 ElGamal 签名体制的变型. 最有影响的两个变型是 Schnorr 签名体制和美国数字签名标准 (Digital Signature Standard, DSS).

(1) ElGamal 加解密算法

设 G 是循环群, α 为其生成元, $M = G$, $C = G \times G$. 每个成员各自选择一个私钥 $a \in Z$, 并公布 α^a 为其公钥. 假设 Alice 希望传送一个消息 m 给 Bob.

步骤 1. Alice 随机选择一个整数 k, 并查看 Bob 的公钥 α^l;

步骤 2. Alice 计算 $\alpha^{kl} = (\alpha^l)^k$, 并发送 $(\alpha^k, m\alpha^{kl})$ 给 Bob;

步骤 3. Bob 利用自己的私钥 l 计算 $\alpha^{kl} = (\alpha^k)^l$, 并由此恢复出消息 m.

这个体制显然与 Diffie-Hellman 密钥交换协议等价. 这里以公开 α^l 的方式减少了一次数据交换. ElGamal 加密算法的一个缺点是 "数据扩展", 即密文长度是所对应的明文长度的两倍. 注意到在上述方案中, Bob 可以自己任意选择一个 α^k 或者利用 Alice 的公钥来生成明文 m 的有效密文, 所以 ElGamal 加解密算法并不能直接用来签名.

(2) ElGamal 签名算法

设 G 是 n 阶循环群, α 为其生成元, 设 $g: M = G \to \{0, 1, \cdots, n-1\}$ 是一个可有效计算的双射, M 是消息空间, m 是待签明文, Alice 的私钥与公钥分别是 k 和 α^k.

签名过程如下:

步骤 1. Alice 随机选择一个与 n 互素的整数 l, 并计算 $\gamma = \alpha^l$;

步骤 2. Alice 求解同余方程

$$g(m) \equiv kg(\gamma) + ls \mod n, \tag{8.1}$$

由于 l 与 n 互素, 因此该同余方程存在唯一解 $s \in \{0, 1, \cdots, n-1\}$;

步骤 3. 签名就是 $(\gamma, s) \in G \times Z_n$, 该签名数对与 m 一起发送给 Bob.

验证过程如下：

步骤 1. Bob 根据 Alice 的公钥 α^k 以及 m, γ, s, 计算 $\alpha^{g(m)}$ 和 $\alpha^{kg(\gamma)+ls} = (\alpha^k)^{g(\gamma)}\gamma^s$;

步骤 2. 如果第一步计算出的两个值相等, 那么 Bob 就认为这个签名是有效的.

ElGamal 提出公钥密码体制时, 建议将群 G 取为 F_p^*, 这里 p 为一个大素数. 此时上述双射 g 取为恒等映射即可. 需要注意的是, 在 ElGamal 签名体制中, 对于不同的消息应当选择不同的随机数 l, 否则, 利用两个明文以及对应的签名就能通过求解由 (8.1) 形成的线性方程组, 来获取 l 以及 Alice 的私钥 k. ElGamal 签名体制同样具有 "数据扩展" 的缺陷：被签消息的程度是原消息长度的 3 倍.

(3) Schnorr 签名体制和数字签名标准 DSS

Schnorr 签名体制是 ElGamal 签名体制的一个变型, 其主要的一个特点是：可以大大地缩短素数域元素的表示, 而不降低困难问题 (DH 问题) 的难度, 从而克服了 ElGamal 签名体制的 "数据扩展" 的缺陷. 这是对公钥密码学的一个重要贡献. 这个思想后来发展成为更一般形式有限域的一种新的密码系统：XTR 公钥密码系统. 1994 年, 美国国家标准技术局 (NIST) 公布了一个数字签名的标准 DSS, 美国国家机构必须执行这个签名的标准. DSS 和 Schnorr 签名体制类似, 也是运行在较大有限域中一个很小的素数阶子群内的 ElGamal 签名体制的一个变种, 因此也大大地减少了签名的长度. 由于 Schnorr 签名体制和 DSS 类似, 这里只介绍 DSS, 对 Schnorr 签名体制感兴趣的读者请参阅相关文献.

DSS 通常的设置如下：

① p 是一个二进制长度为 L 的素数, 这里 $L \in \{512 + 64t | t = 0, 1, \cdots, 8\}$, q 是 $p-1$ 的一个二进制长度约为 160 的素因子;

② 设 $\alpha \in F_p^*$, 且 α 的阶为 q;

③ 设 $h : M^{(\mathrm{N})} \to Z_q$ 是一个 Hash 函数. Alice 的私钥是整数 $k, 0 < k < q$, 其公钥是 α^k. 假设 m 是待签消息.

签名过程如下：

步骤 1. Alice 随机选择一个整数 $l, 0 < l < q$, 并计算 $\gamma = \alpha^l$;

步骤 2. Alice 求解同余方程

$$h(m) + k\gamma \equiv ls(\mathrm{mod} q) \tag{8.2}$$

的解 $s, 0 < s < q$;

步骤 3. 签名就是数对 $(\gamma \bmod q, s) \in Z_q \times Z_q$.

验证过程如下：

步骤 1. Bob 求同余方程 $st \equiv 1 \bmod q$ 的解 $t, 0 < t < q$, 计算 $u_1 \equiv h(m)t \bmod q$, $u_2 \equiv \gamma t \bmod q$, $0 \leqslant u_1, u_2 < q$, 以及 $v \equiv \alpha^{u_1}(\alpha^k)^{u_2} \bmod q$;

步骤 2. 如果 $v \equiv \gamma \bmod q$, 那么 Bob 就认为这个签名是有效的.

由 (8.2) 可知

$$\alpha^{u_1}(\alpha^k)^{u_2} = \alpha^{h(m)t+k\gamma t} = \alpha^{lst} = \alpha^l = \gamma,$$

因此 Bob 能接收一个合法的签名.

DSS 算法中元素进行模 q 约化的目的是将签名长度由 $2L$ 长度压缩为 320 比特. 正是这个运算克服了 ElGamal 体制“数据扩展”的缺陷.

8.2.3 离散对数问题

ElGamal 的工作之所以能激起人们的研究兴趣, 一个重要的原因就是, 它的安全性依赖于离散对数问题 DLP, 而 DLP 和整数分解问题 IFP 一样是被人们广泛认为可以信赖的困难问题. 下面讨论已知的求解 DLP 的算法, 包括穷尽搜索法、小步大步法、Pollard ρ 因子分解算法、Pohlig-Hellman 算法、指标计算法 (Index-Calculus) 等. 下面以定义 8.1 中的有限循环群上的 DLP 为例描述各算法.

- 穷尽搜索法

穷尽搜索法是求解 DLP 最显然的算法: 通过连续计算 $\alpha^0, \alpha^1, \alpha^2, \cdots$, 直到得到 β. 这个方法需要 $O(n)$ 次乘法, 其中 n 是 α 的阶, 也是群 G 的阶, 因此, 当 n 很大时, 该方法无效.

- 小步大步法

小步大步法是穷尽搜索方法在时间和存储上权衡, 它基于下面的观察: 令 $m = \lceil\sqrt{n}\rceil$, 设 $x = im + j (0 \leqslant i, j < m)$, 则 $\beta = \alpha^x = \alpha^{im+j}$, 于是 $\beta(\alpha^m)^{-i} = \alpha^j$, 由此可以得到以下计算 x 的算法.

算法 8.4 (计算 DLP 问题的小步大步法)

步骤 1. 计算 $(\alpha^j, j), 0 \leqslant j < m$, 然后按 α^j 的次序将结果保存在一个表 A 中;

步骤 2. 计算 $\beta(\alpha^{-m})^i, 0 \leqslant i < m$, 然后利用二分法在表 A 中查询 $\beta(\alpha^{-m})^i$. 若查询成功, 则 $x = mi + j$.

算法 8.4 需要存储 $O(\sqrt{n})$ 个群 G 中长为 $O(\log n)$ 的元素, 构造表需要 $O(\sqrt{n})$ 个乘法和 $O(\sqrt{n}\log n)$ 次比较, 步骤 2 中计算需要做 $O(\sqrt{n})$ 个乘法, 每次乘法结果需做 $O(\log n)$ 次比较. 所以该算法的计算复杂度和空间复杂度均为 $O(\sqrt{n}\log n)$.

- Pollard ρ 因子分解算法

计算离散对数的 Pollard ρ 因子分解算法是一个随机化算法, 有与小步大步法同样的运行时间, 但所需要的存储可以忽略不计. Pollard 提出该算法时, 考虑的是有限素域的乘法群, 但是可以按如下方式推广到任意群上.

首先将群 G 划分成三个大小相当的子集 T_1, T_2, T_3. 然后随机选取整数 a_0, b_0,

计算 $x_0 = \alpha^{a_0}\beta^{b_0}$, 然后按如下方式递归定义序列 $(x_i)_{i\geqslant 0}, (a_i)_{i\geqslant 0}, (b_i)_{i\geqslant 0}$:

$$x_{i+1} = \begin{cases} \beta x_i, & x_i \in T_1, \\ x_i^2, & x_i \in T_2, \\ \alpha x_i, & x_i \in T_3, \end{cases}$$

$$a_{i+1} = \begin{cases} a_i, & x_i \in T_1, \\ 2a_i, & x_i \in T_2, \\ \alpha_i + 1, & x_i \in T_3, \end{cases}$$

$$b_{i+1} = \begin{cases} b_i + 1, & x_i \in T_1, \\ 2b_i, & x_i \in T_2, \\ b_i, & x_i \in T_3, \end{cases}$$

则对任意的 $i \geqslant 0$, 有 $x_i = \alpha^{a_i}\beta^{b_i}$.

由于群 G 是有限群, 因此序列 $\{x_i\}$ 必定会重复. 设有整数 $i \neq j$ 满足 $x_i = x_j$, 设 $l = \log_\alpha \beta$, 则有

$$\alpha^{a_i + lb_i} = \alpha^{a_i}\beta^{b_i} = x_i = x_j = \alpha^{a_j}\beta^{b_j} = \alpha^{a_j + lb_j},$$

因此

$$l(b_j - b_i) \equiv a_i - a_j \bmod n. \tag{8.3}$$

若 $d = (n, b_j - b_i) = 1$, 则利用 (8.3) 即可求解 l. 否则, 存在 d 个可能的 l, 当 d 较小时, 可以通过检查 $\alpha^l = \beta$ 是否成立来得到最终的 l. 实际上, 下面描述的 Pohlig-Hellman 算法将 DLP 约化为只考虑 n 为素数的情况, 因此一般来讲 d 并不会非常大.

- Pohlig-Hellman 算法

如果群 G 的阶 n 的素因子分解已知的话, 就可以把 G 中的 DLP 转化为 G 的素数阶子群中的 DLP, Pohlig-Hellman 算法就是基于这样的思想提出的.

设 $n = \prod\limits_{i=1}^{k} p_i^{v_i}$, $l = \log_\alpha \beta$, 该算法的基本思想是通过确定 $l = \log_\alpha \beta \bmod p_i^{v_i}$, $i = 1, \cdots, k$ 并利用中国剩余定理最终得到离散对数 $l = \log_\alpha \beta$.

为计算 $l \bmod p^v$, 设 l 的 p 进制表示为 $l \equiv \sum\limits_{i=0}^{v-1} b_i p^i \bmod p^v$. 下面将递归地确定 b_i. 设 $\gamma = \alpha^{n/p}$, 则 γ 的阶为 p, 于是 $\beta^{n/p} = \alpha^{ln/p} = \gamma^l = \gamma^{b_0}$, 从而 $b_0 = \log_\gamma(\beta^{n/p})$, 所以可以用前述算法来确定 b_0. 设已知 $b_0, \cdots, b_{j-1}$, 并令 $l_j = \sum\limits_{i=0}^{j-1} b_i p^i$,

则有 $(\beta\alpha^{-l_j})^{n/p^{j+1}} = \left(\alpha^{\sum\limits_{i=j}^{v-1} b_i p^{i-j}}\right)^{n/p} = \gamma^{b_j}$, 所以 $b_j = \log_\gamma(\beta\alpha^{-l_j})^{n/p^{j+1}}$.

若 n 的最大素因子是 p 的话, 则 Pohlig-Hellman 算法的时间复杂度大约为 $O(\sqrt{p}\log p)$.

• 指标计算法

指标计算法是目前已知最快的计算 DLP 的算法, 它是亚指数时间的算法, 并不适用于所有的群, 但是适用于密码学中最常用的一个群 —— 有限域的乘法群.

指标计算法由以下两个步骤构成:

① 线性方程组的获取. 固定由 G 中元素组成的因子基 $\Gamma = \{\gamma_1, \cdots, \gamma_t\}$. 本步主要目的是确定每个 γ_i 的离散对数. 为此选取随机整数 $s \in \{0, \cdots, n-1\}$ 并计算 α^s. 若 α^s 可以分解为因子基 Γ 中元素的乘积, 即 $\alpha^s = \prod\limits_{i=1}^{t} \gamma_i^{v_i}$, 则可以得到 Z_n 中的线性方程 $s = \sum\limits_{i=1}^{t} v_i \log_\alpha \gamma_i$. 如果获得了足够多的线性方程, 就可以求解得出每个 $\log_\alpha \gamma_i, i = 1, \cdots, t$.

② 离散对数的计算. 随机选取整数 t, 并在 Γ 中尝试分解 $\beta\alpha^{-t}$. 若分解成功, 即 $\beta\alpha^{-t} = \prod\limits_{i=1}^{t} \gamma_i^{u_i}$, 则

$$\log_\alpha \beta = t + \sum_{i=1}^{t} u_i \log_\alpha \gamma_i.$$

指标计算法的实用性取决于能否找到适当的因子基来构造相应的线性方程组. 到目前为止, 对于有限域、虚二次数域的类群以及大亏格超椭圆曲线的除子类群, 已经找到了适当的因子基. Pomerance 对 F_p^*, F_2^m 提出的指标计算法的计算时间复杂度为

$$O(\exp(\sqrt{2}(\log n \log\log n)^{\frac{1}{2}})).$$

8.3　椭圆曲线密码体制

1985 年, Neal Koblitz 与 Victor Miller 独立地提出了椭圆曲线密码算法 (ECC). 该算法的安全性依赖于有限域上椭圆曲线点群中离散对数问题的难解性. 与有限域上离散对数问题或整数分解问题的情形不同, 目前对椭圆曲线离散对数还没有一般的亚指数时间的算法, 至今已知的最好算法需要指数时间. 由此就可以用较小的密钥长度达到 RSA 算法或其他基于有限域上离散对数问题的公钥体制相同的安全性要求. 短一些的密钥长度意味着在实现时可以降低数据量及降低对处理能力的要求, 这些优势使得 ECC 特别适合于在通信带宽、处理能力、可利用资源以及存储受限的应用中. 这些应用包括无线通信、广播电台以及智能卡、传感器等的应用.

8.3.1 椭圆曲线上的基本运算

椭圆曲线作为代数几何的一个重要分支, 在过去的 150 多年中已得到广泛的研究, 并通过这些研究形成了一套丰富而深刻的理论. 椭圆曲线密码算法正是以有限域上椭圆曲线的深刻理论为基础的. 下面就对椭圆曲线的基本概念及其上的运算法则作一个简单介绍. 有兴趣的读者可以进一步参阅文献 [42] 及其中的参考文献.

设 $\overline{K}$ 为域 K 的代数闭包, $K^* = K\backslash\{0\}$, 称形如

$$E: y^2 + a_1xy + a_3y = x^3 + a_2x^2 + a_4x + a_6, \quad a_1, a_3, a_2, a_4, a_6 \in K \tag{8.4}$$

的方程为 K 上的仿射 Weierstrass 方程. 满足该方程的点 (x, y) 称为 E 上的点.

设 $p = (x_0, y_0)$ 为 E 上的一个点, 记 $E(x, y) = y^2 + a_1xy + a_3y - x^3 - a_2x^2 - a_4x - a_6$, 若

$$\left.\frac{\partial E}{\partial x}\right|_{(x_0,y_0)} = \left.\frac{\partial E}{\partial y}\right|_{(x_0,y_0)} = 0,$$

则称 p 在 E 上是奇异的, 否则称 p 在 E 上是非奇异的①. 若曲线上至少有一个奇异点, 则称该曲线为奇异曲线, 否则, 称为非奇异曲线. 由非奇异 Weierstrass 方程定义的曲线被称为椭圆曲线. 在 Weierstrass 方程中, 记

$$\begin{aligned}
b_2 &= a_1^2 + 4a_2,\\
b_4 &= 2a_4 + a_1a_3,\\
b_6 &= a_3^2 + 4a_6,\\
b_8 &= a_1^2a_6 + 4a_2a_6 - a_1a_3a_4 + a_2a_3^2 - a_4^2,\\
c_4 &= b_2^2 - 24b_4,\\
\Delta &= -b_2^2b_8 - 8b_4^3 - 27b_6^2 + 9b_2b_4b_6,\\
j &= \frac{c_4^3}{\Delta}, \quad \text{当 } \Delta \neq 0 \text{ 时},
\end{aligned}$$

其中 Δ 被称为 E 的判别式, j 被称为 j 不变量.

事实上, 由 Weierstrass 方程定义的曲线非奇异, 即其为椭圆曲线的充要条件是其判别式 $\Delta \neq 0$. 对于 Weierstrass 方程, 以下的变量变换

$$\varphi: \begin{bmatrix} x \\ y \end{bmatrix} \to \begin{bmatrix} u^2x + r \\ u^3y + u^2sx + t \end{bmatrix} = \begin{bmatrix} u^2 & 0 \\ u^2s & u^3 \end{bmatrix} \begin{bmatrix} x \\ y \end{bmatrix} + \begin{bmatrix} r \\ t \end{bmatrix}$$

称为是容许的变量替换. 容许的变量替换可以把由 Weierstrass 方程确定的曲线变成与之同构的同样由 Weierstrass 方程确定的新曲线. 事实上, 容许的变量变换是

① 从几何的角度看, 点的非奇异性意味着该点处有唯一的切线.

在仿射平面的代数子族所在的范畴中, 能够保持 Weierstrass 方程不变的唯一同构. 经过容许的变量替换, 可以把椭圆曲线化成如表 8.1 所示的标准形式.

表 8.1　椭圆曲线的标准形式

标准形式	Δ	j
$\mathrm{Char}(K)\neq 2,3$ $y^2=x^3+a_4x+a_6$	$-16(4a_4^3+27a_6^2)$	$1728\dfrac{4a_4^3}{4a_4^3+27a_6^2}$
$\mathrm{Char}(K)=3, j\neq 0$ $y^2=x^3+a_2x^2+a_6$	$-a_2^3a_6$	$-\dfrac{a_2^3}{a_6}$
$\mathrm{Char}(K)=3, j=0$ $y^2=x^3+a_4x+a_6$	$-a_4^3$	0
$\mathrm{Char}(K)=2, j\neq 0$ $y^2+xy=x^3+a_2x^2+a_6$	a_6	$\dfrac{1}{a_6}$
$\mathrm{Char}(K)=2, j=0$ $y^2+a_3y=x^3+a_4x+a_6$	a_3^4	0

为得到椭圆曲线上的群运算规则, 要求任意一条直线与曲线都有三个交点, 因为两点之和与由这两点确定的直线与曲线的第三个交点有关. 为此引入射影平面和射影 Weierstrass 方程的概念.

集合 $K^3\backslash\{(0,0,0)\}$ 在等价关系

$$(x_1,y_1,z_1)\sim(x_2,y_2,z_2)\Leftrightarrow\exists\lambda\in K^*,\mathrm{s.t.}(x_2,y_2,z_2)=\lambda(x_1,y_1,z_1)$$

下得到的等价类的全体被称为是 K 上的射影平面, 记为 $P^2(K)$. (x,y,z) 所在的等价类记为 $(x:y:z)$, 称之为 $P^2(K)$ 中一个齐次坐标为 x,y,z 的点.

多项式 $f\in\bar{K}[X,Y,Z]$ 称为一个 d 次的齐次多项式, 若满足 $\forall\lambda\in\overline{K}$, 有

$$f(\lambda X,\lambda Y,\lambda Z)=\lambda^d f(X,Y,Z).$$

射影形式的 Weierstrass 方程是 3 次齐次方程, 其形式为

$$Y^2Z+a_1XYZ+a_3YZ^2=X^3+a_2X^2Z+a_4XZ^2+a_6Z^3,$$

其中 $a_1,a_2,a_3,a_4,a_6\in\bar{K}$. 记由该方程确定的曲线为 E, 则 E 上总有一点, 其 Z 坐标为 0, 即点 $(0:1:0)$, 该点被称为无穷远点, 记为 O.

现在可以定义椭圆曲线上的群运算规则.

定义 8.2　设 $P,Q\in E$, O 为 E 上的无穷远点, 则

(1) $P+O=O+P=P$;

(2) 设 $P\neq O$, $Q\neq O$, 若 $P\neq Q$, 设 l 为连接 P 和 Q 的直线; 若 $P=Q$, 设 l 为过点 P 的 E 的切线. 设 R 为 l 和 E 的第三个交点 (计重数). 这意味着, 或者存

在不等于 P,Q 的 l 和 E 的第三个交点 R, 或者 l 为过点 P 或 Q 的 E 的切线, 则 $R=P$ 或 Q.

(a) 若 $R=O$, 则 $P+Q=O$;

(b) 否则, 设 l' 为连接 R 和 O 的直线, 则 $P+Q$ 定义为 l' 和 E 的第三个交点 (计重数).

上述定义中直线和 E 有三个交点是由 Bézout 定理决定的: 在考虑重数及其他适当的情况下①, 次数为 m,n 的两条不同曲线恰有 mn 个交点. 图 8.1 为上述定义的几何解释.

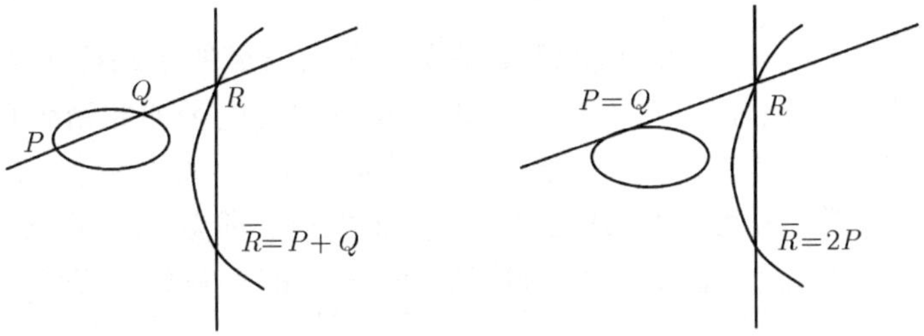

图 8.1 椭圆曲线上点加与倍点的计算

可以证明, 椭圆曲线上全体点在上述加法定义下形成一个交换群 (结合律的证明较为困难). 由上述定义可以给出椭圆曲线点加的坐标计算公式. 设 $P=(x_1,y_1)$, $Q=(x_2,y_2)$, 且 $P+Q=(x_3,y_3)\in E\backslash\{O\}$, 其中 E 为方程 (8.4) 所确定的曲线, 则有

(1) $-P=(x_1-y_1,-a_1x_1-a_3)$;

(2) 由 $Q\neq -P$ 知

$$\begin{cases} x_3=\lambda^2+a_1\lambda-a_2-x_1-x_2, \\ y_3=-(\lambda+a_1)x_3-(y_1-\lambda x_1)-a_3, \end{cases}$$

其中

$$\lambda=\begin{cases} \dfrac{y_2-y_1}{x_2-x_1}, & \text{若 } P\neq Q, \\ \dfrac{3x_1^2+2a_2x_1+a_4-a_1y_1}{2y_1+a_1x_1+a_3}, & \text{若 } P=Q. \end{cases}$$

当 $\mathrm{Char}(k)\neq 2,3$ 时, 此时 E 的方程为 $y^2=x^3+ax+b$, 相应的点加计算公式为

(1) $-P=(x_1,-y_1)$;

(2) 由 $Q\neq -P$ 知

$$\begin{cases} x_3=\lambda^2-x_1-x_2, \\ y_3=\lambda(x_1-x_3)-y_1, \end{cases}$$

① 首先是射影空间, 其次是代数封闭域.

其中

$$\lambda = \begin{cases} \dfrac{y_2 - y_1}{x_2 - x_1}, & \text{若 } P \neq Q; \\ \dfrac{3x_1^2 + a}{2y_1}, & \text{若 } P = Q. \end{cases}$$

当 $\mathrm{Char}(K) = 2$ 时, 无论 $j = 0$ 还是 $j \neq 0$, 上面的点加计算公式都可以进行相应化简, 这里不再赘述, 有兴趣的读者请查阅相关参考文献.

8.3.2 椭圆曲线密码体制及其安全性分析

实践中, ElGamal 体制中所取的群最常见的是有限域的乘法群和椭圆曲线上的加法群. 使用椭圆曲线加法群的 ElGamal 体制就称为椭圆曲线密码体制. 此时设所用椭圆曲线为 E, 则首先在 E 上选取一个阶数大的点 P, 然后取 $G = (P)$, 即由点 P 生成的循环群. 因此选用的椭圆曲线 E 上应该有阶数很大的点, 这首先要求 E 有很多点. 设 E 为定义在 F_q 上的椭圆曲线, E 上的点数为 $\#E(F_q)$, 则由 Hasse 定理

$$|q + 1 - \#E(F_q)| \leqslant 2\sqrt{q}$$

知 $E(F_q)$ 中元素个数与 F_q 中元素个数大体是相当的. 所以或者取 $F_q = F_p$, p 为大素数或者取 $F_q = F_{2^m}$. 1985 年, Schoof 利用 Hasse 定理, 提出计算椭圆曲线有限群阶的确定型多项式时间算法, 简称 Schoof 算法. Atkin 和 Elkies 对 Schoof 算法进行了改进, 进一步提出了 SEA 算法.

在椭圆曲线密码体制中, 最耗时的计算就是点乘运算, 即给定正整数 k 和点 P, 计算 kP. 快速点乘运算的研究主要是从以下两个方向进行的：一是选取有限域上适当的一组基以使得椭圆曲线上的点加公式和倍乘公式中有限域的运算尽可能少, 特别是求逆运算比较少; 二是研究如何减少点加和倍加的计算次数, 其中一种新提出来的称为 “双基”(Double Bases) 的方法得到了较多研究.

在椭圆曲线密码体制中, 给定大整数 k 和点 P, 计算 kP 并不困难; 但是反过来, 给定点 P 和 kP, 要计算出整数 k 却很困难. 这个问题就是椭圆曲线上的离散对数问题 (ECDLP). 椭圆曲线公钥密码体制的安全性依赖于 ECDLP 的困难性. 从目前的研究结果看, ECDLP 比有限域上的 DLP 似乎更难以处理. 迄今还没有出现与解有限域上 DLP 的指标计算法类似的亚指数时间的算法来解一般的 ECDLP. 这意味着可以在 ECC 中采用较小的数, 以达到与使用更大的有限域同样的安全性. 进一步, 有限域 F_q 给定时, 其上的循环群 F_q^* 就唯一确定了. 而 F_q 上的椭圆曲线却可以通过改变曲线参数, 得到不同的曲线, 形成不同的群. 因此, 椭圆曲线具有丰富的群结构和多选择性, 这使得椭圆曲线密码具有更好的灵活性.

目前已知的解 ECDCP 问题的最好算法是 Pollard ρ 方法, 需要大约 $\sqrt{\pi r/2}$ 步, 其中 r 是点 P 的阶 n 的最大素因子. 1994 年, Oorschot 和 Wiener 提出了一种并行 Pollard ρ 技术, 这一技术使得如果使用 m 个处理器, 则每个处理器需要进行 $\sqrt{\pi r/2}/m$ 步运算. 因此, 为了避免该攻击, 必须选取一个曲线和一个阶被素数 r 整除的点 P, 使得 $\sqrt{\pi r/2}$ 足够大. 最好阶 n 本身就是一个素数.

8.4 大整数分解和素性测试

8.4.1 大整数因子分解算法

前面讲到, RSA 公钥密码算法的安全性与因子分解密切相关. 若能知道公钥 n 的因子分解, 就能攻破 RSA, 因此要选用足够大的 n, 使得在当今技术条件下要分解它是困难的. RSA 公钥密码的问世大大刺激了整数因子分解计算方法的研究. 利用很多高深的数学知识, 结合计算机的应用, 人们提出了不少新的因子分解的算法. 目前最有效的三种算法是二次筛法 (Quadratic Sieve, QS)、椭圆曲线分解算法 (Elliptic Curve Method) 和数域筛法 (Number Field Sieve, NFS), 其他作为先驱的著名算法包括 Pollard 的 ρ 算法和 $p-1$ 算法、William 的 $p+1$ 算法、连分式算法 (Continued Fraction) 等, 当然还有试除法 (Trivial Division). 需要说明的是, 因子分解算法包括分解一般整数的通用分解方法和分解特殊整数 (如 Fermat 数、Mersene 数等) 的特殊分解算法, 这里只介绍通用分解算法.

贯穿本节始终, 假定要分解的整数 n 为合数, 分解算法的目的是找到 n 的一个非平凡因子. 可以做如此假设的原因是, 对大整数 n, 首先可以用后面将介绍的素性测试算法判断 n 是否是素数, 只有当 n 为合数时才使用分解算法分解它, 而且分解算法只需找到一个非平凡素因子即可, 如果想得到 n 的完全分解, 只需不断重复上述步骤即可.

如果 n 是合数, 容易看出 n 有一个素因子 $p \leqslant \lfloor\sqrt{n}\rfloor$, 因此, 作为最简单方法的试除法, 就是用直到 $\lfloor\sqrt{n}\rfloor$ 的每个素数去除 n, 直到找到一个素因子为止. 而所需的素数可以用筛法产生. 容易看出试除法的计算复杂度为 $O(2^{\frac{1}{2}\log n})$. 如果 n 是只有 20 位左右的正整数, 并且又有小素因子, 该法还能勉强使用, 否则几乎没有什么用处. 不过很有意思的是, 这种试除性的方法一直用了几千年, 并且在 1970 年前, 该法几乎是唯一的一种实用性的整数分解算法.

• Pollard 的 $p-1$ 分解法和椭圆曲线分解算法 ECM

1972 年, 英国数学家 Pollard 提出了一种所谓的 "$p-1$" 分解法, 它特别适合于将这样的素因子 p 从 n 中分解出来, 其 $p-1$ 的所有素因子都比较小.

算法 8.5 ($p-1$ 分解法)　假定 $n>1$ 为一合数, 本算法试图找出 n 的一个非平凡因子：

步骤 1. 随机选定 $a \in Z_n$, 选定正整数 k 使之可以被许多素数幂整除. 例如, 对适当的整数 B, 选定 $k = [1, 2, \cdots, B]$, 即 k 为 $1, 2, \cdots, B$ 的最小公倍数 (B 越大, 分解的可能性也就越大, 但计算时间也会越长);

步骤 2. 计算 $a_k \equiv a^k \bmod n$, 并计算 $d = (a_k - 1, n)$;

步骤 3. 若 $1 < d < n$, 则 d 为 n 的非平凡因子, 输出 d, 终止算法;

步骤 4. 若 $d = 1$ 或 $d = n$, 则或者转至步骤 1 重新选择新参数 a 和 k, 开始新一轮的计算, 或者终止算法.

例 8.1　设 $n = 540143$, 选定 $B = 8$, 从而得到 $k = 840$. 再选定 $a = 2$, 应用 $p - 1$ 法, 有

$$(2^{840} - 1 \bmod 540143, 540143) = (53046, 540143) = 421.$$

因此 $421|540143$, 事实上, $540143 = 421 * 1286$.

$p-1$ 法最大的优越性在于：若 $n = pq$, 且 $p - 1$ 或 $q - 1$ 的素因子都比较小时, 应用该法能很快地将 n 分解出来. Pollard 的 $p - 1$ 法是基于乘法群 Z_n^*, 如果将乘法群 Z_n^* 变换到椭圆曲线点群 $E(Z_n)$ 上, 那么 $p - 1$ 分解法就成了椭圆曲线分解法 ECM.

ECM 是 Lenstra 于 1987 年提出的. 人们研究椭圆曲线已有 100 多年的历史, 但以往大都集中于研究椭圆曲线的性质上, Lenstra 是第一个成功地将椭圆曲线理论应用于整数分解的人 (Koblitz 和 Miller 则是最早将椭圆曲线理论应用于密码学中的人).

设 $n > 1$ 为一合数且 $(n, 6) = 1$, 则 ECM 需要使用定义在环 Z_n 上的椭圆曲线. 由于 $(n, 6) = 1$, 故此时椭圆曲线的标准形式为 $y^2 = x^3 + ax + b$.

算法 8.6 (ECM 分解法)　设 $n > 1$ 为一合数且 $(n, 6) = 1$, 本算法试图找出 n 的一个非平凡素因子.

步骤 1 (曲线选择). 选定 (E, p), 其中 E 为 Z_n 上的椭圆曲线 $y^2 = x^3 + ax + b$, $P = (x, y) \in E(Z_n)$ 为 E 上一点, 即随机选定 $a, x, y \in Z_n$, 并且 $b = y^2 - x^3 - ax$. 若 $\gcd(4a^3 + 27b^2, n) \neq 1$, 则 E 不是椭圆曲线, 需要重新选定 (E, p);

步骤 2 (选定正整数 k). 类似于 $p - 1$ 法, 选定正整数 k, 即 $k = [1, 2, \cdots, B]$ 或 $k = B!$;

步骤 3. 计算 $kP \in E(Z_n)$, 基本计算公式为 $P_3(x_3, y_3) = P_1(x_1, y_1) + P_2(x_2, y_2)$,

$$(x_3, y_3) = (\lambda^2 - x_1 - x_2 \bmod n, \lambda(x_1 - x_3) - y_1 \bmod n),$$

其中

$$\lambda = \begin{cases} \dfrac{m_1}{m_2} \equiv \dfrac{3x_1^2 + a}{2y_1} \mod n, & \text{若 } P_1 = P_2, \\ \dfrac{m_1}{m_2} \equiv \dfrac{y_2 - y_1}{x_2 - x_1} \mod n, & \text{否则}, \end{cases}$$

$kP \mod n$ 的计算可在 $O(\log k)$ 时间内完成;

步骤 4. 若 $kP \equiv O_{\mathrm{E}} \bmod n$, 则计算 $d = (m_2, n)$, 否则转至步骤 1 重新选定 a 或 (E, p);

步骤 5. 若 $1 < d < n$, 即 d 为 n 的一非平凡因子, 输出 d 并转至步骤 7;

步骤 6. 若 d 并非 n 的非平凡因子, 而又想再试, 则转至步骤 1 重新选定曲线重新再来, 否则转至步骤 7;

步骤 7. 终止算法.

可以证明 ECM 算法的计算复杂性为

$$O(\exp(\sqrt{(2 + o(1)) \log p \log\log p}) \cdot (\log n)^2),$$

其中 p 为 n 的最小素因子.

显然, ECM 算法的有效性依赖于被分解的整数 n 的最小素因子 p, 而不依赖于 n 本身. 因此, p 值越小, ECM 就越有效. 当 p 很大时, ECM 就没有什么用处. 所以, 某种意义上 ECM 也是一种特殊的整数分解算法. 比如, 当 $n = pq$ 为超过 120 位的十进制数时, 且 p 和 q 为两个规模相当的素因子时, ECM 就力不从心了, 必须使用通用性的、功能更为强大的二次筛法或数域筛法.

• 二次筛法

通用型的一般整数分解方法基本上都是在 "同余式的平方组合" 上下功夫, 同时再加上一些因数基、平滑数、筛法、线性代数等现代数学技巧. 连分数法、二次筛法、数域筛法等都是基于这种 "同余式的平方组合" 方法的.

设 n 为需要分解的正整数, 假设能找到两个整数 A, B 使得

$$A^2 \equiv B^2 \mod n, \tag{8.5}$$

则有 $n \,|\, (A+B)(A-B)$. 若 n 不整除 $A+B$, 且 n 也不整除 $A-B$, 则 $(A+B, n)$ 就是 n 的一个真因子, 从而能分解 n.

假设 $P_1 = 2, P_2, \cdots, P_k$ 为最小的 k 个素数 (也可以是任意选定的 k 个素数). 令 $FB = \{P_0 = -1, P_1, P_2, \cdots, P_k\}$, 称之为 "因子基". 显然, k 越大, 分解成功的可能性也就越大, 但所需计算量也越大.

首先设法找出一批整数 $\{a_i \,|1 \leqslant i \leqslant l\}$, 使 $a_i^2 \equiv b_i \bmod n$, $0 < |b_i| \leqslant \dfrac{n}{2}$, 而 b_i 的每个素因子都在因子基 FB 中. 设 $b_i = \prod\limits_{j=0}^{k} P_j^{e_{ij}}$, 其中

$$e_{i0} = \begin{cases} 1, & 若\ b_i < 0, \\ 0, & 若\ b_i > 0. \end{cases}$$

再将 b_i 对应 F_2 上的一个 $k+1$ 维向量 $(e_{i0}, c_{i1}, c_{i2}, \cdots, c_{ik})$, 其中 $c_{ik} \equiv e_{ik} \bmod 2$. 当某几个向量之和为零时, 或者用线性代数的语言讲就是某一组向量线性相关时, 将它们对应的几个同余式两端相乘, 就可以得到一个形如 (8.5) 的同余式, 多试几个形如 (8.5) 的同余式, 就能以很大的概率分解 n.

显然, 实现上述思想的关键是找出满足条件的 A 和 B, 但要快速找出满足条件的 A 和 B 绝非一件易事, 目前一般都是采用一些非常精细非常高级的 "筛法", 并指定以其他高深数学工具将满足条件的 A 和 B 从大量的候选 (A, B) 数组中筛出. 二次筛法就是这样的一种筛法, 该法于 1980 年代由美国数学家 Pomerance 提出 [43].

在二次筛法里, 首先要找出一组比较接近于 $\sqrt{n}$ 的数 a_i, 从而得到一组二次式:

$$Q(a_i) = a_i^2 - n, \quad i = 1, 2, 3, \cdots.$$

然后逐个素因子分解这些数, 并检查、挑出这些数中的 "平滑数"(所谓平滑数, 就是其素因子都不超过某一个规定的数 B). 然后再按如下步骤来确定筛选出合适的 A 和 B:

$$\begin{array}{ccc} & \prod (a_i^2 - n) & \\ \swarrow & & \searrow \\ \prod a_i^2 & & \left(\prod P_j^{e_{ij}}\right)^2 \\ \downarrow & & \downarrow \\ A^2 & & B^2 \end{array}$$

从而计算 $(A \pm B, n) = (a, b)$, 以达到分解 n 之目的.

二次筛法比较适合于分解 130 位以下的整数, 其计算复杂性为

$$O\left(\exp\left(\frac{3}{2\sqrt{2}}(\log n \log\log n)^{\frac{1}{2}}\right)\right).$$

这是一个亚指数复杂性的算法, 距快速算法 (即多项式算法) 还相差甚远. 二次筛法最值得称道的一个范例就是 1994 年 4 月成功地分解了 RSA-129, 它是由极为热衷于整数分解的数学家与计算机科学家带头, 组织动用了分布在世界 20 多个国家的 600 多名就如 "足球迷" 的 "整数分解迷", 用了 8 个月的时间分解出来的, 其总机时达到 5000 个 "MIPS 年"(一个 "MIPS 年" 表示每秒运算一百万次的计算机要计算一年).

• 数域筛法

数域筛法是目前世界上最快、最先进、最现代化的整数分解算法, 为英国数学家 Pollard 在 20 世纪 80 年代后期 90 年代初期所创.

数域筛法和连分数分解算法、二次筛法一样, 都属于同余式的组合方法范畴, 关键的不同之处在于收集关系的方式不同. 顾名思义, 数域筛法涉及到代数数域的理论, 它的思路大致是: 设 Q 为有理数域, 选择一个代数整数 $\theta \notin Q$, 由此产生代数数域 $K = Q(\theta)$, 令 $f(x) \in Z[x]$ 是 θ 的极小多项式, 假若知道一个整数 m 使 $f(m) = kn$, 其中 k 为正整数, 那么就可定义从 $Z[\theta]$ 到剩余类环 Z_n 之间的环同态:

$$\varphi\left(\sum_{i=0}^{n-1} a_i\theta^i\right) = \sum_{i=0}^{n-1} a_i m^i \bmod n.$$

我们希望找到一个有限集合

$$S \subseteq \{(a,b) \in Z \times Z \,|(a,b) = 1\},$$

同时满足

$$\prod_{(a,b)\in S} (a+bm) \text{ 是 } Z \text{ 中平方元,} \tag{8.6}$$

$$\prod_{(a,b)\in S} (a+b\theta) \text{ 是 } Z[\theta] \text{ 中平方元.} \tag{8.7}$$

令 x 是 (8.6) 的平方根, α 是 (8.7) 的平方根, 那么 $\varphi(\alpha^2) \equiv x^2 \bmod n$. 令 $y = \varphi(\alpha)$, 便得到同余式 $y^2 \equiv x^2 \bmod n$, 然后计算 $\gcd(x \pm y, n)$, 期望找到 n 的一个非平凡因子.

以下几点是数域筛法可用性的关键:

(1) 选取整数 m 和首一整系数多项式 $f(x)$ 以使 $f(m) \equiv 0 \bmod n$. 设 $\deg f = d > 1$, 则可取 $m = [n^{1/d}]$, 这里 $[x]$ 表示不超过 x 的最大整数.

将 n 写成 m 进制形式:

$$n = m^d + c_{d-1}m^{d-1} + \cdots + c_1 m + c_0, 0 \leqslant c_i < m.$$

令 $f(x) = x^d + c_{d-1}x^{d-1} + \cdots + c_1 x + c_0$, 若 $f(x)$ 在 Q 上不可约, 则取 $\theta \notin Q$ 为 $f(x)$ 的一个根即可.

(2) 构造集合 S, 一般使用筛法. 这是数域筛法中最耗时的部分, 其耗时多少很大程度上依赖于 $f(x)$ 的选取;

(3) 寻找 $\alpha \in Z[\theta]$, 使得 α 为 (8.7) 式的平方根. 这一步涉及求解通过筛法过滤得到的大规模稀疏方程组问题和求代数方根的问题, 前者常用 Lanczos 算法求解, 后者常用 Pguyen 的方法.

数域筛法特别适用于分解 130 位 (十进制位) 以上的一般整数, 其计算复杂性为

$$O\left(\exp\left(\left(\frac{64}{9}\right)^{\frac{1}{3}}(\log n)^{\frac{1}{3}}(\log\log n)^{\frac{2}{3}}\right)\right).$$

虽然这也是一个亚指数复杂性的算法, 但它却比其他任何已知的亚指数复杂性分解算法 (如二次筛法) 要快得多.

最后简单介绍一下 RSA 数的分解进展情况. 为了促进相关研究以及了解大整数分解的能力, 美国 RSA 数据安全公司提出了大整数分解挑战计划. 在该计划中, RSA 公司列出了一系列大整数供挑战者分解. 这些大整数都是按照一定规则产生的安全 RSA 模, 长度从几百比特到 2048 比特不等, 被记为 RSA-X, X 表示其二进制长度. 这个列表上最近几个被分解的 RSA 数是 RSA-512(1999 年分解)、RSA-576(2003 年)、RSA-663(2005 年), 下一步需要分解的 RSA 数是 RSA-704、RSA-768、RSA-896 等. 如果能分解这几个数, RSA 公司将分别奖励 3 万、5 万、8.5 万美金.

8.4.2　素性测试

给定自然数 n, 判断 n 是不是素数, 这就是素性测试问题. 素性测试和整数分解一直被认为是数论中最重要和最基本的两个问题. 随着 RSA 公钥密码的提出, 这两个问题越发引起人们的兴趣, 得到了广泛而深入的研究. 由于 RSA 公钥密码需要产生大素数 (十进制 100 位以上), 所以有效的素性测试算法就显得特别重要. 下面将介绍一些著名的素性测试算法. 首先需要说明的是, 素性测试和整数分解是两个完全不同的问题. 素性测试算法只需判别一个数是素数还是合数, 而且判别一个数是合数时也往往不能给出关于它的非平凡因子的任何信息. 现在已经有多项式复杂度的素性测试算法, 但是关于整数分解的算法只有亚指数复杂度的, 而且人们认为很可能不存在多项式复杂度的整数分解算法. 素性测试算法同样分为通用算法和对特殊整数 (如 Fermat 数、Mersene 数等) 的特殊算法, 这里只介绍通用的素性测试算法. 素性测试算法还可以按结果的确定性与否分成概率算法和确定性算法. 概率算法又可以分两种, 一种是算法执行后的结论有可能是 “不能判定 n 是素数还是合数”; 还有一种是算法输出结果可能出现概率性错误, 这类算法可以在允许任意小出错概率的前提下判定 n 的素性, 即若判定 n 为素数, 则 n 不是素数的概率可以任意小. 确定性算法是指算法只有两个输出结果: 或者 n 是素数, 或者 n 是合数, 而且判定总是对的, 即判定 n 为素数, 当且仅当 n 为素数.

• Miller-Rabin 素性测试法

定义 8.3　设 n 为奇复合数, $n-1=2^st, 2\nmid t$, 令 $b\in Z_n^*$, 若 n 和 b 满足下列条件之一:

(1) $b^t\equiv 1 \bmod n$;

(2) 存在 r, $0 \leqslant r < s$, 使得 $b^{2^r t} \equiv -1 \bmod n$.

则称 n 为基 b 的强伪素数. 若 $b^{n-1} \equiv 1 \bmod n$, 则称 n 为基 b 的伪素数.

显然, 若 n 为基 b 的强伪素数, 则 n 也是基 b 的伪素数. 事实上, 若 n 为素数, 则对 $\forall b \in Z_n^*$, 总有 $b^{n-1} \equiv 1 \bmod n$ 和定义 8.3 中条件 (1) 或 (2) 成立. 若复合数 n 满足了这些条件, 则说明它们具有类似素数具有的性质, 这就是称它们为 (强) 伪素数的原因. 下面不加证明地给出:

定理 8.1[44] 若 n 是奇的复合数, 则在区间 $0 < b < n$ 中, 至多有 $\frac{n-1}{4}$ 个 b, 能使 n 是以 b 为基的强伪素数.

有了定理 8.1, 就可以介绍 Miller-Rabin 素性测试法:

步骤 1. 在 0 与 n 之间任取 b, 计算 $b^t(\bmod n)$, 若它的值为 ± 1, 则称 n 通过检验; 否则, 依次计算 $b^{2t}, b^{4t}, \cdots, b^{2^{s-1}t}(\bmod n)$, 若能得到 -1, 则称 n 通过检验; 若不能得到 -1, 则称 n 对该 b 不能通过检验, 这时可以肯定 n 为复合数.

步骤 2. 如果随机选取 k 个 $b(0 < b < n)$, 而 n 对这 k 个 b 都能通过检验, 则由定理 8.1 知, 此时 n 为复合数的概率小于 4^{-k}, 从而 n 为素数的概率大于 $1 - 4^{-k}$. 取 k 足够大, 可以使该概率任意接近于 1.

Miller-Rabin 素性测试法是概率性方法, 也是最快的素性测试法, 它的时间复杂度是 $O((\log n)^{3+\varepsilon})$, 因此它是一个多项式时间的算法.

• 椭圆曲线素性测试法

Miller-Rabin 素性测试法是个概率方法, 当它选用 $k = 30$ 个随机的不同的 b 测试后认定 n 是素数时, 那么 n 很可能就是素数, 即使会出错, 出错的概率也小于 $4^{-k} = 4^{-30} < 10^{-18}$. 所以从实用的角度讲, 这个误差是可以忽略不计的. 当然从理论的角度讲, 这个误差是不能忽略不计的. 因而对于通过 Miller-Rabin 测试法的自然数, 人们一般会用椭圆曲线素性测试法进行检验. 椭圆曲线测试法也是一种概率方法, 但却不会出现概率错误, 这也就是说, 它说 n 是素数时, n 就一定是素数; 当然, 如果它说 n 是合数, n 无疑就是合数了. 但是它有时可能会 “装哑巴”, 什么都不说.

Atkin 于 1986 年给出他自己的一种新检测方法, 首次使用有限域上的椭圆曲线, 称为椭圆曲线素性证明方法 (Elliptical Curve Primality Proof, ECPP). 它是多项式型的概率算法, 具有严格的证明. 如果输出为 “素数”, 则给出一批数来, 然后由这批数可容易验证 n 确实为素数, 不需要重复原来的计算. 这批数叫做 n 的 “证书”, 其理论基础是下面的定理:

定理 8.2 (Goldwasser-Kiliam) 设 n, r 为大于 3 的整数, 且 $r > (n^{1/4} + 1)^2$. 设 A, B, a 和 b 为模 n 整数, 使得 (a, b) 是椭圆曲线

$$y^2 = x^3 + Ax + B(\bmod n)$$

上阶为 r 的点, 那么, 若 r 是素数, 则 n 是素数.

证明 若 n 不是素数, 则它一定有一个素因子 $p \leqslant \sqrt{n}$, 于是 (a,b) 同样是椭圆曲线 $E_p: y^2 = x^3 + Ax + B (\text{mod } p)$ 上的点. 由于 r 是素数, 所以 (a,b) 在 E_p 上的阶仍为 r, 因而由 Hasse 定理知

$$r \leqslant |E_p(F_p)| \leqslant p + 1 + 2\sqrt{p} = (\sqrt{p}+1)^2 \leqslant (n^{1/4}+1)^2.$$

这与定理假设矛盾! 从而定理得证. □

该定理将判断 n 是否为素数的问题, 转化为判断 r 是否为素数的问题. 一般可以使 r 比 n 小. 于是反复利用该定理, 得到一串递减的数:

$$n = r_0 > r_1 > r_2 > \cdots > r_s, \quad r_i > (r_{i-1}^{\frac{1}{4}} + 1)^2, \quad 1 \leqslant i \leqslant s.$$

当 $r_i (1 \leqslant i \leqslant s)$ 是素数时, r_{i-1} 就是素数. 若 r_s 足够小, 可用试除法来判断 r_s 是否为素数. 当 r_s 为素数时就证明了 n 是素数. 这说明 ECPP 判断 n 是素数时 n 就一定是素数, 即其不会犯概率错误. $\{r_i, 1 \leqslant i \leqslant s\}$ 就是 n 的 "证书". 但有时候 ECPP 会出现找不到 "证书" 的情形, 因此就会 "装哑巴", 所以我们仍说 ECPP 是一个概率型算法, 但其不会犯概率性错误.

为了提高上述方法的成功概率, 对 $r_i (1 \leqslant i \leqslant s)$ 和椭圆曲线的选取都有一些技巧, 有兴趣的读者可以参阅进一步的文献. 最后需要说明的是, 椭圆曲线素性证明是一种很有效的素性测试方法, 其计算复杂度为 $O((\log n)^{6+\varepsilon})$, 是多项式时间的算法, 可以用来检测几千位的素数, 其最近的一个成果是 Pardo 于 2003 年用之发现了一个 5878 位素数, 这是使用通用素性检测方法得到的最大素数.

- AKS 素性测试法

2002 年 8 月, 印度理工学院的 Agrawal, Kayal 和 Saxena 在互联网上发表文章 *PRIMES is in P*, 提出了一种确定性多项式复杂度的素性测试方法. 该方法一经提出, 立即引起了国际上的强烈反响. 在此之前, 素性测试算法只有些概率测试法是多项式复杂度的, 确定性的算法都不是多项式复杂度的, 长期以来, 人们期望找到一个多项式复杂度的确定性算法. 出乎人们意料的是, AKS 算法非常简单 (经过适当简化, 只有 6 条语句). AKS 算法的灵魂是 Fermat 小定理如下的一个 "小推论":

定理 8.3 设 x 为变量, $\gcd(a,n) = 1$, 其中 $n > 1$, 则 n 为素数当且仅当

$$(x+a)^n \equiv (x^n + a) (\text{mod } n).$$

证明 设 C_n^r 表示组合数 n 个元素中取 r 个元素的不同取法, 由二项式定理有

$$(x+a)^n = \sum_{r=0}^{n} C_n^r x^r a^{n-r}. \tag{8.8}$$

必要性. 当 n 为素数时, 对 $\forall 1 \leqslant r \leqslant n-1, C_n^r \equiv 0 \bmod n$. 再由 Fermat 小定理即知 (8.8) 成立.

充分性. 设 (8.8) 成立, 假设 n 为合数, 则必有一个素因子 $p < n$, 设 p^t 为整除 n 的最大幂, 即 $p^t|n, p^{t+1} \nmid n$, 则有 $p^t \nmid C_n^p$, 且 $\gcd(p^t, a^{(n-p)}) = 1$, 于是 $(x+a)^n(\bmod n)$ 中 x^p 的系数不为零. 这与 (8.8) 成立矛盾! 从而 n 必为素数. □

定理 8.3 提供了一个素性测试的确定性算法, 但该方法并不能在多项式时间完成, 因为计算 $(x-a)^n$ 在最坏的情况下需要计算 n 个二项式系数. 避免这个难解性的一个简单方法就是在 (8.8) 的两边同时模上形为 $x^r - 1$ 的多项式, 其中 r 为一恰当选择的小整数, 即有

$$(x+a)^n \equiv x^n + a(\bmod x^r - 1, n). \tag{8.9}$$

显然, n 为素数当且仅当对所有的 a 和 r 均有 (8.9) 式成立. 现在的问题是: 对一些合数 n, 它也可能对部分 a 和 r 使得 (8.9) 式成立. 为了解决这个问题, AKS 证明了: 若对于特定的 r, (8.9) 式能够对很多 a 成立的话, 则 n 必为一个素数的幂. r 的大小和 a 的个数都可以限制在 $\log n$ 的多项式级, 于是就可以得到素性测试的一个确定性多项式复杂度算法.

算法 8.7 (AKS 算法) 给定正整数 $n > 1$, 本算法能在确定性多项式时间内判别出 n 是否为素数.

步骤 1. 若 $n = a^b$, 其中 $a \in N, b > 1$, 则输出 n 为合数;

步骤 2. 找出最小的 r 使得 $\mathrm{ord}_r(n) > 4(\log n)^2$, 其中 $\mathrm{ord}_r(n)$ 为使得 $n^k \equiv 1 \bmod r$ 的最小正整数 k;

步骤 3. 若对某些 $a \leqslant r, 1 < \gcd(a, n) < n$, 则输出 n 为合数;

步骤 4. 若 $n \leqslant r$, 则输出 n 为素数①;

步骤 5. 对 a 从 1 到 $\left\lfloor 2\sqrt{\varphi(r)}\log n \right\rfloor$ 执行: 若 $(x+a)^n \not\equiv x^n + a(\bmod x^r - 1, n)$, 则输出 n 为合数, 否则输出 n 为素数.

显然, 当 n 为素数时, 算法绝不会输出 "n 为合数". 反之, 当算法输出 "n 为素数" 时, 则可以证明此时 n 必为素数. 这个方向的证明要困难许多, 其正确性依赖于以下一些结果:

(1) 若对一些 a 有 $(x+a)^n \equiv x^n + a(\bmod\ x^r - 1, n)$, 设 p 为 n 的一个素因子, 则有 $(x+a)^n \equiv x^n + a(\bmod\ x^r - 1, p)$. 对于由这些一次多项式 $(x+a)$ 组成的乘法群中的任何多项式 $g(x)$, 均有

$$g(x)^n \equiv g(x^n)(\bmod\ x^r - 1, p),$$

① 只有当 n 较小时才可能发生这种情形, 因为由数论中结果可以证明, 一定存在 $r \leqslant \left\lceil \sqrt{16}\log^5 n \right\rceil$, 使得 $\mathrm{ord}_r(n) > 4(\log n)^2$.

由此得到指数数量级的一些多项式 $g(x)$, 使上述恒等式成立, 只要 p 模 r 的阶比较大, 这一点用筛法理论的已知结果是可以做到的.

(2) 若 $g(x)^n \equiv g(x^n)(\bmod x^r-1,p)$ 成立, 又显然有 $g(x)^p \equiv g(x^p)(\bmod x^r-1,p)$, 可知对任何 $s=n^ip^j$, 有

$$g(x)^s \equiv g(x^s)(\bmod x^r-1,p).$$

(3) 若 n 不为素数的幂, 则可以证明满足 (8.9) 式的 $g(x)$ 的个数小于某个值, 而通过选取适当的 a, 可以保证 (1) 中 $g(x)$ 的个数大于给定值, 因此, 若 n 通过算法的第 5 步, 则 n 必为某素数的幂. 而若此时 n 为合数, 则其必会在步骤 1 中被检测出来;

综上, 有以下结论：

定理 8.4 (AKS 算法的正确性)　AKS 算法输出 "n 为素数" 当且仅当 n 是素数.

下面简单分析一下 AKS 算法的复杂度, 第 2 步与第 5 步为算法的主要步骤, 第 2 步的任务是找出一个合适的 r, r 的存在性由筛法理论中的 Fouvry 定理和 Baker-Harman 定理保证, 该步复杂性为 $O((\log n)^{9+\varepsilon})$; 第 5 步主要论证 (5) 式, 且能在 $O((\log n)^{12+\varepsilon})$ 时间内完成, 因此该算法总的运行时间为 $O((\log n)^{12+\varepsilon})$. 自 AKS 提出其算法后, 目前世界上已有很多关于该算法的改进与发展, 其中现在最好的复杂度结果为 $O((\log n)^{7.5+\varepsilon})$, 是通过在 AKS 算法中采用快速乘法得到的 [45].

AKS 算法是数论尤其是计算数论中的一个重大进展,但这个进展理论上的意义大于实际上的意义, 因为用 AKS 算法判定一个 n 位整数的素性时的计算复杂度为 $O((\log n)^{7.5+\varepsilon})$. 该复杂度高于 ECPP 的计算复杂度 $O((\log n)^{6+\varepsilon})$, 更高于 Miller-Rabin 测试法的计算复杂度 $O((\log n)^{3+\varepsilon})$. 在实践上, 人们仍然是先用 Miller-Rabin 测试法确定出 n 可能是一个素数, 之后再用 ECPP 验证 n 确实是一个素数, 因为 ECPP 虽然也是一个概率测试法, 但它不会出概率错误, 验证数千位的素数没有任何问题.

习　题　8

1. 混合密码体制的优点是什么？

2. 若 $e_K(x)=x$, 则明文 x 称为是不动的 (fixed). 试证：对于 RSA 密码体制, 不动明文 $x\in Z_n$ 的个数等于 $(1+\gcd(e-1,p-1))\times(1+\gcd(e-1,q-1))$.

3. 设通信双方使用 RSA 加密体制, 接收方的公钥是 $(e,n)=(5,91)$, 接收到的密文是 $C=10$, 求明文 m.

4. 在 RSA 公钥密码体制中, 假设一个用户泄露了他的解密密钥 d, 这时他需要更换新的参数, 但他只选取了新的加密密钥 e' 和解密密钥 d', 而没有更换模数 n. 他这样做安全吗？为什么？

5. (RSA 共模攻击) 假设一个 RSA 公钥系统中, 用户 Alice 和用户 Bob 使用共同的模数 n, 不同的加密指数 e_1 和 e_2.

(1) 试证明：Alice 能够解密任何发给 Bob 的消息;

(2) 试证明：若 $\gcd(e_1, e_2) = 1$, 则 Eve 能够解密任何同时发给 Alice 和 Bob 的消息.

6. 在 ElGamal 签名算法中, 每次签名都需要选择一个新的随机数 k, 如果每次签名不重新选择 k, 会产生什么结果?

7. 假设在 DSS 签名算法中, 有一个很懒的用户随机选择一个整数 $l, 0 < l < q$, 预计算 $\gamma = \alpha^l$, 然后一直用 (l, γ) 进行签名, 试对他进行攻击并恢复出他的密钥.

8. 用椭圆曲线 $E_{11}(1, 6)$ 表示 $y^2 \equiv x^3 + x + 6 \bmod 11$, 求其上的所有点.

9. 已知点 $G = (2, 7)$ 在椭圆曲线 $E_{11}(1, 6)$ 上, 求 $2G$ 和 $3G$.

10. 利用椭圆曲线实现 ElGamal 密码体制, 设椭圆曲线是 $E_{11}(1, 6)$, 生成元 $G = (2, 7)$, 接收方 A 的私钥为 $d_A = 7$.

(1) 求 A 的公钥 e_A;

(2) 发送方 B 欲发送消息 $M = (10, 9)$, 选择随机数 $k = 3$, 求密文 C;

(3) 显示接收方 A 从密文 C 恢复消息 M 的过程.

11. 假定要用随机平方算法来分解整数 $n = 256961$, 使用因子基

$$\{-1, 2, 3, 5, 7, 11, 13, 17, 19, 23, 29, 31\}$$

对于 $z = 500, 501, \cdots$ 测试整数 $z^2 \bmod n$, 直到找到一个形如 $x^2 \equiv y^2 \bmod n$ 的同余方程, 从而得到 n 的分解.

12. 对于 $n = 837, 851, 1189$, 分别找出基 b 的个数, 使得 n 是相对于 b 的伪素数和强伪素数.

13. 用 Miller-Rabin 测试法判断 $n = 38200901201$ 的素性, 先取 $b = 2$ 判断, 再取 $b = 3$ 判断.

参考文献

[1] Shannon C E. A mathematical theory of communication [J]. Bell System Technical Journal, 1948, 27(7): 623–657.

[2] Shannon C E. Communication theory of secrecy systems [J]. Bell System Technical Journal, 1949, 28(4): 656–715.

[3] Diffie W, Hellman M E. New directions in cryptography [J]. IEEE Trans. on Information Theory, 1976, 22(6): 644–654.

[4] FIPS 46-3. Data Encryption Standard National Institute of Standards and Technology, Oct., 1977.

[5] Rivest R L, Shamir A, Adleman L M. A method for obtaining digital signatures and public-key cryptosystems [J]. Communications of the ACM, 1978, 21(2): 120–126.

[6] http: //www.nist.gov/aes/.

[7] Daemen J, Rijmen V. The Design of Rijndael: AES——The Advanced Encryption Standard [M]. Springer-Verlag, 2002.

[8] http: //www.cryptonessie.org/[EB].

[9] http: //www.ecrypt.eu.org/[EB].

[10] Lai X, Massey J. A proposal for a new block encryption standard [C]. EUROCRYPT 1990 LNCS 473. Springer-Verlag, 1991: 389–404.

[11] Lidl R, Niederreiter H. Finite Fields [M]. London: Cambridge University Press, 1997.

[12] Welch L R. Lower bounds on the maximum cross correlation of signals [J]. IEEE Trans. on In formation Theory, 1974, 20(3): 397–399.

[13] 肖国镇, 梁传甲, 王育民. 伪随机序列及其应用 [M]. 北京：国防工业出版社, 1985.

[14] Beth T, Piper F C. The stop-and-go generator [C]. EUROCRYPT 1984, LNCS 209. Springer-Verlag, 1985: 88–92.

[15] Gunther C G. Alternating step generators controlled by de Bruijn sequences [C]. EUROCRYPT 1987, LNCS 304. Springer-Verlag, 1988: 5–14.

[16] 华罗庚. 数论导引 [M]. 北京：科学出版社, 1975.

[17] Lai X. Condition for the nonsingularity of a feedback shift-register over a general finite field [J]. IEEE Trans. on Information Theory, 1987, 33(5): 747–749.

[18] Mullen G. Permutation polynomials and nonsingular feedback shift registers over finite fields [J]. IEEE Trans. on Information Theory, 1989, 35(4): 900–902.

[19] 李超, 谢端强. 反馈移位寄存器非奇异性判定 [J]. 电子科学学刊, 1995, 17(5): 500–505.

[20] 万哲先. 非线性移位寄存器序列 [M]. 北京：科学出版社, 1978.

[21] 李超, 屈龙江, 周悦. 密码函数的安全性指标分析 [M]. 北京：科学出版社, 2010.

[22] Daemen J, RijmenV. 高级加密标准 (AES) 算法 ——Rijndael 的设计 [M]. 谷大武, 徐胜波译. 北京：清华大学出版社, 2003.

[23] Biham E, Shamir A. Differential cryptanalysis of DES-like cryptosystems [J]. Journal of Cryptology, 1991, 4(1): 3–72.

[24] Knudsen L. Truncated and high order differentials [C]. FSE 1995, LNCS 1008. Springer-Verlag, 1995: 196–211.

[25] Biham E, Biryukov A, Shamir A. Cryptanalysis of Skipjack reduced to 31 rounds using impossible differentials [C]. EUROCRYPT 1999, LNCS 1592. Springer-Verlag, 1999: 12–23.

[26] Biham E, Biryukov A, Shamir A. Miss in the middle attacks on IDEA and Khufu [C]. FSE 1999, LNCS 1636. Springer-Verlag, 1999: 124–138.

[27] Knudsen L. DEAL——a 128-bit block cipher [R]. AES Proposal, 1998.

[28] Biham E. New types of cryptanalytic attacks using related keys [C]. EUROCRYPT 1993, LNCS 765. Springer-Verlag, 1994: 398–409.

[29] Knudsen L. Cryptanalysis of LOKI [C]. ASIACRYPT 1991, LNCS 739. Springer-Verlag, 1993: 22–35.

[30] Matsui M. Linear cryptanalysis method for DES cipher [C]. EUROCRYPT 1993, LNCS 1440. Springer-Verlag, 1994: 386–397.

[31] Daemen J, Knudsen L, Rijmen V. The block cipher square [C]. FSE 1997, LNCS 1267. Springer-Verlag, 1997: 149–165.

[32] Knudsen L, Wagner D. Integral cryptanalysis [C]. FSE 2002, LNCS 2365. Springer-Verlag, 2002: 112–127.

[33] Z'aba M, Raddum H, Henricksen M, Dawson E. Bit-pattern based integral attack [C]. FSE 2008, LNCS 5086. Springer-Verlag, 2008: 363–381.

[34] Sun B, Qu L, Li C. New cryptanalysis of block ciphers with low algebraic degree [C]. FSE 2009, LNCS 5665. Springer-Verlag, 2009: 180–192.

[35] Courtois N, Pieprzyk J. Cryptanalysis of block ciphers with overdefined systems of equations [C]. ASIACRYPT2002, LNCS 2501. Springer-Verlag, 2002: 267–287.

[36] Courtois N. Higher order correlation attacks, XL algorithm and cryptanalysis of Toy-ocrypt. [C]. ICISCE 2002, LNCS 2587. Springer-Verlag, 2003: 182–199.

[37] Kocher P. Timing attacks on implementations of Diffie-Hellman, RSA, DSS, and other systems [C]. CRYPTO 1996, LNCS 1109. Springer-Verlag, 1996: 104–113.

[38] Kocher P, Jaffe J, Jun B. Differential power analysis [C]. CRYPTO 1999, LNCS 1666. Springer-Verlag, 1999: 388–397.

[39] 冯登国, 吴文玲. 分组密码的设计与分析 [M]. 北京：清华大学出版社, 2000.

[40] Boneh D, Venkatesan R. Breaking RSA may be easier than factoring [C]. EURO-CRYPT 1998, LNCS 1403. Springer-Verlag, 1998: 59–71.

[41] Aggarwal D, Manurer U. Breaking RSA generically is equivalent to factoring [C]. EUROCRYPT 2008, LNCS 5479. Springer-Verlag, 2008: 36–53.

[42] Enge A. 椭圆曲线及其在密码学中的应用 —— 导引 [M]. 吴铤, 董军武, 王明强译. 北京：科学出版社, 2007.

[43] Pomerance C. The quadratic sieve factoring algorithm [C]. EUROCRYPT 1984, LNCS 209. Springer-Verlag, 1985: 169–182.

[44] 裴定一, 祝跃飞. 算法数论 [M]. 北京：科学出版社, 2002.

[45] 颜松远. 整数分解 (小学生问题、大数学家难题)[M]. 北京：科学出版社, 2008.

索　　引